高等职业院校机电类专业“十三五”系列规划教材

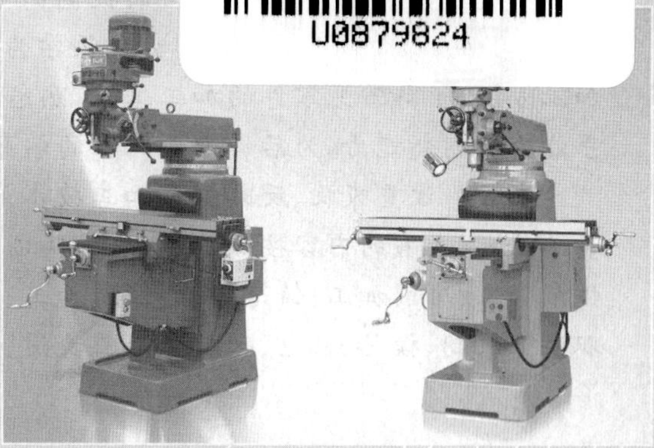

金工实习

JINGONG SHIXI

主　编　柳松柱
副主编　贺剑波　田志华
主　审　袁亚强

合肥工業大學出版社

内 容 简 介

本教材根据教育部《关于全面提高高等职业教育教学质量的若干意见》编写，是高职高专规划教材。金工实习课程以实践教学为主，旨在使学生通过实践操作初步掌握一般制造加工方法，了解常见零件的加工工艺，熟悉所用设备的结构、原理和操作，培养学生的实践动手能力和创新能力，为后续专业课程的学习打好基础。

本教材注重吸收、反映机械加工技术的传承和发展，采用国家新标准（含术语、代号、计量单位）。全书的内容按照6～8周的实训时间要求来安排，包括钳工、车削加工、刨削加工、铣削加工、磨削加工、铸造加工、锻造加工、焊工及热处理加工等九个模块。本教材适合于高职高专机制、模具、机电、数控等专业使用。

图书在版编目(CIP)数据

金工实习/柳松柱主编．—合肥：合肥工业大学出版社，2018.2
ISBN 978-7-5650-3828-0

Ⅰ.①金… Ⅱ.①柳… Ⅲ.①金属加工—实习—高等职业教育—教材 Ⅳ.①TG-45

中国版本图书馆CIP数据核字(2018)第026105号

金工实习

主　编　柳松柱　　　　责任编辑　马栓磊

出　版	合肥工业大学出版社	版　次	2018年2月第1版
地　址	合肥市屯溪路193号	印　次	2018年2月第1次印刷
邮　编	230009	开　本	787毫米×1092毫米　1/16
电　话	理工编辑部：0551-62903055	印　张	11
	市场营销部：0551-62903198	字　数	260千字
网　址	www.hfutpress.com.cn	印　刷	安徽昶颉包装印务有限责任公司
E-mail	hfutpress@163.com	发　行	全国新华书店

ISBN 978-7-5650-3828-0　　　　定价：28.00元

前　言

本教材根据教育部《关于全面提高高等职业教育教学质量的若干意见》编写，是高职高专学校及其他相关学校的机械制造与设计、模具制造与设计、数控加工、机电一体化等专业的规划实训教材。

金工实习是培养机械类或相近专业学生实际机械加工技能的专业必修基础课程。本书紧紧围绕机械制造基础相关课程而编写，是一本多工种、综合性较强的实训教材。全书共分为九个模块。本着循序渐进、实训安全为主的原则，我们将钳工实训作为第一模块，通过这一工种的实训，主要培养学生的基本动手能力，增强学生的实训安全意识；第二到第五模块为冷作机械加工，这些模块系统而简洁地讲述了车、刨、铣、磨等工种的特点以及各工种的操作方法，通过这几个模块的实训，不但可以培养学生动手操作机械来完成简单零件加工的能力，而且也为后续的理论课程打下了一定的感性认识基础；第六到第九模块为热加工实训，主要让学生懂得铸、锻、焊和热处理等工种的特点及工艺过程，同时通过这些工种的实训，也让学生们具备一定的实际动手能力。本书中采用了大量的图样对照说明，尽量使实训操作形象生动、清晰易懂。

本书的教学目的是培养学生的实际操作能力。因此，课程内容要通过实际操作来学习，要严格要求，确保实训质量。教材中提到的实训模块仅供教学参考，实训指导教师可因地制宜，结合自己的培养目标，对实训模块、内容等进行调整和补充。实训过程中，应严格执行有关规章制度，注意培养学生的安全、职业和质量意识。

本书是由柳松柱副教授与袁亚强、贺剑波、田志华等集体商讨、分工编写而成的。其中模块 1～6 由柳松柱编写，模块 7 由田志华编写，模块 8～9 由贺剑波编写，全书由柳松柱定稿，最后由武汉东风模具冲压有限公司袁亚强审核，本书是编写组所有成员辛勤劳动的结果。在本书的编写过程中，鄂州职业大学机械工程学院、武汉东风模具冲压有限公司和武汉汽车基准模具有限公司的有关同志，也付出了辛勤的劳动。在此，编者对这些同志表示衷心的感谢。

由于编者水平有限，加上本教材编写仓促，书中难免存在一些缺点和错误，我们诚恳欢迎读者批评指正，并由衷地表示感谢。

编　者

前言

[illegible]

目　录

模块1 钳 工

通过本工种的实训操作，可以让学生们了解钳工的工作范围和常用设备及其使用方法，掌握钳工基本操作技能，完成简单的划线、錾削、锯割、锉削、钻孔、攻丝、套丝等加工操作。

在本工种实训过程中，一定要注意以下安全措施：进实训场地必须严格按实训要求穿戴；不许擅自使用自己不熟悉的机床和工具，若发现实训设备或工量具有故障时，应及时停止使用并向老师报告；操作时，要注意自己和他人的安全；使用电器设备时，应该严格遵守其操作规程，以防发生意外；实训时，应做到文明生产，爱护工具、量具，节约材料，培养正确的劳动观念。

任务 1.1 钳工基础认知

知识目标

了解钳工工作任务范围；

掌握钳工常用设备的正确使用和维护方法。

技能目标

熟练掌握钳工常用设备的使用及日常维护方法。

任务内容

熟悉钳工场地环境、常用设备。

1.1.1 钳工工作

钳工主要是利用虎钳等各种手用工具和一些机械工具来完成某些零件的加工、机器或部件的装配和调试，以及各类机械的维护与修理等工作。

钳工是一种较为细致、复杂，工艺要求很高的工作。其基本操作有：零件测量、划线、錾削、锯割、锉削、钻孔、攻丝、套丝等。其所用的工具具有简单、加工样式灵活、操作方便、适应面广等特点。目前，虽然有很多较为先进的加工方法，但在某些机械加工时，离不开钳工，因此在机械制造业中，钳工仍然起着很重要的作用。为了提高劳动生产率和产品质量，钳工要不断地改进加工工具与加工工艺，逐步实现操作的半机械化和机械化，从而减轻劳动强度。这对保证钳工工作质量的稳定性和提高经济效益，都具有十分重要的意义。

1.1.2 钳工常用设备

1. 钳工工作台

钳工工作台[如图 1-1(a)所示]也称为钳台，有单人用和多人用两种，一般用木材或钢材做成，要求平稳、结实。其高度通常为 800～900mm，长和宽依工作需要而定。钳口高度以恰好齐人手肘为宜[如图 1-1(b)所示]。钳台上必须装防护网，其抽屉用来放置工具和量具。

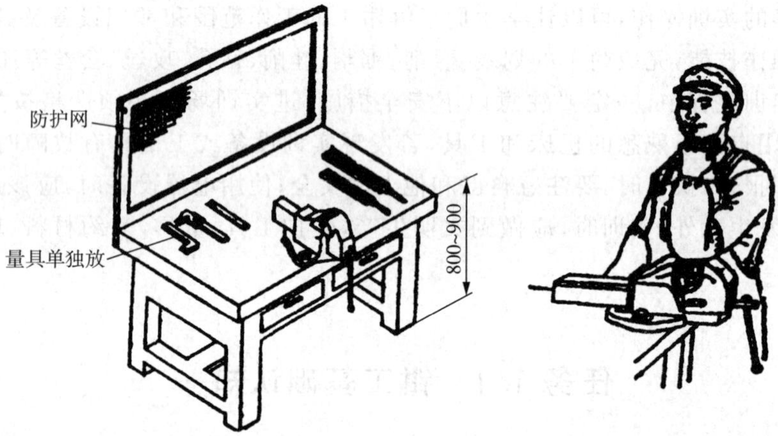

(a) 工作台　　(b) 虎钳的合适高度

图 1-1　钳工工作台

2. 虎钳

虎钳(如图 1-2 所示)用来夹持工具，其规格以钳口的宽度来表示，有 100mm，125mm，150mm 三种。

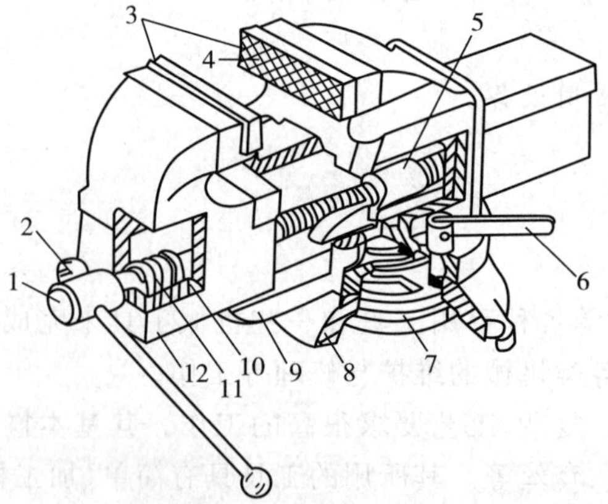

图 1-2　虎钳的结构

1—丝杆；2—摇动手柄；3—钢钳口；4—钳口螺钉；5—螺母；6—紧固手柄；7—夹紧盘；8—转动盘座；9—固定钳身；10—弹簧；11—垫圈；12—活动钳身

虎钳的正确使用和维护：

(1)虎钳必须正确、牢固地安装在钳台上。

(2)工件的装夹应尽量在虎钳钳口的中部,以使钳口受力均匀,夹紧后的工件应稳固可靠。

(3)只能用手扳紧手柄来夹紧工件,不能用套筒接长手柄加力或用手锤敲击手柄,以防损坏虎钳零件。

(4)不要在活动的钳身表面进行敲打,以免损坏其与固定钳身的配合性能。

(5)加工时用力方向最好朝向固定钳身。

(6)丝杆、螺母要保持清洁,经常加润滑油,以提高其使用寿命。

3. 台钻

台钻是一种小型机床,主要用于钻孔。台钻一般为手动进给,其转速由带轮调节获得。这种台钻灵活性较大,可适用于很多场合。台钻的钻孔直径一般小于13mm。

【实训操作与思考】

1. 熟悉钳工工作场地,整理并安放好钳工实训中所使用的工具、量具(注意量具不能与工具或工件放置在一块)。

2. 拆装虎钳,熟悉其结构,并且在虎钳上进行工件的装夹练习。

任务1.2　划　　线

知识目标

能够看懂划线图样,了解零件的作用;

掌握普通划线工具种类、规格及其作用。

技能目标

熟练掌握划线工具的使用方法;

能正确使用划线工具,在零件上进行划线作业。

任务内容

在指定的工件上划线。

根据图样的尺寸要求,用划线工具在毛坯或半成品工件上划出待加工部位的轮廓线或作出基准的点、线的操作称为划线。

1.2.1　划线的基础知识

1. 划线的作用

通过划线,可以确定加工面的加工位置和加工余量,也可以发现不合格的毛坯从而及时处理,还可以通过借料划线使误差较大的毛坯得到补救。

2. 划线的种类

划线分为平面划线和立体划线两种。平面划线是在工件或毛坯的一个平面上划线,如图1-3(a)所示。立体划线是平面划线的复合,是在工件或毛坯的几个表面上划线,即在工件的长、宽、高三个方向划线,如图1-3(b)所示。

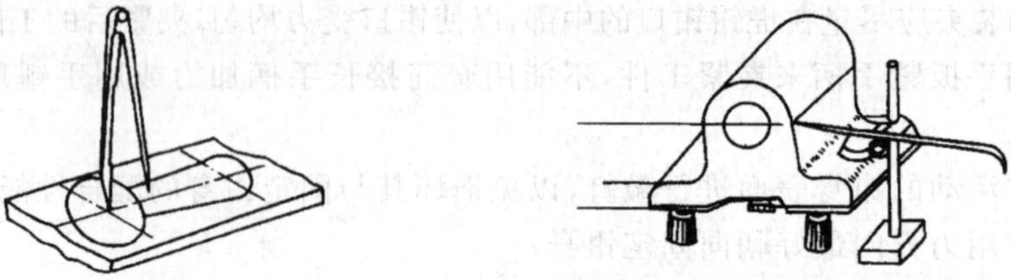

（a）平面划线　　　　　　　　（b）立体划线

图 1-3　划线的种类

1.2.2　划线工具

划线的工具很多，按用途分有基准工具、量具、直接绘图工具、夹持工具等。

1. 基准工具

划线平台（如图 1-4 所示）是划线的主要基准工具。其安放时要平稳牢固，上平面要保持水平。平面的各处要均匀使用，不允许碰撞或敲击其表面，要注意保持其表面的清洁。长期不用时，应涂防锈油防锈，并盖保护罩。

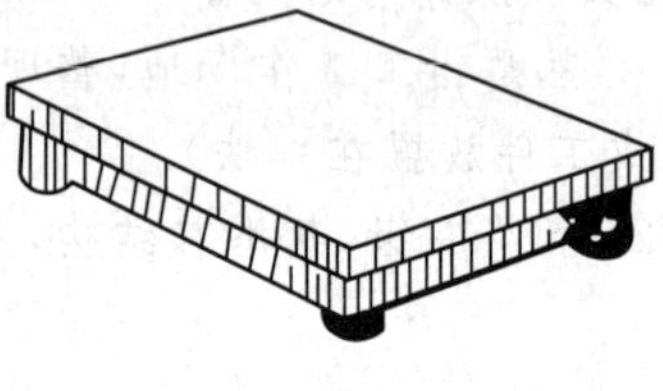

图 1-4　划线平台

2. 量具

钳工常用的量具有钢尺、直角尺、游标卡尺、高度游标尺等。其中高度游标尺（如图 1-5 所示）能直接测量出高度尺寸，其读数精度和游标卡尺相同，一般为 0.02mm，可作为精密划线量具。

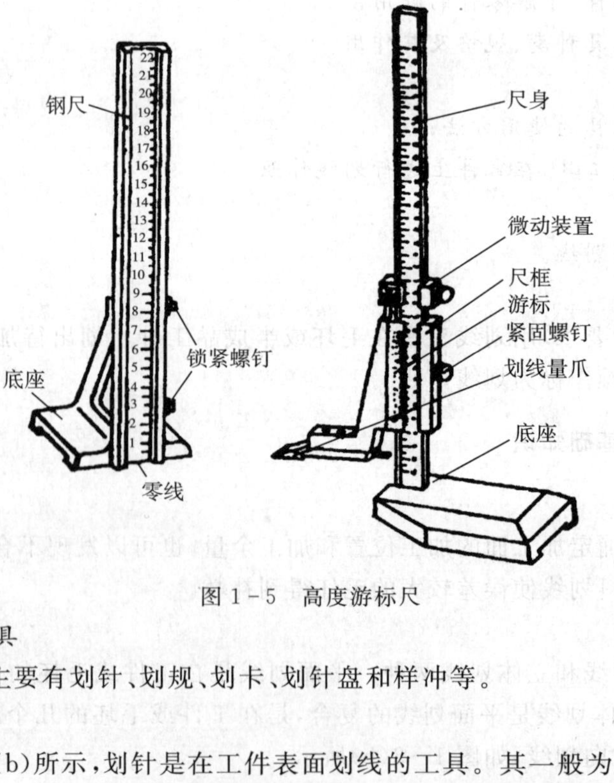

图 1-5　高度游标尺

3. 直接划线工具

直接划线工具主要有划针、划规、划卡、划针盘和样冲等。

（1）划针

如图 1-6（a）、（b）所示，划针是在工件表面划线的工具。其一般为 $\phi3\sim6$mm 的工具钢或弹簧钢丝制成，通常尖端磨至 15°～20°，并经过热处理，硬度达 55HRC～60HRC。有的划针在尖部位置焊有硬质合金，这样一来，划针就更加锐利，更耐磨。划线时，划针要倚靠钢尺或直尺等导线工具而移动，并向外侧倾斜 15°～20°，向划线方向倾斜 45°～75°，如图 1－6(c)所示。划线时，要尽量做到一次划成，以使线条清晰、准确。

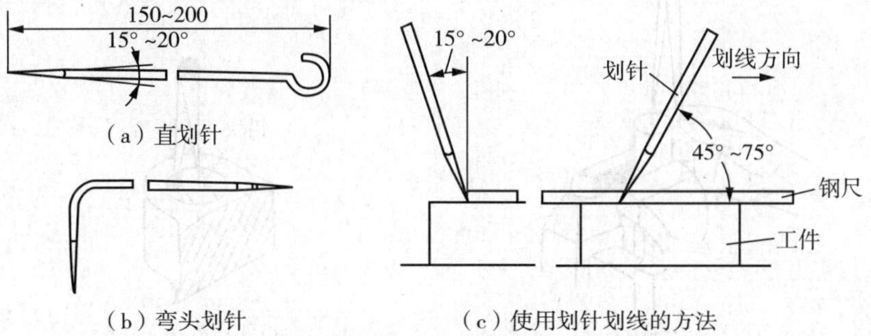

图 1－6　划针的种类及使用方法

(2)划规

如图 1－7 所示，划规是用来划圆、划弧线、等分线段及量取尺寸等的工具。其用法与制图中的圆规基本相同。

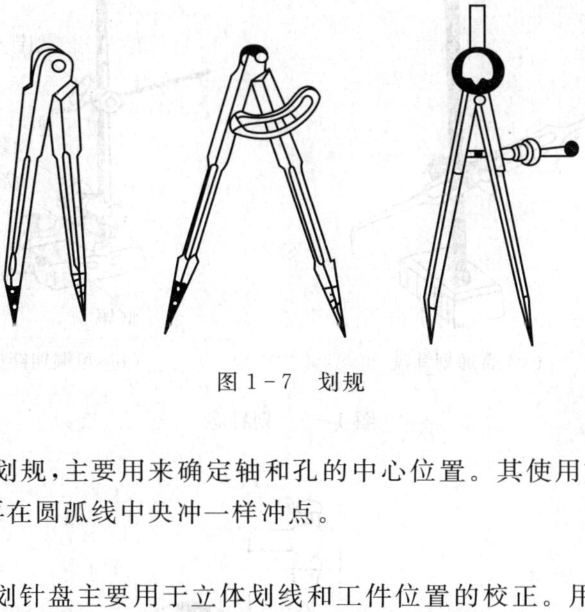

图 1－7　划规

(3)划卡

划卡也称为单脚划规，主要用来确定轴和孔的中心位置。其使用方法如图 1－8 所示，先划出四条圆弧线，再在圆弧线中央冲一样冲点。

(4)划针盘

如图 1－9 所示，划针盘主要用于立体划线和工件位置的校正。用划针盘划线时，要注意划针应装夹牢固，伸出不宜过长，以免抖动。底座要保持与划线平板紧贴，不能摇晃和跳动。

(5)样冲

如图 1－10 所示，样冲是在划好的线上冲眼用的工具。其通常用工具钢制成，尖端磨至 60°左右，并经过热处理，硬度高达 55HRC～60HRC。冲眼是为了强化显示用划针划出的加工界线；在划圆时，须先冲出圆心的样冲眼，利用样冲眼作圆心，才能划出圆线。冲眼也可以用于钻孔前的定心。

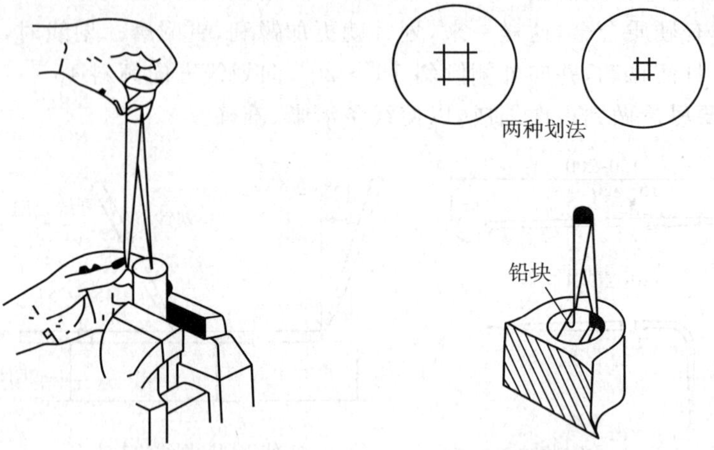

（a）定轴中心　　（b）定孔中心

图 1-8　用划卡定出中心

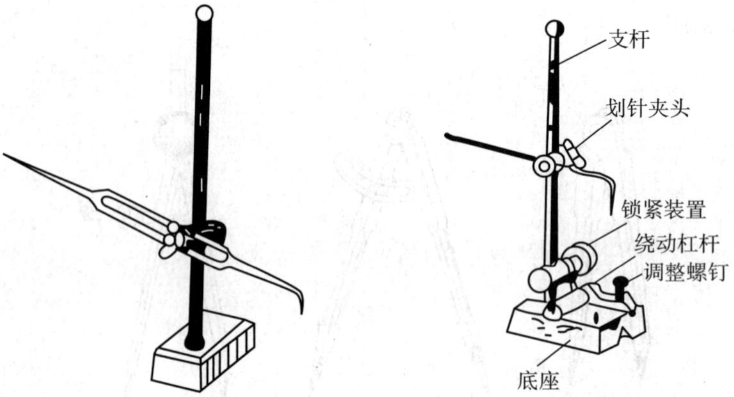

（a）普通划针盘　　（b）可调划针盘

图 1-9　划针盘

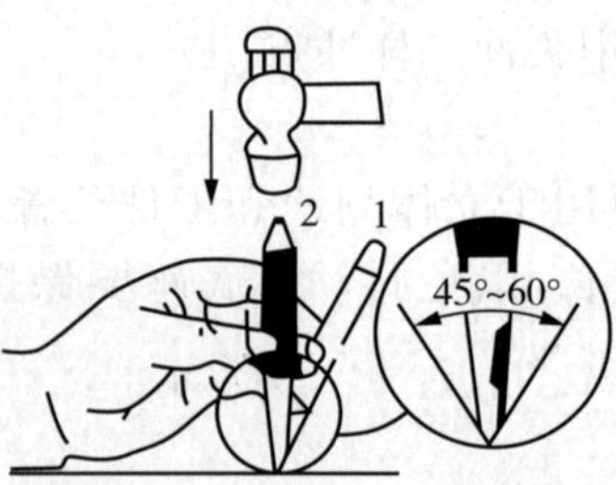

图 1-10　样冲及其用法

1—找正位置；2—冲孔

4. 夹持工具

钳工用夹持工具主要有方箱、千斤顶、V 形铁等。

(1)方箱

如图 1-11 所示,方箱是用铸铁制成的空心六方体,其六个面都经过精加工,相邻的各面相互垂直。它一般用来夹持或支承尺寸较小而加工面较多的工件。通过翻转方箱,可在工件的表面上划出相互垂直的线条。

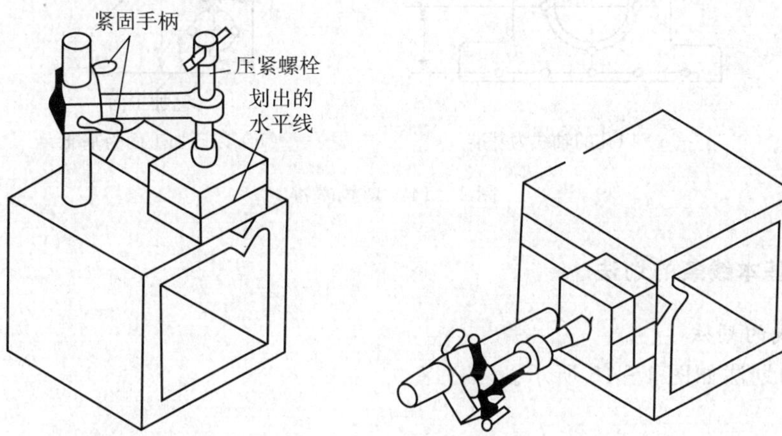

(a)将工件压紧在方箱上,划出水平线　(b)将方箱翻转90°,划出垂直线

图 1-11　用方箱划线

(2)千斤顶

如图 1-12 所示,千斤顶是在平板上做支承工件划线用的,它的高度可以调整,常用于较大或不规则工件的划线找正,通常三个为一组。

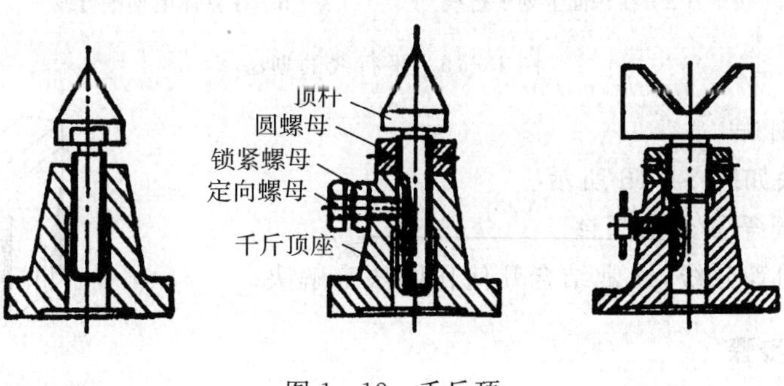

图 1-12　千斤顶

(3)V 形铁

如图 1-13 所示,V 形铁是用于支承圆柱形工件,使工件轴线与平台平面平行的工具,一般两块为一组。

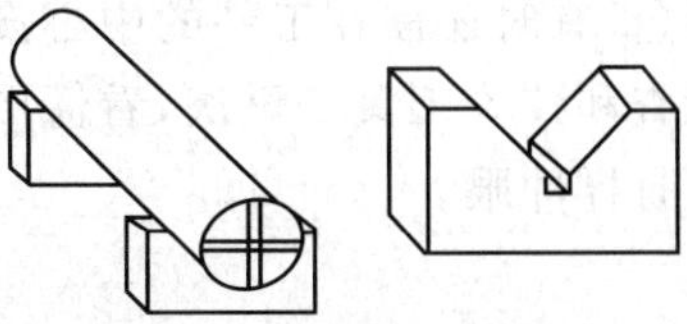

图 1-13　V 形铁

1.2.3　划线的基准

用划针盘划各水平线时,应选定某一基准作为依

据，并以此来调节每次划线的高度，这个基准称为划线基准。它应与零件图的设计基准相一致。合理选择划线基准，能够提高划线质量和划线速度，并可以避免失误。通常选择重要孔的轴线为划线基准，若工件上有的平面已加工，则应选该平面为划线基准，如图 1－14 所示。

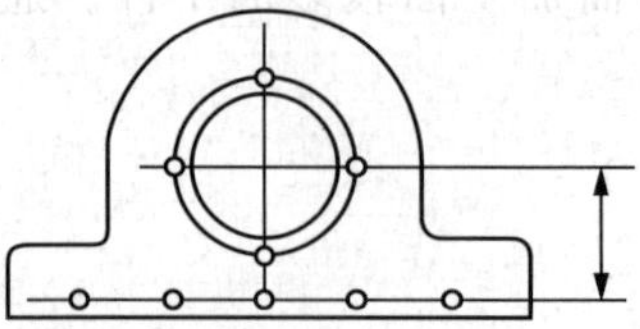

（a）以孔的轴线为基准

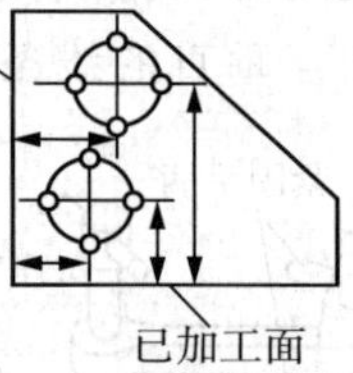

（b）以已加工面为基准

图 1－14　划线基准

1.2.4　基本线条的划法

1. 平行线的划法

平行线的划法如图 1－15 所示。

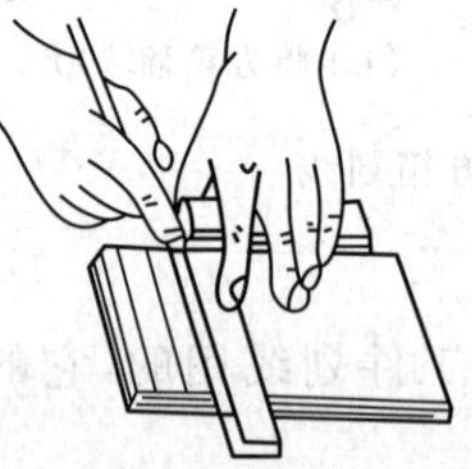

（a）在平面上划平行线

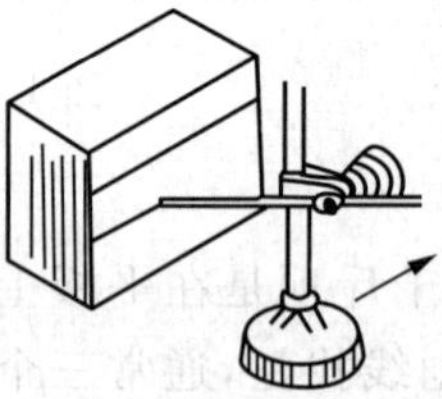

（b）在立体上划平行线

图 1－15　平行线的划法

2. 垂直线的划法

垂直线的划法如图 1－16 所示。

3. 角度和圆周等分线的划法

划角度和圆周等分线，通常结合几何作图法来解决。

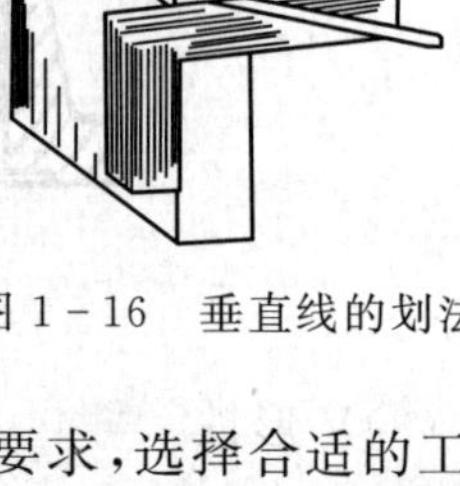

图 1－16　垂直线的划法

1.2.5　划线步骤

首先是工件和工具的准备，工件的准备包括清理、检查和表面涂色，有时还需在工件的中心设置中心塞块。其次，根据工件图样要求，选择合适的工具，并检查和校验工具。再次，看懂图样，确定出划线基准，装夹好工件，进行划线。最后，在线条上打样冲眼。

【实训操作与思考】

在 3mm 厚的钢板上划如图 1－17 所示平面图形。

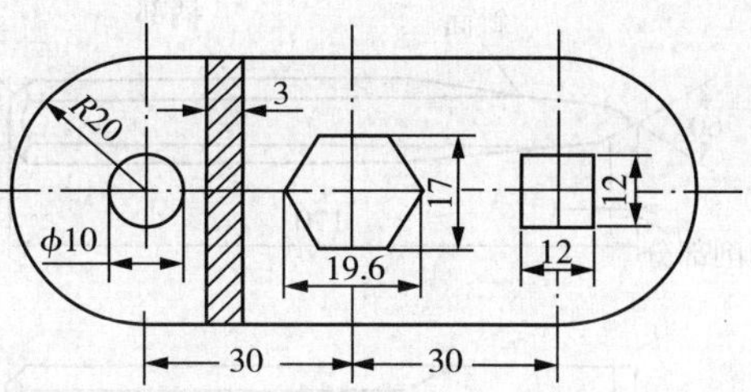

图 1-17 平面划线实训

任务1.3 錾 削

知识目标

能够看懂錾削加工零件图纸,了解零件錾削部位的作用;

掌握錾削加工工具的操作方法。

技能目标

熟练掌握錾削工具的使用方法;

能根据图纸要求,在零件上进行正确的錾削作业。

任务内容

在指定的工件表面进行錾削。

用手锤打击錾子对金属进行切削加工的操作方法称为錾削。其作用就是錾掉或錾断金属,使其达到所需的形状和尺寸。錾削加工具有很大的灵活性,它不受设备、场地的限制,可以在其他设备无法完成加工的情况下进行操作。目前,一般用在凿油槽、刻模具和錾断板料等方面。它是钳工需要掌握的基本操作技能之一。

1.3.1 錾削工具

錾削工具主要是錾子和手锤。

1. 錾子

錾子一般由碳素工具钢 T7 或 T8 经过锻造后,再进行刃磨和热处理而制成。其硬度要求是切削部分为 52HRC～57HRC,头部为 32HRC～42HRC。它由切削刃、斜面、柄部、头部四个部分组成,如图 1-18 所示。柄部一般做成八棱形,头部近似为球面形,全长 170mm 左右,直径为 18～20mm。常用的錾子有扁錾、尖錾和油槽錾,如图 1-19 所示。要使錾子能顺利地切削,它必须具备两个条件:一是切削部分的硬度比材料的硬度要高,二是切削部分必须做成楔形。

2. 手锤

如图 1-20 所示,手锤由锤头和锤柄组成。锤头一般由碳素工具钢制成,并经过热处理淬硬。锤柄一般由坚硬的木材制成,且粗细和强度应该适当,应和锤头的大小相称。手锤的

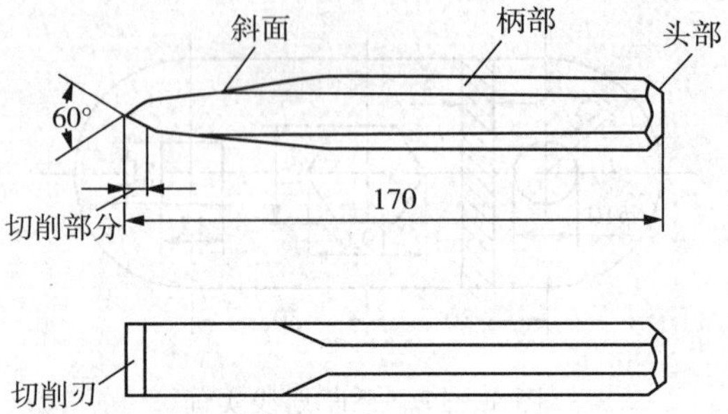

图 1-18　錾子的构造

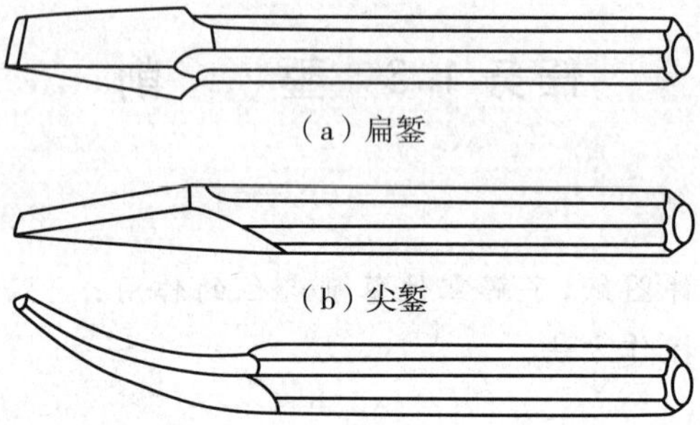

（a）扁錾

（b）尖錾

（c）油槽錾

图 1-19　錾子的种类

规格通常以锤头的重量来表示，有 0.25kg，0.5kg，0.75kg，1kg 等几种。为了防止手锤在操作过中脱落伤人，木柄装入锤孔后必须打入楔子，如图 1-21 所示。

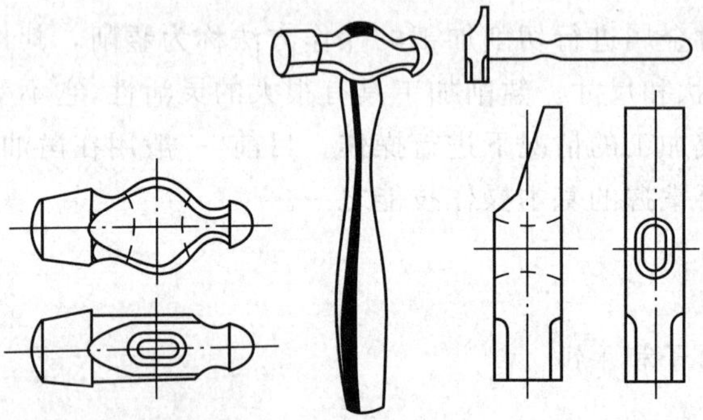

图 1-20　钳工用手锤

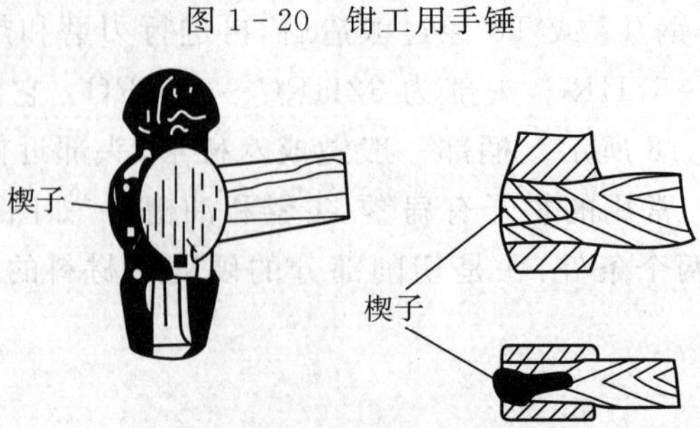

图 1-21　锤端部打入楔子

1.3.2 錾削操作方法

1. 手锤的握法

錾削时,右手握锤有两种方法,即松握法和紧握法。

① 松握法。只有大拇指和食指始终紧握锤柄。在锤打时,中指、无名指和小指依次握紧锤柄;挥锤时则相反,小指、无名指和中指依次放松。这种握法,锤击力大,且手不易疲劳,如图 1-22 所示。

② 紧握法。用右手五指紧握锤柄,大拇指放在食指上。锤打和挥锤时,五个手指的握法不变,如图 1-23 所示。

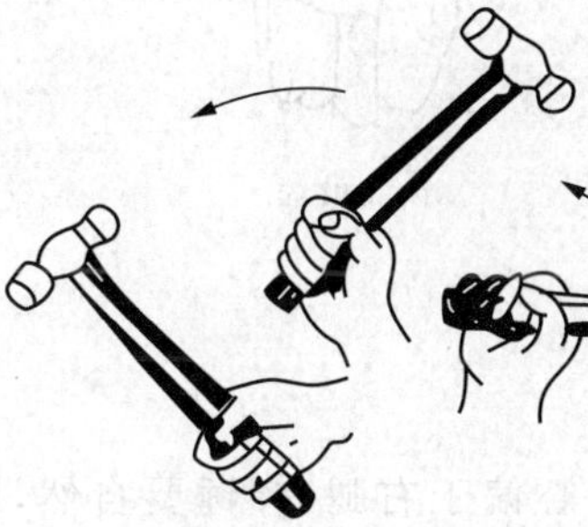

图 1-22 手锤的松握法

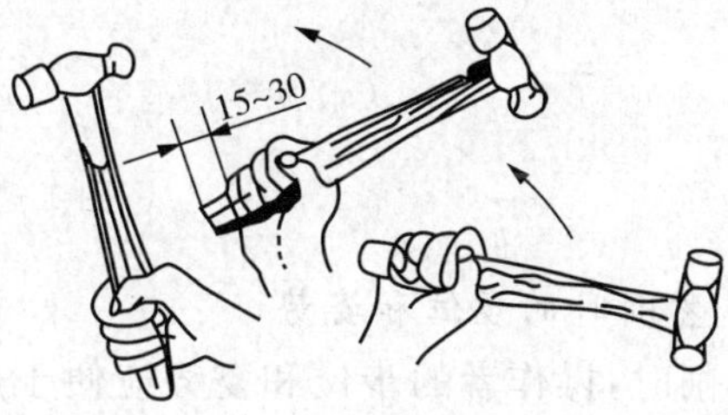

图 1-23 手锤的紧握法

2. 錾子的握法

錾子的握法随工作条件的不同而不同,常有以下几种:

① 正握法。手心向下,用虎口夹住錾身,拇指和食指自然伸开,其余三指自然弯曲靠拢,握住錾身。这种握法适于在平面上进行錾削,如图 1-24(a)所示。

② 反握法。手心向上,手指自然握住錾柄,手心悬空。这种握法适用于小的平面或侧面錾削,如图 1-24(b)所示。

③ 立握法。虎口向上,拇指放在錾子的一侧,其余四指放在另一侧捏住錾子。这种握法适于垂直錾切工件,如在铁砧上錾断材料等,如图 1-24(c)所示。

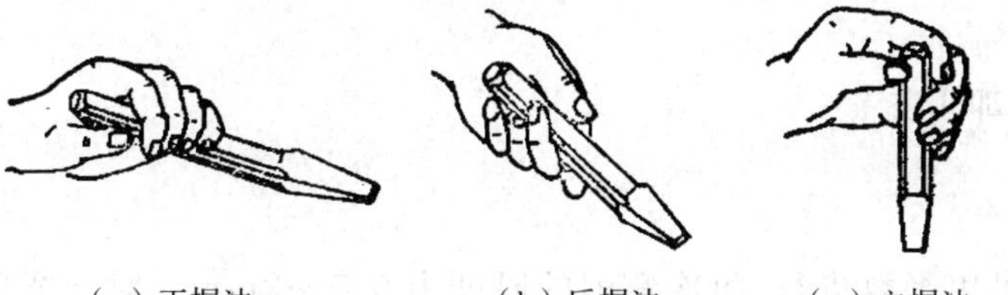

(a) 正握法　(b) 反握法　(c) 立握法

图 1-24 錾子的握法

3. 挥锤的方法

挥锤的方法有三种:腕挥、肘挥和臂挥。

① 腕挥。只用手腕的运动挥锤，锤击力较小。一般用于錾削的开始和收尾，或錾油槽、打样冲眼等用力不大的地方，如图 1-25(a)所示。

② 肘挥。用手腕和肘部一起挥锤，它的运动幅度大，锤击力较大，应用广泛，如图 1-25(b)所示。

③ 臂挥。用手腕、肘部和整个手臂一起挥动，其锤击力大，用于需要大力錾削的场合，如图 1-25(c)所示。

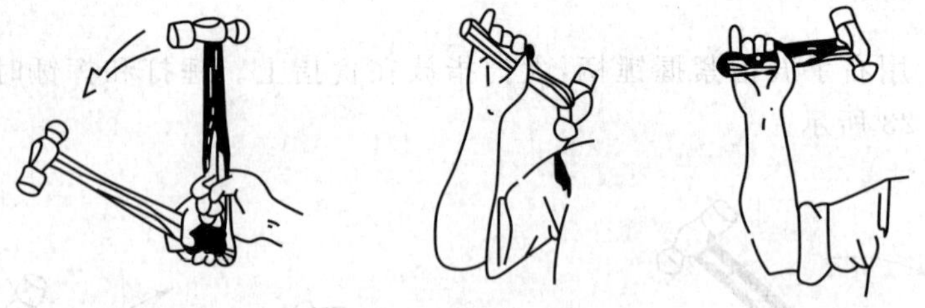

(a) 腕挥　　(b) 肘挥　　(c) 臂挥

图 1-25　挥锤的方法

4. 錾削时的步位和姿势

錾削时，操作者的步位和姿势应便于用力。身体的重心偏于右腿，挥锤要自然，眼睛要正视錾刃，而不是看錾子的头部，正确姿势如图 1-26 所示。

(a) 步位　　(b) 姿势

图 1-26　錾削时的步位和姿势

1.3.3　錾削加工

1. 錾平面

较窄的平面可用平錾进行，每次錾削的厚度为 0.5～2mm。对于宽平面，应先用窄錾开槽，再用平錾錾平，如图 1-27 所示。

2. 錾油槽

錾油槽时，要选用与油槽同宽的油槽錾錾削。必须将油槽錾得深浅均匀，表面平滑，如图 1-28 所示。

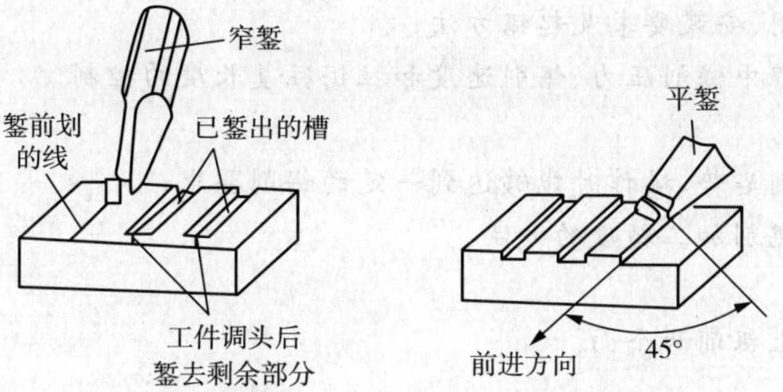

（a）先开槽　　（b）錾成平面

图 1-27 錾平面

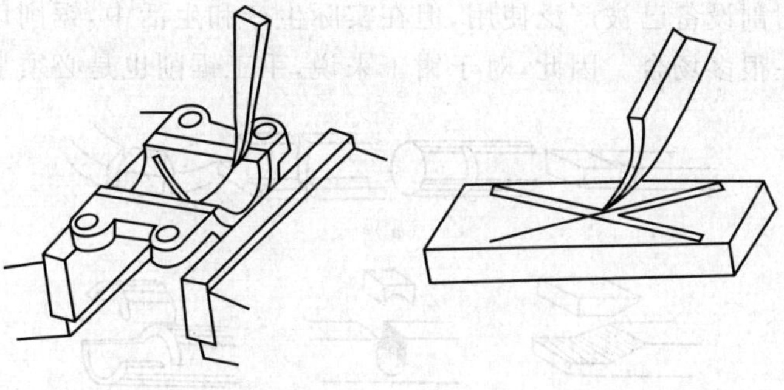

图 1-28 錾油槽

3. 錾断

錾断 4mm 以下的薄板和小直径棒料（ϕ13mm 以下）可以在虎钳上进行，如图 1-29(a) 所示。对于较长或较大的板材，可在铁砧上錾断，如图 1-29(b)所示。

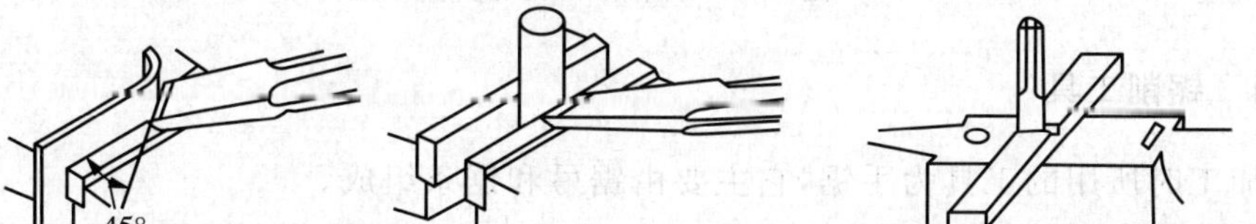

（a）錾薄板和小直径棒料　　（b）錾断较大或大型板料

图 1-29 錾断

【实训操作与思考】

1. 刃磨扁錾。
2. 錾切车刀垫片(具体尺寸由实习指导老师而定)。

任务 1.4 锯 削

知识目标

了解锯削工作范围、锯条参数；

熟悉锯条的选用、安装要求及起锯方法；

掌握对锯削过程中锯削压力、锯削速度和拉锯往复长度的控制。

技能目标

掌握正确的锯削姿势，操作时能够达到一定的锯削要求；

学会运用提高锯削加工精度的方法。

任务内容

在给定的块料上锯削两个面。

锯削是用手锯对材料或工件进行分割的一种切削加工。其工作范围包括：分割各种材料或半成品、锯掉工件上多余的部分，以及在工件上开槽，如图 1－30 所示。目前虽然各种机械化、自动化的切割设备已被广泛使用，但在实际生产和生活中，锯削以其方便、灵活和简单等特点，仍出现在很多场合。因此，对于钳工来说，手工锯削也是必须掌握的基本功之一。

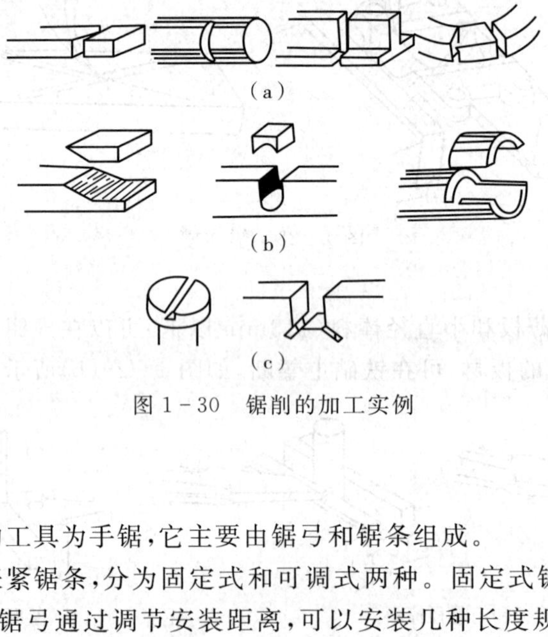

图 1－30　锯削的加工实例

1.4.1　锯削工具

锯削加工时所用的工具为手锯，它主要由锯弓和锯条组成。

锯弓用来安装并张紧锯条，分为固定式和可调式两种。固定式锯弓只能安装一种长度规格的锯条；而可调式锯弓通过调节安装距离，可以安装几种长度规格的锯条，如图 1－31 所示。

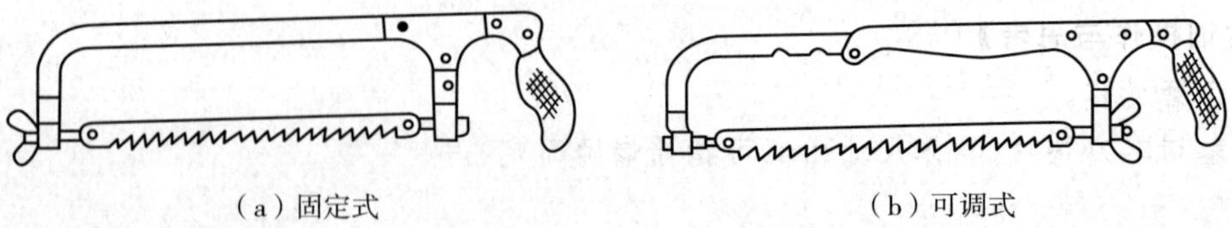

图 1－31　锯弓的构造

锯条用碳素工具钢或合金钢制成，并经过热处理淬硬。常用的手工锯条长 300mm，宽 12mm，厚 0.8mm。锯条上的锯齿形状和排列情况如图 1－32 所示。从图中可以看出，锯齿排列呈左右错开状，我们称之为锯路。其作用就是防止在锯削时锯条夹在锯缝中，同时可以减少锯削时的阻力和便于排屑。锯齿的粗细用锯条上每25mm长度内的齿数来表示，14～18齿为粗齿，24齿为中齿，32齿为细齿。其中粗齿锯条用于加工软材料或厚材料；中等硬度的材料选用中齿锯条；硬材料或薄材料锯削时一般选用细齿锯条。

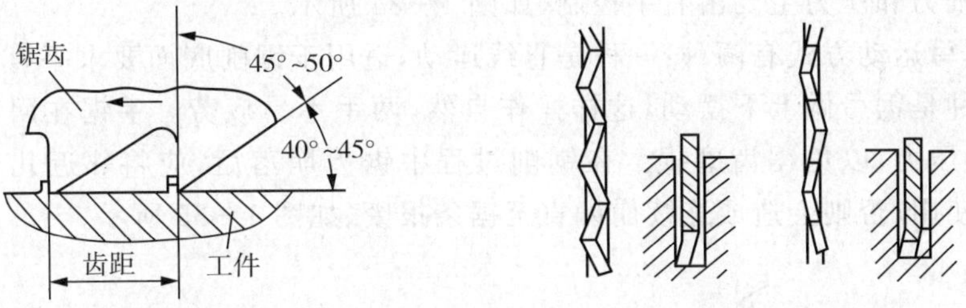

（a）剧齿的形状　　（b）锯齿的排列形式

图1－32　锯齿的形状和排列形式

1.4.2　锯削操作

1. 工件的装夹

工件应夹在虎钳的左边，以便于操作；同时工件伸出钳口的部分不能太长，以免在锯削时引起工件的抖动；工件夹持应该牢固，防止工件松动或使锯条折断。

2. 锯条的安装

安装锯条时松紧要适当，过松或过紧都容易使锯条在锯削时折断。手锯在向前推时进行切削，而在向后返回时不起切削作用，因此安装锯条时一定要保证齿尖的方向朝前。

3. 起锯

起锯是锯削工作的开始，起锯的好坏直接影响着锯削的质量。起锯的方式有远边起锯和近边起锯两种。一般情况下采用远边起锯，因为此时锯齿是逐步切入材料，不易被卡住，起锯比较方便。如采用近边起锯，掌握不好时，锯齿由于突然锯入得较深，容易被工件棱边卡住，甚至崩断或崩齿。无论采用哪种起锯方法，起锯角 α 应以15°左右为宜。如起锯角太大，则锯齿易被工件棱边卡住；起锯角太小，则不易切入材料，锯条还可能打滑，把工件表面锯坏。为了使起锯的位置准确和平稳，可用左手大拇指挡住锯条来定位。起锯时压力要小，往返行程要短，速度要慢，这样可使起锯平稳，如图1－33所示。

（a）远起锯　　（b）近起锯

（c）起锯角太大或太小

图1－33　起锯的方法

1.4.3 锯削的姿势

锯削时的站立姿势与錾削相似，人体重量均分在两腿上。右手握稳锯柄，左手扶在锯弓前端，锯削时推力和压力主要由右手控制，如图1-34所示。

推锯时锯弓运动方式有两种：一种是直线运动，适用于锯削底面要求平直的槽和锯削薄壁工件；另一种是锯弓做上下摆动，这样操作自然，两手不易疲劳。手锯在回程中因不进行锯削故不施加压力，以免锯齿磨损。在锯削过程中锯齿崩落后，应将邻近几个齿都磨成圆弧，才可继续使用，否则会造成连续崩齿直至锯条报废，如图1-35所示。

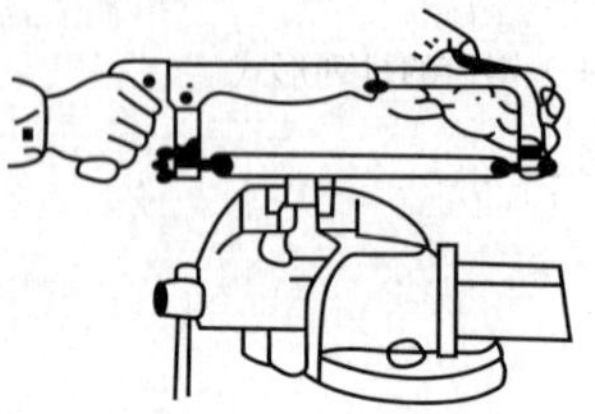

图1-34 手锯的握法

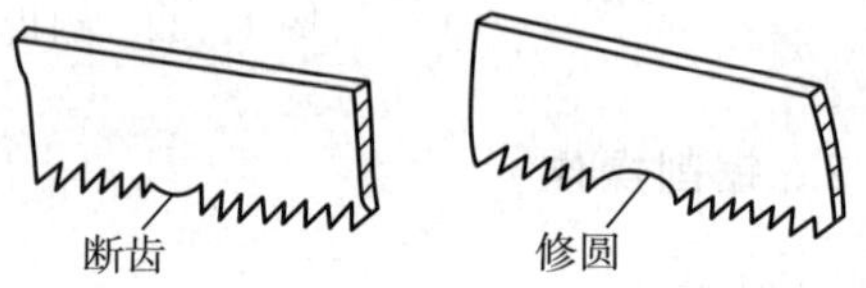

图1-35 崩齿修磨

1.4.4 锯削的操作要点

初学锯削，锯削速度不易掌握，往往推拉速度过快，这样容易使锯条很快磨钝。锯削速度一般以每分钟20～40次为宜，锯削软材料可快些，锯削硬材料应慢些，同时，锯硬材料的压力应比锯软材料时大些。锯削速度过快会使锯条发热严重，容易磨损锯齿。锯削行程应保持均匀，回程时因不进行切削，故可稍微提起锯弓，使锯齿在锯削面上轻轻滑过，速度可相对快些。在推锯时应使锯条的全部长度都利用到，若只集中于局部长度使用，则锯条的使用寿命将相应缩短，工作效率也低，一般往复长度(即投入切削长度)不应少于锯条全长的三分之二。锯条安装松紧要适当，太松则在锯削时易发生扭曲而折断，而且锯缝也容易歪斜；太紧则在锯削时若发生弯曲，容易崩断。装好的锯条应与锯弓保持在同一中心面内，这样容易使锯缝平直。

锯削操作时的注意事项：

(1)锯条要装得松紧适当，锯削时不要突然用力过猛，防止工作中锯条折断从锯弓上崩出伤人。

(2)工件夹持要牢固，以免工件松动造成锯缝歪斜或锯条折断。

(3)要经常注意锯缝的平直情况，如发现歪斜应及时纠正。歪斜过多则纠正困难，不能保证锯削的质量。

(4)工件将锯断时压力要小，避免压力过大使工件突然断开，手向前冲造成事故。一般工件将锯断时要用左手扶住工件断开部分，以免落下伤脚。

(5)在锯削钢件时，可加些机油，以减少锯条与工件的摩擦，提高锯条的使用寿命。

【实训操作与思考】

锯削断面尺寸为30mm×30mm的铸铁或碳钢，锯削长度尺寸20mm±1mm，要求平面度小于1mm。

任务1.5 锉 削

知识目标

了解锉削加工的特点；

熟悉锉刀的种类、规格。

技能目标

掌握正确的锉削姿势；

能根据加工要求，正确选用锉刀，掌握锉削加工方法。

任务内容

进行锉削操作训练。

用锉刀对工件表面进行切削，使其达到零件图要求的形状、尺寸和表面粗糙度的加工方法称为锉削。锉削加工简便，工件范围广，多用于錾削、锯削之后，可对工件上的平面、曲面、内外圆弧、沟槽以及其他复杂表面进行加工。其最高加工精度可达IT7～IT8级，表面粗糙度 Ra 可达 0.8μm。锉削也可用于成形样板、模具型腔以及部件、机器装配时的工件修整，是钳工主要操作方法之一。

1.5.1 锉削工具

锉刀是锉削的主要工具，常用碳素工具钢T12、T13制成，并经热处理淬硬至62HRC～67HRC。它由锉刀面、锉刀边、锉刀舌、锉刀尾、木柄等部分组成，如图1-36所示。

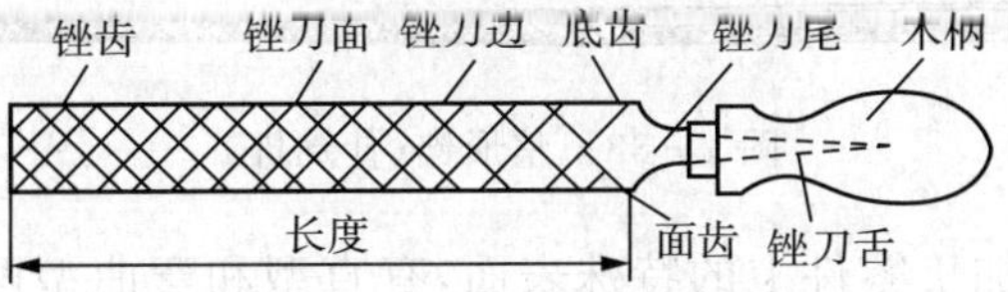

图1-36 锉刀各部分的名称

1. 锉刀的种类和选用

(1)锉刀的种类

锉刀按用途可分为普通锉、整形锉(什锦锉)和特种锉三类。

① 普通锉。如图1-37所示，按其截面形状可分为平锉、方锉、圆锉、半圆锉和三角锉五种；按长度不同可分为100mm，150mm，200mm，250mm，300mm，350mm及400mm七种；按其齿纹形式可分单齿纹、双齿纹；按其齿纹粗细可分为粗齿、中齿、细齿、粗油光(双细齿)、细油光五种。

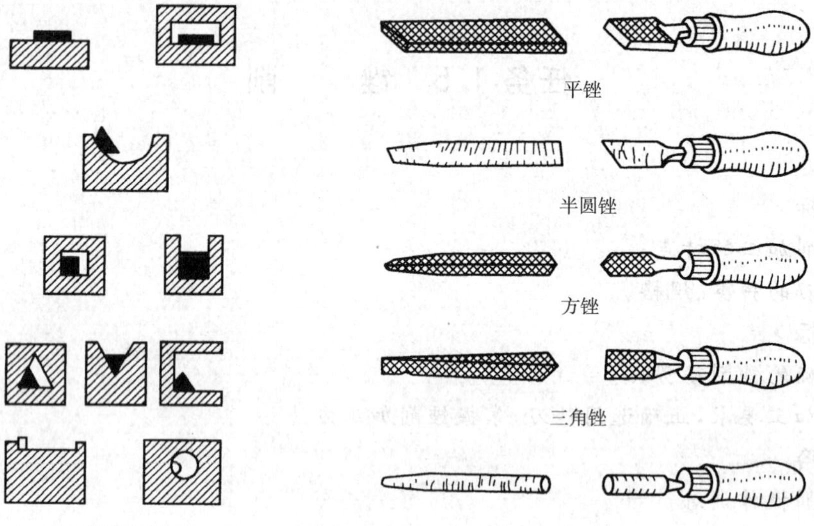

图 1－37　普通锉刀

② 整形锉(什锦锉)。如图 1－38 所示，主要用于精细加工及修整工件上难以用机器加工的细小部位。它由若干把截面形状不同的锉刀组成一套。

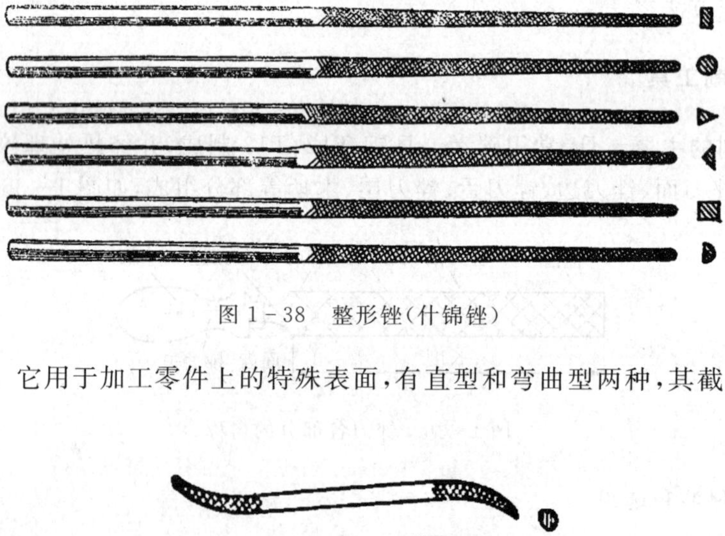

图 1－38　整形锉(什锦锉)

③ 特种锉。它用于加工零件上的特殊表面，有直型和弯曲型两种，其截面形状很多，如图1－39所示。

图 1－39　特种锉

(2)锉刀的选用

合理选用锉刀,对保证加工质量,提高工作效率和延长寿命有很大的影响。一般选择原则是:根据工件形状和加工面的大小选择锉刀的形状和规格;根据材料硬度、加工余量、精度和粗糙度的要求选择锉刀齿纹的粗细。

1.5.2 锉削操作方法

1. 锉刀的握法

正确握持锉刀有助于提高锉削质量。应根据锉刀大小和形状来采用相应的握法。

① 大锉刀的握法。右手心抵着锉刀木柄的端头,大拇指放在锉刀木柄的上面,其余四指弯在下面,配合大拇指捏住锉刀木柄。左手则根据锉刀大小和用力的轻重,有多种姿势,如图1-40所示。

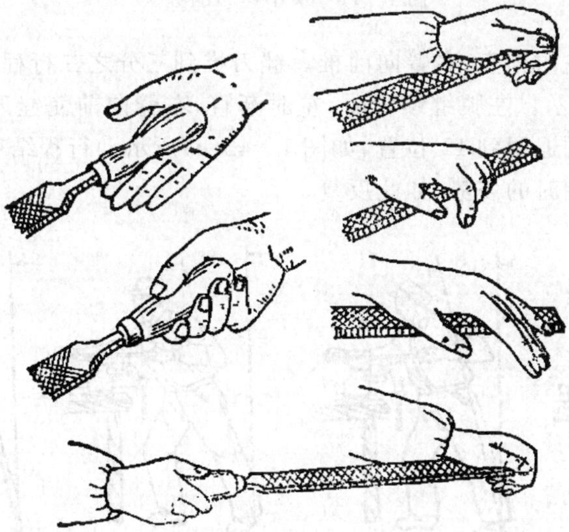

图1-40 大锉刀的握法

② 中锉刀的握法。右手握法与大锉刀握法相同,左手用大拇指和食指捏住锉刀前端,如图1-41(a)所示。

③ 小锉刀的握法。右手食指伸直,拇指放在锉刀木柄上面,食指靠在锉刀的刀边,左手几个手指压在锉刀中部,如图1-41(b)所示。

④ 更小锉刀(什锦锉)的握法。一般只用右手拿着锉刀,食指放在锉刀上面,拇指放在锉刀的左侧,如图1-41(c)所示。

2. 锉削的姿势

正确的锉削姿势能够减轻疲劳,提高锉削质量和效率。人站立的位置与錾削时基本相同,只是左腿稍弯曲,右腿伸直,身体向前倾斜,重心落在左腿上。

锉削时,两脚站稳不动,靠左膝的屈伸使身体做往复运动,手臂和身体的运动要互相配合,并要使锉刀的长度充分利用。开始锉削时身体要向前倾10°左右,左肘弯曲,右肘向后,如图1-42(a)所示。锉刀推出三分之一行程时,身体向前倾斜15°左右,如图1-42(b)所

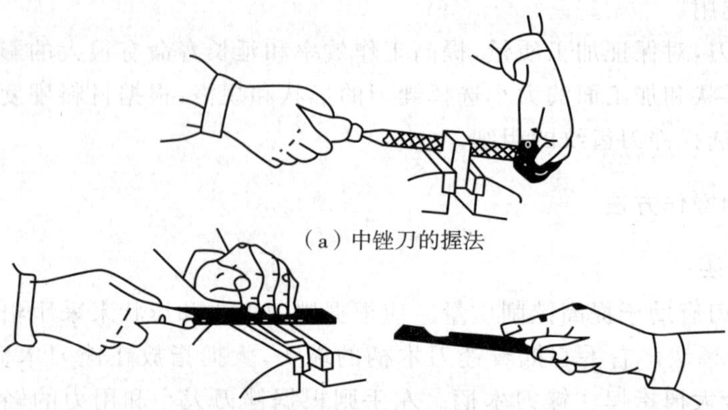

(a) 中锉刀的握法

(b) 小锉刀的握法　　(c) 更小锉刀的握法

图 1-41　中小锉刀的握法

示，这时左腿稍弯曲，左肘稍直，右臂向前推。锉刀推到三分之二行程时身体逐渐倾斜到 18°左右，如图 1-42(c)所示。左腿继续弯曲，左肘渐直，右臂向前使锉刀继续推进，直到推尽，身体随着锉刀的反作用退回到 15°位置，如图 1-42(d)所示。行程结束后，把锉刀略为抬起，使身体与手回复到开始时的姿势，如此反复。

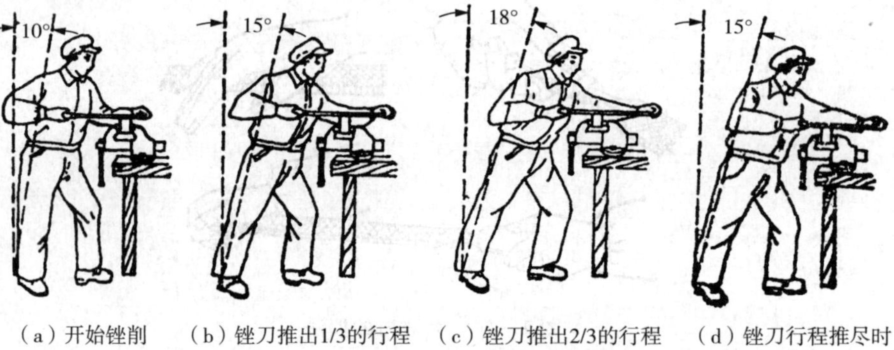

(a) 开始锉削　(b) 锉刀推出1/3的行程　(c) 锉刀推出2/3的行程　(d) 锉刀行程推尽时

图 1-42　锉削动作

3. 锉削力的运用

锉削力的正确运用，是锉削的关键。锉削力有水平推力和垂直压力两种。水平推力主要由右手控制，其大小必须大于锉削阻力才能锉去锉屑；压力是由两手控制的，其作用是使锉齿深入金属表面。

由于锉刀两端伸出工件的长度随时都在变化，因此两手压力大小也必须随着变化。使两手压力对工件中心的力矩相等，是保证锉刀平直运动的关键。具体方法是：随着锉刀的推进，左手压力应由大而逐渐减小，右手的压力则由小而逐渐增大，到中间时两手压力相等，如图 1-43 所示。这也是锉削平面时要掌握的技术要领。只有这样，才能使锉刀在工件的任意位置时，锉刀两端压力对工件中心的力矩保持平衡。否则，锉刀就不平衡，工件中间将会产生凸面或鼓形面。

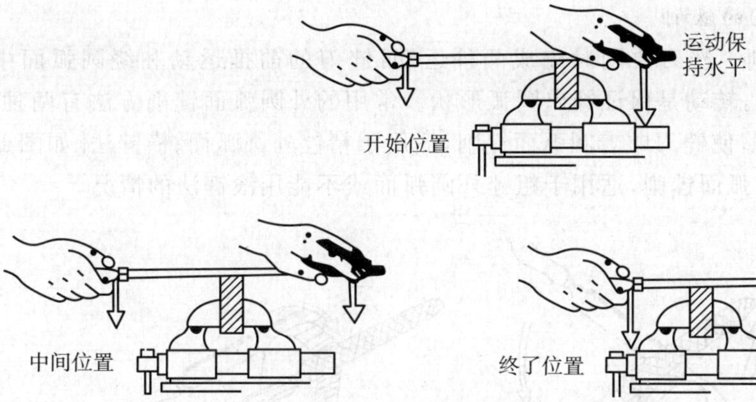

图1-43 锉削时施力的变化

锉削时，对锉刀的总压力不能太大，因为锉齿存屑空间有限，压力太大会使锉刀磨损加快。但压力也不能过小，过小则锉刀打滑，达不到切削目的。一般是以在向前推进时手上有一种韧性感觉为适宜。

锉削速度一般为每分钟30～60次。太快，操作者容易疲劳，且锉齿易磨钝；太慢，锉削效率低。

1.5.3 锉削加工

1. 平面锉削

平面锉削是最基本的锉削，常用的方法有三种：顺向锉法、交叉锉法、推锉法。

① 顺向锉法。如图1-44(a)所示，锉刀沿着工件表面横向或纵向移动，锉削平面可得到平直的锉痕，比较整齐美观。本方法适用于锉削小平面和最后修光工件。

② 交叉锉法。如图1-44(b)所示，是以交叉的两方向顺序对工件进行锉削。由于锉痕是交叉的，容易判断锉削表面的不平程度，因而也容易把表面锉平。交叉锉法去屑较快，适用于平面的粗锉。

③ 推锉法。如图1-44(c)所示，两手对称地握住锉刀，用两大拇指推锉刀进行锉削。这种方法适用于较窄表面且已经锉平、加工余量很小的情况下，来修正尺寸和减小表面粗糙度。

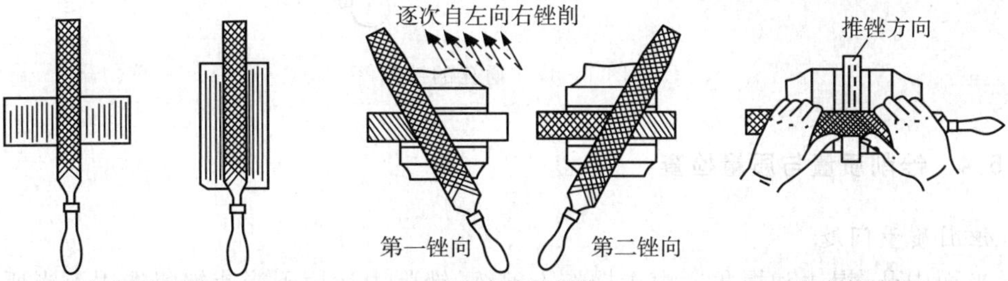

(a) 顺向锉法　(b) 交叉用法　(c) 推锉法

图1-44 平面锉削

2. 圆弧面(曲面)的锉削

① 外圆弧面锉削。锉刀要同时完成两种运动:锉刀的前推运动和绕圆弧面中心的转动。前推是完成锉削,转动是保证锉出圆弧形状。常用的外圆弧面锉削方法有两种:滚锉法[如图1-45(a)所示],使锉刀顺着圆弧面锉削,适用于精锉外圆弧面;横锉法[如图1-45(b)所示],使锉刀横着圆弧面锉削,适用于粗锉外圆弧面或不能用滚锉法的情况。

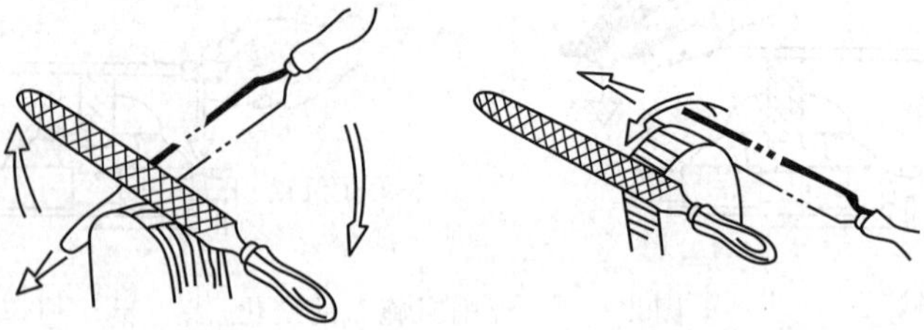

(a) 滚锉法　　(b) 横锉法

图1-45　外圆弧面的锉法

② 内圆弧面锉削。如图1-46所示,锉刀要同时完成三种运动:锉刀的前推运动、锉刀的左右移动和锉刀自身的转动。如不同时完成这三种运动则锉不好内圆弧面。

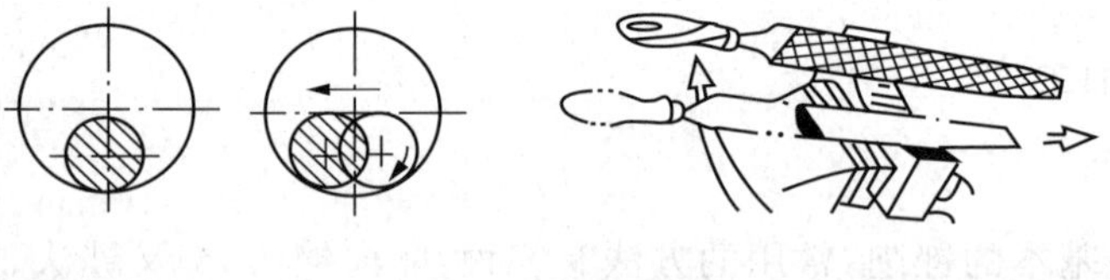

图1-46　内圆弧面锉削

3. 通孔的锉削

如图1-47所示,锉削通孔时须根据通孔的形状、工件材料、加工余量、加工精度和表面粗糙度来选择相应的锉刀。

图1-47　通孔的锉削

1.5.4　锉削质量与质量检查

1. 锉削质量问题

① 平面中凸、塌边和塌角。由于操作不熟练,锉削力运用不当或锉刀选用不当所造成。

② 形状、尺寸不准确。由于划线错误或锉削过程中没有及时检查工件尺寸所造成。

③ 表面较粗糙。由于锉刀粗细选择不当或锉屑卡在锉齿间所造成。

④ 锉掉了不该锉的部分。由于锉削时锉刀打滑，或者没有注意带锉齿工件边和不带锉齿的光边而造成。

⑤ 工件被夹坏。这是由于在虎钳上夹持不当而造成的。

2. 锉削质量检查

① 检查直线度。用钢尺和直角尺以透光法来检查，如图 1-48(a)所示。

② 检查垂直度。用直角尺采用透光法检查。应先选择基准面，然后对其他各面进行检查，如图 1-48(b)所示。

③ 检查尺寸。用游标卡尺在全长不同的位置上测量几次。

④ 检查表面粗糙度。一般用眼睛观察即可，如要求更精确时，可用表面粗糙度样板对照检查。

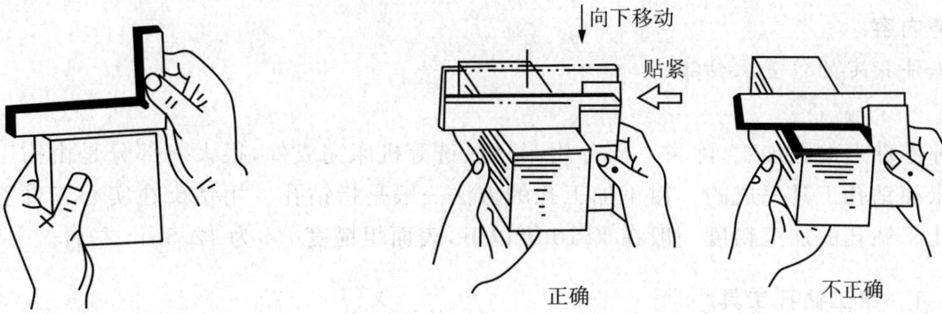

(a) 检查直线度　　(b) 检查垂直度

图 1-48　用直角尺检查锉削工件的直线度和垂直度

1.5.5 锉削操作要点

操作时要把注意力集中在以下两方面：一是操作姿势、动作要正确；二是两手用力方向、大小变化要正确、熟练。要经常检查加工面的平面度和直线度情况，来判断和改进锉削时的施力变化，逐步掌握平面锉削的技能。

锉削操作时应注意的事项如下：

(1)不准使用无柄锉刀锉削，以免被锉舌戳伤手。

(2)不准用嘴吹锉屑，以防锉屑飞入眼中。

(3)锉削时，锉刀柄不要碰撞工件，以免锉刀柄脱落伤人。

(4)放置锉刀时不要把锉刀露出钳台外面，以防锉刀落下砸伤操作者。

(5)锉削时不可用手摸被锉过的工件表面，以免手上的油污使锉刀打滑而造成事故。

(6)锉刀齿面塞积锉屑后，用钢丝刷顺着锉纹方向刷去锉屑。

【实训操作与思考】

1. 练习平面锉削。

2. 练习圆弧面锉削。

任务1.6 钻 孔

知识目标

了解钻孔加工的特点；

了解钻孔加工设备、钻头类型及结构；

掌握钻孔加工操作方法及要点。

技能目标

掌握钻孔加工设备的使用方法；

能够在零件上正确进行钻孔作业。

任务内容

在工件指定的位置上钻孔。

各种零件上的孔加工，除去一部分用车、镗、铣等机床完成外，很大一部分是由钳工利用各种钻床和钻孔工具完成的。钳工加工孔的方法一般是指钻孔。用钻头在实心工件上加工孔叫钻孔。钻孔的加工精度一般在IT10级以下，表面粗糙度 Ra 为12.5μm左右。

1.6.1 钳工钻孔工具

钳工钻孔的工具通常有钻床和钻头。

1. 钻床

常用的钻床有台式钻床、立式钻床、摇臂钻床三种。手电钻也是常用钻孔工具。

2. 钻头

钻头是钻孔用的主要工具，用高速钢制造，工作部分热处理淬硬至62HRC～65HRC。它由柄部、颈部及工作部分组成，如图1-49所示。

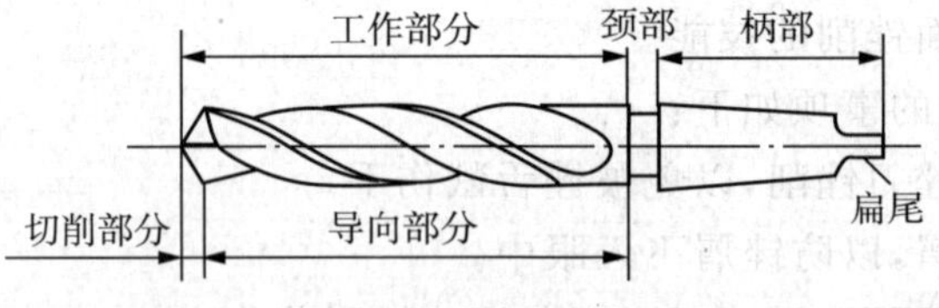

(a) 锥柄钻头

(b) 直柄钻头

图1-49 麻花钻头的结构

(1)柄部

柄部是钻头的夹持部分，起传递动力的作用，有直柄和锥柄两种。直柄传递扭矩力较小，一般用于直径小于12mm的钻头；锥柄可传递较大扭矩，用于直径大于12mm的钻头。

锥柄顶部是扁尾,起传递扭矩作用。

(2)颈部

颈部是在制造钻头时砂轮磨削退刀用的,钻头直径、材料、厂标一般刻在颈部。

(3)工作部分

工作部分包括导向部分与切削部分。导向部分有两条狭长的、螺旋形的、高出齿背0.5～1mm 的棱边(刃带)。它的直径前大后小,略有倒锥度,可以减少钻头与孔壁间的摩擦。两条对称的螺旋槽,用来排除切屑和输送切削液。整个导向部分也是切削部分的后备部分。切削部分有三条切削刃(刀刃):前刀面和后刀面相交形成两条主切削刃,担负主要切削作用;两后刀面相交形成的两条棱刃(副切削刃),起修光孔壁的作用。

1.6.2　钻孔方法

钻孔操作方法的正确与否,直接影响钻孔的质量和操作安全。

首先是切削用量的选择。钻孔切削用量是指钻头的切削速度、进给量和切削深度的总称。切削用量愈大,单位时间内切除量愈多,生产效率愈高。但切削用量受到钻床功率、钻头强度、钻头耐用度、工件精度等许多因素的限制,不能任意提高。因此,合理选择切削用量直接关系到钻孔生产率、钻孔质量和钻头的寿命。通过分析可知:对钻孔生产率的影响,切削速度和进给量是相同的;对钻头耐用度的影响,切削速度比进给量大;对钻孔粗糙度的影响,进给量比切削速度大。综上所述可知,钻孔时选择切削用量的基本原则是:在允许范围内,尽量先选较大的进给量,当进给量受孔表面粗糙度和钻头刚度的限制时,再考虑较大的切削速度。钻孔实践中已积累了大量的有关选择切削用量的经验,并经过科学总结制成了切削用量表,供钻孔时使用。

其次是按划线位置钻孔。工件上的孔径圆和检查圆均须打上样冲眼作为加工界线,中心眼应打大一些。钻孔时先用钻头在孔的中心锪一小窝(约占孔径的 1/4),检查小窝与所划圆是否同心。如稍偏离,可用样冲将中心冲大矫正或移动工件借正。若偏离较多,便可逐渐将偏斜部分矫正过来,如图 1-50 所示。

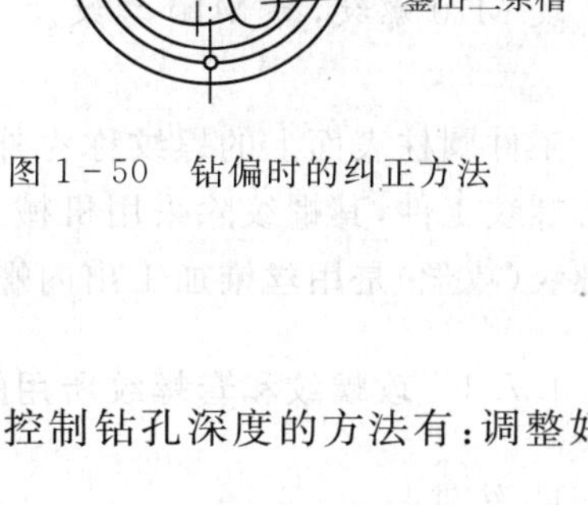

图 1-50　钻偏时的纠正方法

(1)钻通孔

在孔将被钻透时,进给量要减少,变自动进给为手动进给,避免钻头在钻穿的瞬间抖动,出现“啃刀”现象,影响加工质量,损坏钻头,甚至发生事故。

(2)钻盲孔(不通孔)

要注意掌握钻孔深度,以免钻得过深出现质量事故。控制钻孔深度的方法有:调整好钻床上深度标尺挡块;安置控制长度量具或用粉笔做标记。

(3)钻深孔

直径(D)超过 30mm 的应分两次钻。第一次用 $0.5D$～$0.7D$ 的钻头先钻,然后再用所需直径的钻头将孔扩大到所要求的直径。分两次钻削,既有利于钻头的使用(负荷分担),也有利于提高钻孔质量。

再次是钻削时的冷却润滑。钻削钢件时，为降低粗糙度多使用机油做冷却润滑液（切削液），为提高生产效率则多使用乳化液。钻削铝件时，多用乳化液、煤油。钻削铸铁件则用煤油。

1.6.3 钻孔操作要点

钻孔时，选择转速和进给量的方法为：用小钻头钻孔时，转速可快些，进给量要小些；用大钻头钻孔时，转速要慢些，进给量适当大些；钻硬材料时，转速要慢些，进给量要小些；钻软材料时，转速要快些，进给量要大些；用小钻头钻硬材料时可以适当地减慢速度。钻孔时手进给的压力应根据钻头的工作情况确定，以目测和感觉进行控制，在实习中应注意掌握。

【实训操作与思考】

1. 在 50mm 厚的钢板上练习钻通孔、盲孔、深孔。
2. 熟悉麻花钻的结构，学习对其刃磨。

任务 1.7 攻螺纹和套螺纹

知识目标

了解丝锥、板牙的结构及规格；
了解攻螺纹工具的使用方法及动作要领；
了解套螺纹工具的使用方法。

技能目标

掌握攻螺纹底孔尺寸、套螺纹圆杆直径的确定方法；
掌握攻螺纹、套螺纹的基本操作方法；
能够解决在攻螺纹、套螺纹过程中遇到的问题。

任务内容

攻 M10 螺纹，套 M10 螺纹。

工件圆柱表面上的螺纹称为外螺纹；工件圆柱孔内侧面上的螺纹为内螺纹。常用的三角形螺纹工件，其螺纹除采用机械加工外，还可以用钳工加工方法的攻螺纹和套螺纹获得。攻螺纹（攻丝）是用丝锥加工出内螺纹；套螺纹（套丝）是用板牙在圆杆上加工出外螺纹。

1.7.1 攻螺纹和套螺纹所用的工具

1. 丝锥

丝锥是专门用来加工小直径内螺纹的成形刀具，如图 1－51 所示，一般用合金工具钢 9SiCr 制造，并经热处理淬硬。它的基本结构形状像一个螺钉，轴向有几条容屑槽，相应地开成几瓣刀刃（切削刃）。丝锥由工作部分和柄部组成，其中工作部分由切削部分与校准部分组成。切削部分常磨成圆形，以便使切削负荷分配在几个刀齿上，其作用是切去孔内螺纹牙间的金属。校准部分的作用是修光螺纹和引导丝锥。丝锥上有 3～4 条容屑槽，便于容屑和排屑。柄部为方形，其作用是与铰手相配合并传递扭矩。丝锥分为手用丝锥和机用丝锥两种。为了减少切削力和提高丝锥使用寿命，切削斜角(κ_r)各不相等，校准部分的外径也不相同，所负担的切削工作量分配为头锥 60%、二锥 30%、三锥 10%。

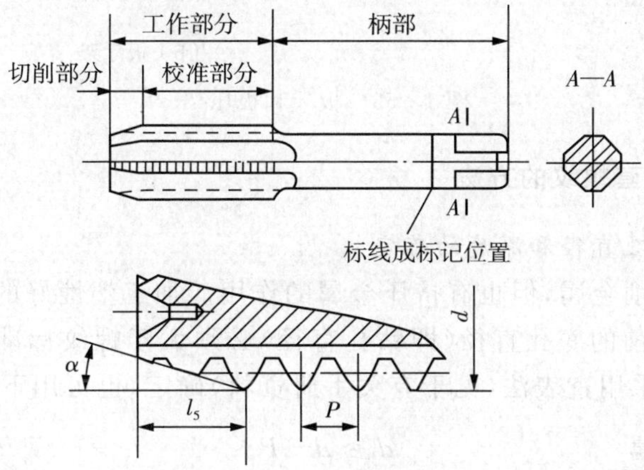

图 1－51　丝锥的结构

2. 铰杠

铰杠是用来夹持丝锥的工具，如图 1－52 所示。常用的是可调式铰杠，旋动其右边手柄，即可调节方孔的大小，以便夹持不同尺寸的丝锥。铰杠长度应根据丝锥尺寸大小进行选择，以便控制攻螺纹时的施力(扭矩)，防止丝锥因施力不当而折断。

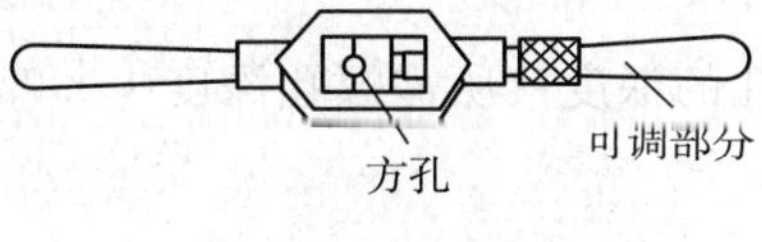

图 1－52　铰杠

3. 板牙

板牙是加工外螺纹的刀具，由合金工具钢 9SiCr 制成并经热处理淬硬。其外形像一个圆螺母，只是上面钻有几个排屑孔，并形成刀刃，如图 1－53(a)所示。板牙由切削部分、定径部分、排屑孔(一般有 3～4 个)组成。排屑孔的两端有 60°的锥度，起着主要的切削作用。定径部分起修光作用。板牙的外圆有一条深槽和四个锥坑，锥坑用于定位和紧固板牙，当板牙的定径部分磨损后，可用片状砂轮沿槽将板牙切割开，借助调紧螺钉将板牙直径缩小。

4. 板牙架

板牙架是用来夹持板牙、传递扭矩的工具。板牙是装在板牙架上使用的，如图 1－53(b)所示。工具厂按板牙外径规格制造了各种配套的板牙架，以供选用。

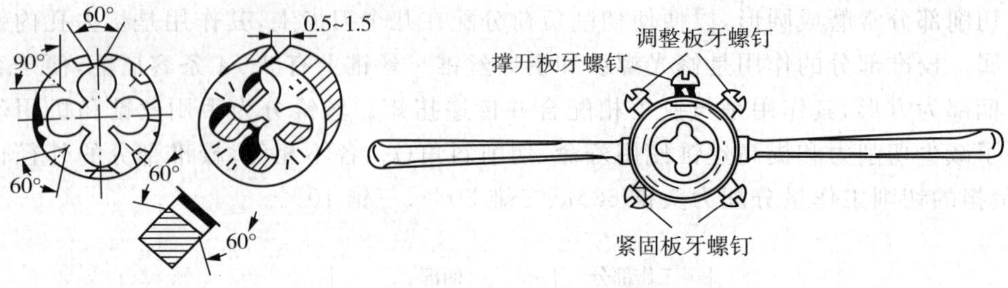

（a）板牙　　（b）板牙架

图 1-53　板牙和板压架

1.7.2　攻螺纹和套螺纹的方法

1. 攻螺纹前钻底孔直径和深度的确定

丝锥主要用于切削金属，但也有挤压金属的作用。加工塑性好的材料时，挤压作用尤其显著。因此攻螺纹前的底孔直径（即钻孔直径）必须大于螺纹标准中规定的螺纹内径。底孔钻头直径 d_0，可采用查表法（见于有关手册资料）确定，也可用下列经验公式计算：

对铸铁及韧性金属　　$d_0 \approx d - P$

对铸铁及脆性金属　　$d_0 \approx d - (1.05 \sim 1.1)P$

式中：d_0——底孔直径；

d——螺纹公称直径；

P——螺距。

攻盲孔（不通孔）的螺纹时，因丝锥不能攻到底，所以孔的深度要大于螺纹长度，盲孔深度可按下列公式计算：

$$孔的深度 = 所需螺孔深度 + 0.7d$$

2. 攻螺纹的操作方法

先将螺纹钻孔端面孔口倒角，以利于丝锥切入。开始时做头锥攻螺纹，先旋入 1～2 圈，检查丝锥是否与孔端面垂直（可用目测或直角尺在互相垂直的两个方向检查），然后继续使铰杠轻压旋入。当丝锥的切削部分已经切入工件后，可只转动而不加压，每转一圈应反转1/4圈，以便切屑断落，如图 1-54 所示。攻完头锥再继续攻二锥、三锥。每更换一锥，先要旋入 1～2 圈，扶正定位，再用铰杠，以防乱扣。攻钢料工件时，加机油润滑可使螺纹光洁，并能延长丝锥使用寿命；对铸铁件，可加煤油润滑。

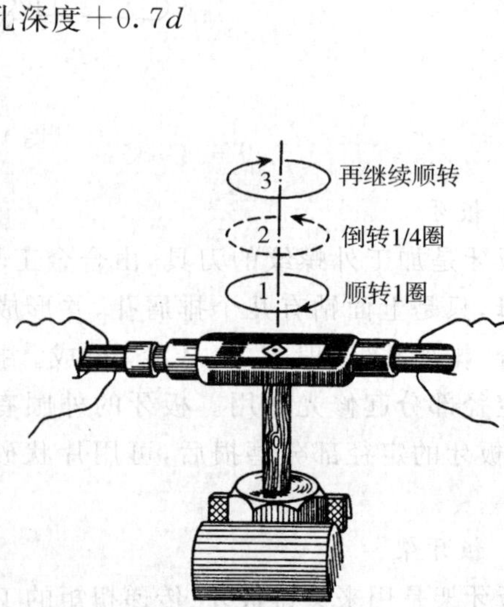

图 1-54　攻螺纹操作

3. 套螺纹前圆杆直径和确定

圆杆外径太大，板牙难以套入。太小，套出的螺纹牙形不完整。因此，圆杆直径应稍小于螺纹公称尺寸。计算圆杆直径的经验公式为：

$$圆杆直径 \approx 螺纹外径 - 0.31P$$

4. 套螺纹的操作方法

套螺纹的圆杆端部应倒角，如图1-55(a)所示，以使板牙容易对准工件中心，同时也容易切入。工件伸出钳口的长度，在不影响螺纹要求长度的前提下，应尽量短些。套螺纹过程与攻螺纹相似，如图1-55(b)所示。板牙端面应与圆杆垂直，操作时用力要均匀。开始转动板牙时，要稍加压力；套入三四扣后，可只转动不加压，并经常反转，以便断屑。

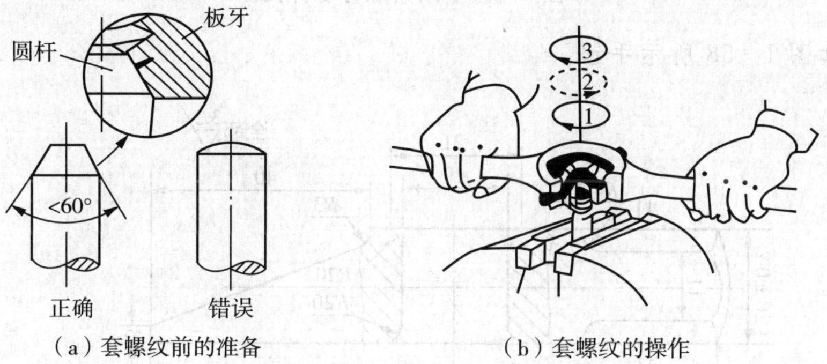

(a) 套螺纹前的准备　　(b) 套螺纹的操作

图1-55 套螺纹的操作

1.7.3 攻螺纹和套螺纹的操作要点

起攻、起套要分别从前后、左右观察与检查，及时进行垂直度的找正。这是保证攻螺纹、套螺纹质量的重要操作步骤。特别是套螺纹，由于板牙切削部分圆锥角较大，起套的导向性较差，容易产生板牙端面与圆杆轴心线不垂直的情况，造成烂牙(乱扣)，甚至不能继续切削。起攻、起套操作正确，两手用力均匀及掌握好最大用力限度是攻螺纹、套螺纹的基本功，必须用心掌握。

【实训操作与思考】

1. 根据要求计算底孔直径并在钢件、铸件上完成钻底孔和攻螺纹操作。
2. 按图1-56所示双头螺纹柱计算圆杆直径，并在圆杆上套螺纹。

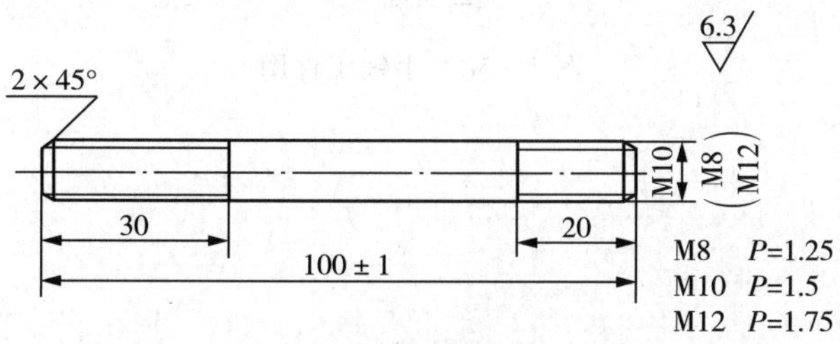

图1-56 双头螺杆工件图

3. 制作如图 1-57 所示六角螺母。

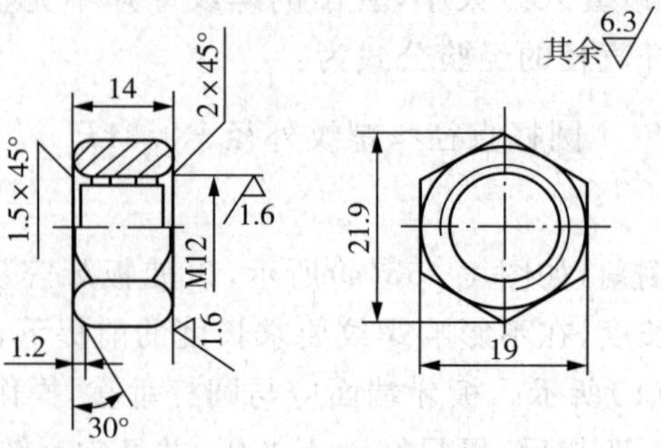

图 1-57 六角螺母工件图

4. 制作如图 1-58 所示手锤。

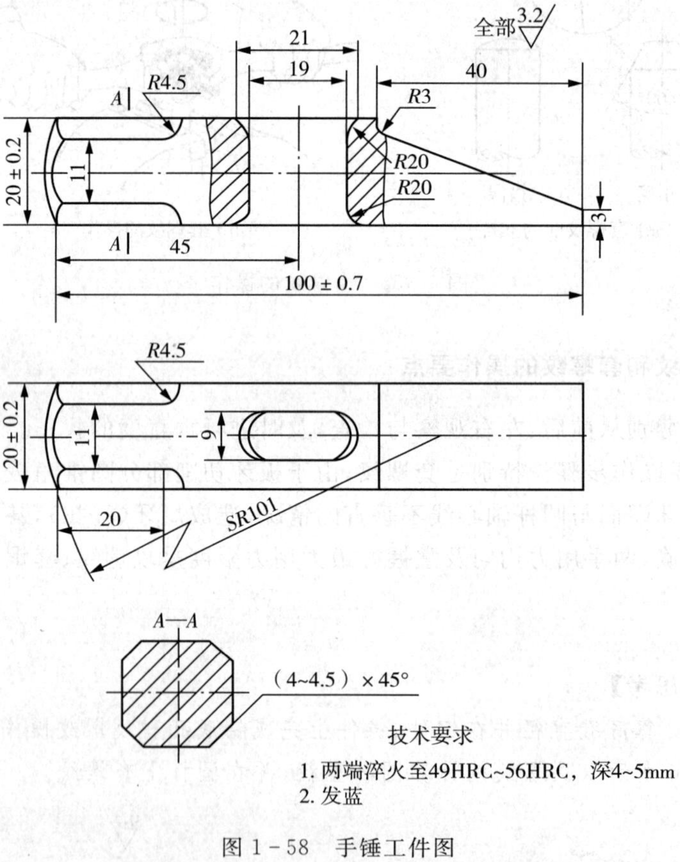

图 1-58 手锤工件图

模块2　车削加工

车削加工在机械零件制造中占有非常大的比例，也是机械加工的入门环节。通过对本工种的实训操作，可以让学生初步了解车削加工的工艺特点及加工范围；熟悉车床的型号、结构，并正确操作车床和使用常用的刀具、量具及夹具；对于一般中等复杂程度零件，应能独立加工，具有一定的操作技能。

因为车削加工是机械加工的入门环节，所以在整个实训过程中，一定要注意以下的安全措施：操作前，操作者应穿戴好合格的工作服，头发应压入帽内；操作时，若两人共用一台车床，只能一人操作，并注意他人的安全。开车前，检验各手柄的位置是否到位，卡盘扳手使用完毕后，必须及时取下，确认正常后才准许开车；开车后，人不能靠近正在旋转的工件，更不能用手触摸工件的表面，也不能用量具测量工件的尺寸，以防止发生人身安全事故。开车时严禁变换车床主轴转速，以防损坏车床设备。车削时，小刀架应调整至合适位置，以防止小刀架导轨碰撞卡爪而发生人身、设备事故。纵、横向自动进给时，严禁大拖板或中拖板超过极限位置，以防拖板脱落或碰撞卡盘而发生人身、设备事故。万一发生事故，应立即断开车床电源。操作完后，应关闭电源，清除切削，细擦机床，加油润滑，保持良好的工作环境。

任务2.1　车削加工基础认知

知识目标

了解车削加工特点及加工范围；

理解切削三要素；

熟悉普通车床的结构、规格类型及工作原理。

技能目标

熟练掌握车床的基本操作方法；

能正确维护与调整车床。

任务内容

根据车床的操作过程分组进行车床操作练习。

2.1.1 车削加工基本知识

1. 车削特点及加工范围

(1)车削加工的特点

在车床上,工件旋转,车刀在平面内做直线或曲线移动的切削叫车削。它是以工件旋转为主运动,车刀纵向或横向移动为进给运动的一种切削加工方法。车外圆时各种运动的情况如图 2-1 所示。

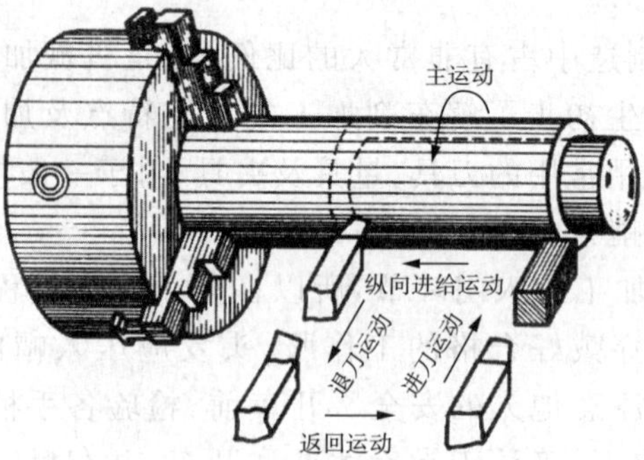

图 2-1 车外圆时的运动情况

(2)车削加工范围

凡具有回转体表面的工件,都可以在车床上用车削的方法进行加工。另外,车削加工还可低速制作弹簧。车削加工的工件尺寸公差等级一般为 IT7～IT9 级,表面粗糙度 Ra 为 1.6～3.2μm。卧式车床的加工范围如图 2-2 所示。

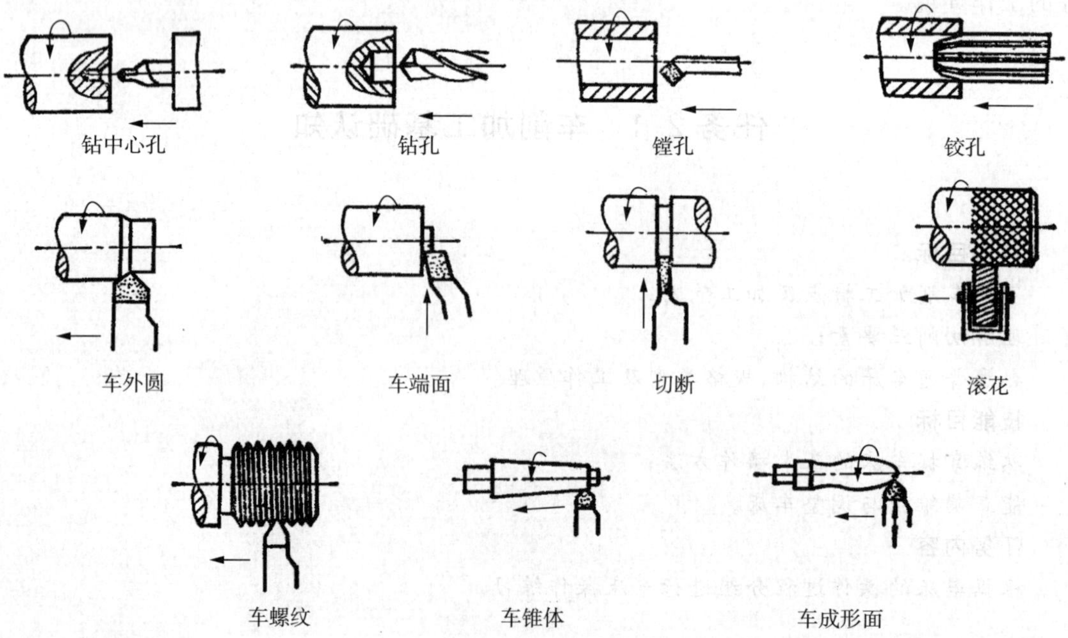

图 2-2 车削加工范围

2. 切削要素

在切削加工过程中的切削速度(v)、进给量(f)和切削深度(a_p)总称为切削要素。车削时的切削要素如图2-3所示。合理选择切削要素对提高生产率和切削质量有密切关系。

(1)切削速度(v)

切削速度是指主运动的线速度。即在单位时间内,工件和刀具沿主运动方向上相对移动的距离,单位为m/min或m/s。可用下式计算:

$$v=\frac{\pi Dn}{1000}(\text{m/min})=\frac{\pi Dn}{1000\times 60}(\text{m/s})$$

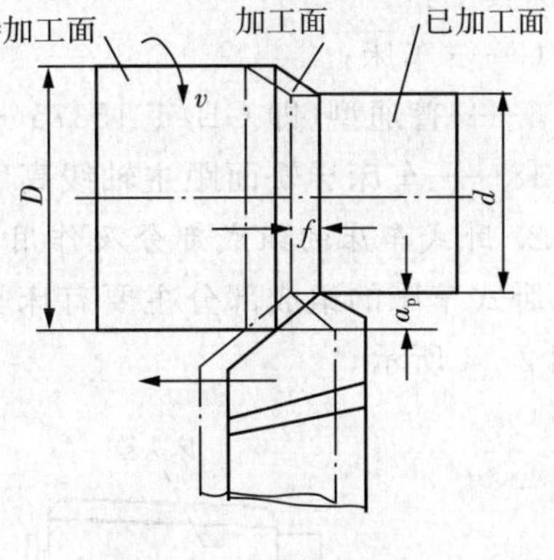

图2-3　切削要素图

(2)进给量(f)

进给量是指工件每旋转一周,车刀沿进给运动方向上移动的距离,单位为mm/r。

(3)切削深度(a_p)

切削深度是指工件待加工面与已加工面间的垂直距离,单位为mm。可用下式表达:

$$a_p=\frac{D-d}{2}(\text{mm})$$

式中,D、d——分别为工件待加工面和已加工面的直径(mm)。

2.1.2　卧式车床基本知识

1. 卧式车床的型号

车床的型号是用来表示车床的类别、特征、组类和主要参数的代号。按照国家标准GB/T 15375—2008《金属切削机床　型号编制方法》的规定,车床型号由汉语拼音字母及阿拉伯数字组成,其表示方法如下:

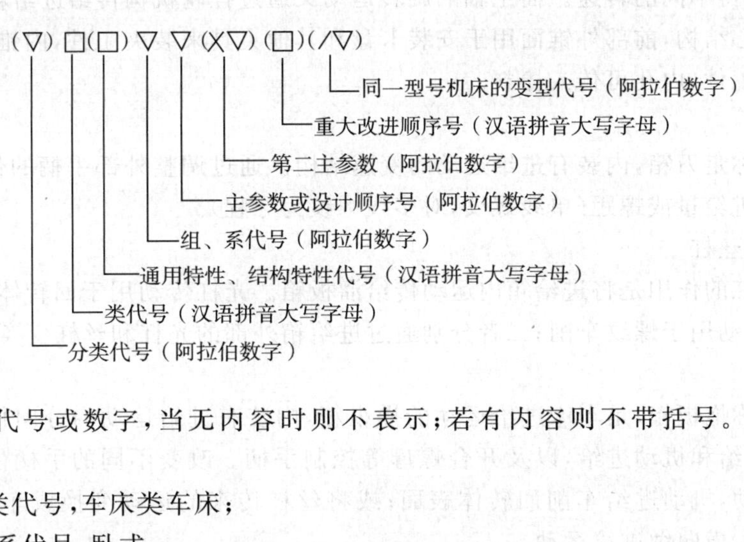

带括号的代号或数字,当无内容时则不表示;若有内容则不带括号。例如C6136A,其中:

C——分类代号,车床类车床;

61——组系代号,卧式;

36——主参数，床身上最大工件回转直径 1/10，即 360mm；

A——重大改进顺序号，第一次重大改进。

本标准颁布前的机床型号编制办法因有不同规定，其型号表达方法也不同。例如 C618，其中：

C——车床；

6——普通型(即 GB/T 15375—2008 中的卧式)；

18——车床导轨面距主轴线高度为 180mm。

2. 卧式车床的组成部分及作用

卧式车床的组成部分主要有床头箱、进给箱、溜板箱、光杠、刀架、尾架、床身及床腿等，如图 2-4 所示。

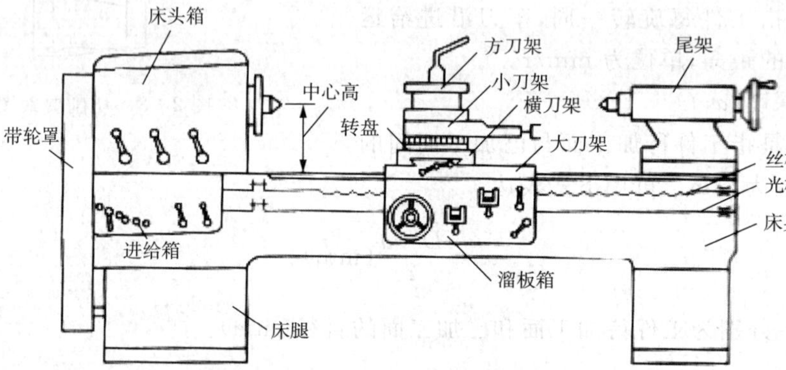

图 2-4 C6132 卧式车床

(1)床头箱

床头箱又叫主轴箱，内装有主轴和主轴变速结构。电动机的运动经三角胶带传给床头箱，再经过内部主轴变速结构将运动传给主轴，通过变换床头箱外部手柄的位置来操纵变速结构，使主轴获得不同的转速。而主轴的旋转运动又通过挂轮机构传给进给箱。

主轴为空心结构，前部外锥面用于安装卡盘和其他夹具来装夹工件，内锥面用于安装顶尖来装夹轴类工件，内孔可传入棒料。

(2)进给箱

进给箱又称走刀箱，内装有进给运动的变速结构。通过调整外部手柄的位置，可获得所需的各种不同进给量或螺距(单线螺纹，对多线螺纹为导程)。

(3)光杠和丝杠

光杠和丝杠的作用是将进给箱内运动传给溜板箱。光杠传动用于回转体表面的机动进给车削，丝杠传动用于螺纹车削；二者分别通过进给箱外部的光杠和丝杠变换手柄来控制。

(4)溜板箱

溜板箱又称拖板箱，是车床进给运动的操纵箱，内装有进给运动的分向机构，外部有纵向、横向手动进给和机动进给，以及开合螺母等控制手柄。改变不同的手柄位置，可使刀架纵向或横向移动，机动进给车削回转体表面；或将丝杠传来的运动变换成车螺纹的走刀运动；或手动纵向、横向做进给运动。

(5)刀架

刀架由大刀架、横刀架、转盘、小刀架和方刀架等组成,用来夹持车刀使其做纵向、横向或斜向进给运动。大刀架又称大拖板,与溜板箱连接,带动车刀沿床身导轨做纵向移动。横刀架又称中拖板,带动车刀沿大刀架上面的导轨做横向移动,手动时可转动横向进给手柄。转盘,其上面刻有刻度,与横刀架用螺栓连接,松开螺母可在水平面内回转任意角度。小刀架又称小拖板,转动小刀架进给手柄可沿转盘面上做短距离移动,如转盘回转一定角度,车刀可斜向运动。方刀架,用来装夹和转换刀具,可同时装夹 4 把车刀。

(6)尾架

尾架又称尾座。其底面与车身导轨面接触,可调整并固定在车身导轨面上的任意位置上。在尾架套筒内装上顶尖可夹持轴类工件,装上钻头或绞刀可用来钻孔或铰孔。

(7)车身

车身是车床基础部件,用以连接各主要部件并保证其相对位置。车身上的导轨用来引导溜板箱和尾架的纵向移动。

(8)床腿

床腿用于支承床身,并与地基连接。

3. 卧式车床的传动

图 3－5 所示是 C6136 卧式车床的传动系统图。其传动路线为:

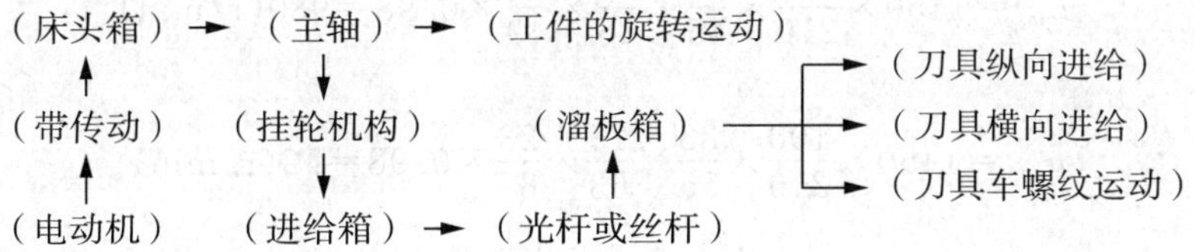

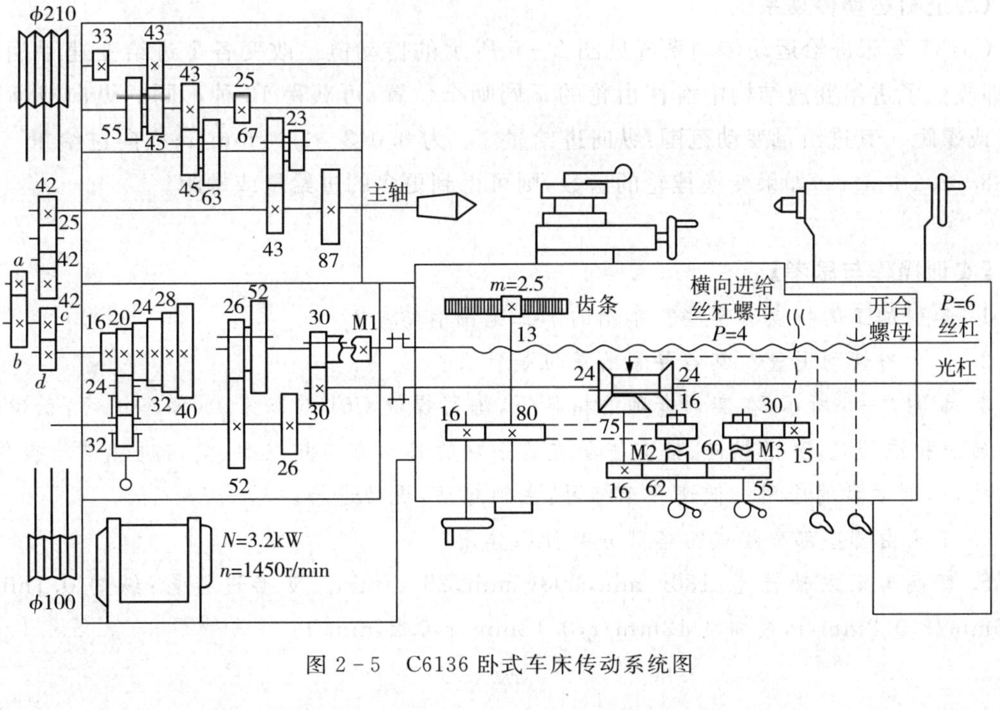

图 2－5　C6136 卧式车床传动系统图

这里有两条传动路线：一条是电动机转动经带转动，再经车头箱中的主轴变速结构把运动传给主轴，使主轴产生旋转运动。这条运动传动系统称为主运动传动系统。另一条是主轴的旋转运动经挂轮结构，进给箱中的齿轮变速结构，光杠或丝杠，溜板箱，把运动传给刀架，使刀具纵向移动或车螺纹纵向移动。这条传动系统称为进给传动系统。

(1)主运动传动系统

C6136 车床主运动传动系统为：

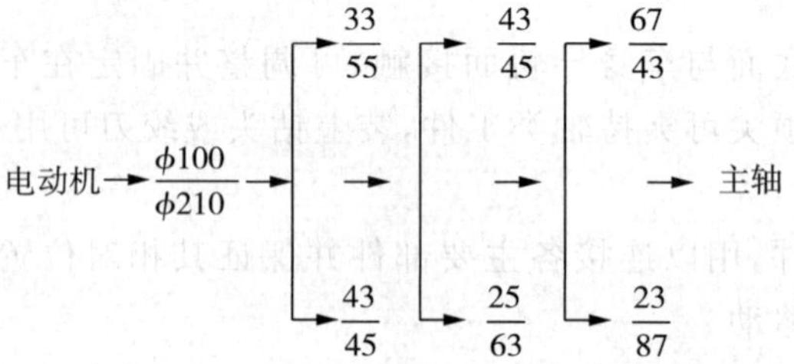

改变各个主轴变速手柄的位置，即改变了滑移齿轮的啮合位置，可使主轴得到 8 种不同的正转。反转由电动机直接控制。其中主轴正转的极限转速为

$$n_{\max}=1450\times\frac{100}{210}\times\frac{43}{45}\times\frac{43}{45}\times\frac{67}{43}\times0.98=980(\mathrm{r/min})$$

$$n_{\min}=1450\times\frac{100}{210}\times\frac{33}{55}\times\frac{25}{63}\times\frac{23}{87}\times0.98=42(\mathrm{r/min})$$

(2)进给运动传动系统

C6136 车床进给运动传动系统见图 2-5 所示的传动链。改变各个进给变速手柄的位置，即改变了进给变速结构中滑移齿轮的不同啮合位置，可获得 12 种不同的纵向或横向进给量或螺距。其进给量变动范围：纵向进给量 $f_{纵}$ 为 0.043～2.37mm/r；横向进给量 $f_{横}$ 为 0.038～2.1mm/r。如果变换挂轮的齿数，则可得到更多的进给量或螺距。

【实训操作与思考】

1. 车削加工的特点有哪些？车削的加工范围有哪些？

2. 什么叫切削用量？其各要素的单位是什么？

3. 如图 2-6 所示，在实训老师的指导下，练习操纵 C6136 车床。(停车练习：正确变换主轴转速和进给量，熟悉纵向、横向手动进给手柄的移动方向和纵向、横向机动进给操作，尾架的操作，刻度盘的应用。低速开车练习：主轴起动，机动进给。)

4. 车床由哪些部分组成？各部分有什么作用？

5. 变换车床主轴转速：130r/min，200r/min，260r/min。变换进给量：纵向 0.1mm/r，0.15mm/r，0.2mm/r，横向 0.12mm/r，0.18mm/r，0.24mm/r。

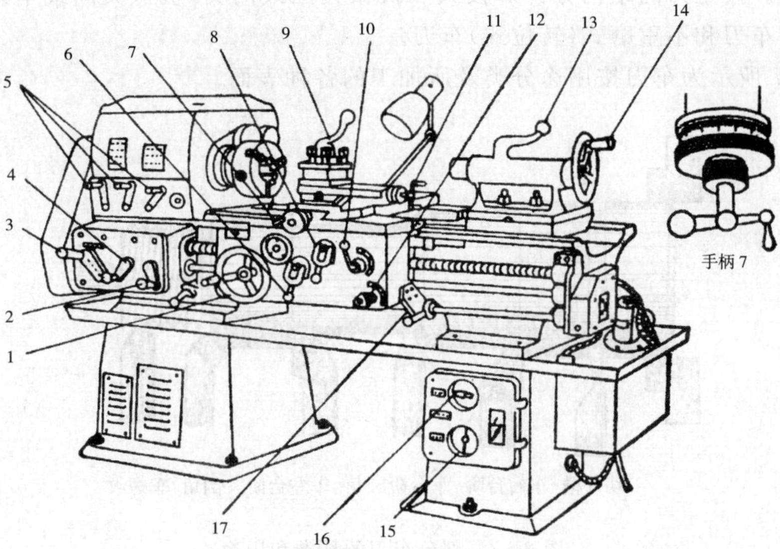

图 2-6 C6136 车床的操纵系统图

任务2.2 车 刀

知识目标

了解车刀的种类和用途；

了解车刀的结构组成、几何角度及其作用；

熟悉车刀的刃磨方法。

技能目标

能根据车削要求正确选择车刀；

能正确安装车刀。

任务内容

在老师指导下，将45°，60°，90°外圆车刀正确安装在车床刀架上。

2.2.1 车刀基本知识

1. 车刀的种类和用途

车刀的种类有很多，分类方法也不同。常按车刀的用途、形状或刀具材料等对其进行分类。车刀按用途分为外圆车刀、内孔车刀、端面车刀、切断刀、切槽刀、螺纹车刀、成形车刀等。车刀按其形状分为直头车刀和弯头车刀、尖刀和圆弧车刀、左偏刀和右偏刀等。车刀按其材料分为高速钢车刀和硬质合金车刀等。按被加工表面精度的高低分为粗车刀和精车刀

(如弹簧光刀)。按车刀的结构分为焊接式和机械夹固式两类;机械夹固式车刀按能否刃磨又分为重磨式车刀和不重磨式(转位式)车刀。

如图 2-7 所示为车刀按用途分类及所加工的各种表面。

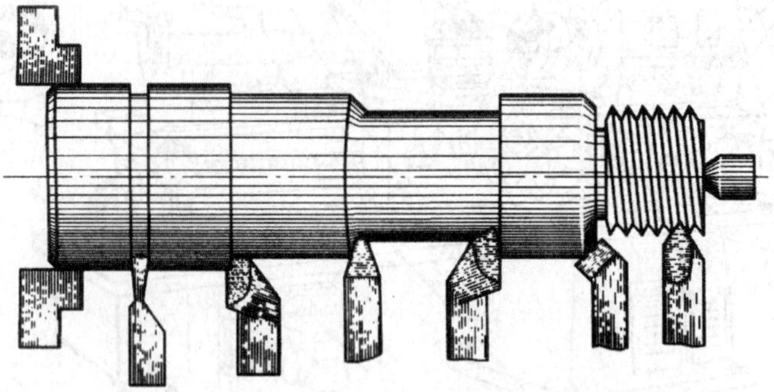

图 2-7 部分车刀的种类和用途

2. 车刀的组成

车刀由刀头和刀杆两部分组成,如图 2-8 所示。

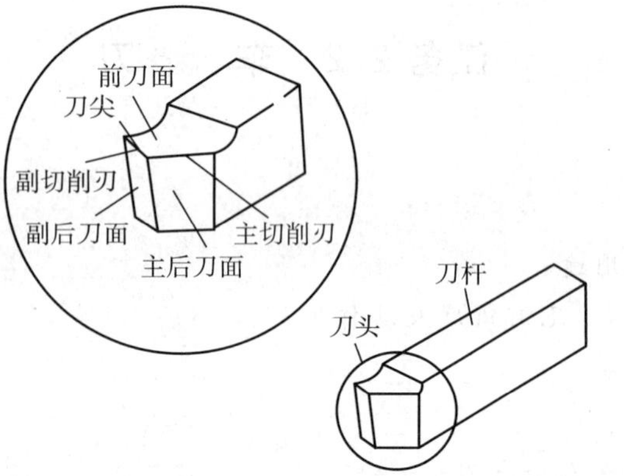

图 2-8 车刀的组成

刀头是车刀的切削部分;刀杆是车刀的夹持部分。车刀的切削部分由一尖、两刃、三面组成:

一尖是指刀尖,它是主切削刃与副切削刃的交点。实际上刀尖是一段圆弧过渡刃。

两刃由主切削刃和副切削刃组成。主切削刃是前刀面与主后刀面的交线,它担负着主要切削任务,又称主刀刃;副切削刃是前刀面与主后刀面的交线,它担负着少量的切削任务,又称副刀刃。

三面是指前刀面、主后刀面和副后刀面。前刀面是切屑流出所经的面,也是车刀刀头的上表面;主后刀面是与工件切削加工面相对的那个表面;副后刀面是与工件加工面相对的那个表面。

3. 车刀的几何角度及其作用

为了确定车刀切削刃及前后刀面在空间的位置，即确定车刀的几何角度，必须建立三个互相垂直的坐标平面（辅助平面）：基面、切削平面和主剖面。在车刀静止状态下，基面是过工件轴线的水平面，切削平面是过主切削刃的铅垂面，主剖面是垂直于基面和切削平面的铅垂面，如图 2－9 所示。

车刀切削部分在辅助平面中的位置，决定了车刀的几何角度。主要角度有前角 γ_o、主后角 α_o、主偏角 κ_r、副偏角 κ'_r，如图 2－10 所示。

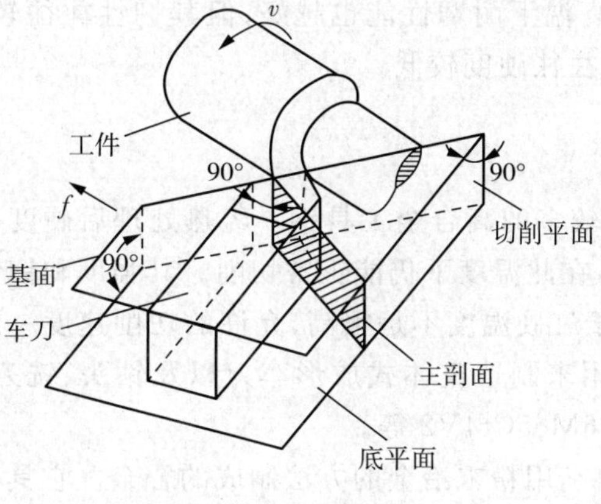

图 2－9　车刀的辅助平面

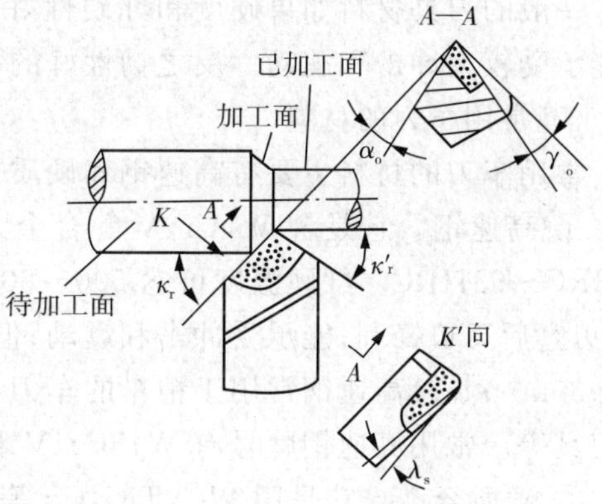

图 2－10　车刀的主要角度

（1）前角 γ_o

前角是在主剖面内基面（水平面）与前刀面之间的夹角。增大前角会使前刀面倾斜程度增加，切屑易于流经前刀面，且变形小而省力。但前角也不能太大，否则会削弱刀刃强度，容易崩坏。一般选取 γ_o 为 $-5°\sim20°$，其人小决定丁工件材料、刀具材料及粗精加工等情况。工件材料和刀具材料较硬时，γ_o 应取小值；精加工时，γ_o 应取大值。

（2）主后角 α_o

主后角是在主剖面内切削平面与主后刀面之间的夹角。其作用是减小车削时主后刀面与工件间的摩擦，降低切削时的震动，提高工件表面上的加工质量。一般选 α_o 为 $3°\sim12°$。粗加工或切削较硬材料时取小值，精加工或切削较软材料时取大值。

（3）主偏角 κ_r

主偏角是进给方向与主切削刃在基面上投影之间的夹角。其作用是改善切削条件和提高刀具寿命。减小主偏角，可使刀尖强度增加，散热条件改善，刀具使用寿命得到提高；但会使刀具对工件的径向力加大，容易使工件变形而影响加工质量，不适用于车削细长轴类工件。主偏角通常选取 45°，60°，75°，90°几种。

（4）副偏角 κ'_r

副偏角是进给反方向与副切削刃在基面上投影的夹角。其作用是减少副切削刃同已加工表面间的摩擦，以提高工件表面质量。一般选取 κ'_r 为 $5°\sim15°$。

4. 车刀的材料

(1)对刀具材料的基本要求

① 硬度高。刀具切削部分的材料应具有较高的硬度,最低硬度要高于工件的硬度,一般在 60HRC 以上。硬度越高,耐磨性越好。

② 红硬性好。即要求材料在高温下保持其原有硬度的性能好。常用红硬温度来表示,红硬温度越高,在高温下的耐磨性能就越好。

③ 具有足够的强度和韧性。为承受切削中产生的切削力或冲击力,防止产生震动和冲击,车刀材料应具有足够的强度和韧性,才不会发生崩刃。

一般的刀具材料如果硬度和红硬性好,在高温下耐磨性能也越好;但其韧性往往较差,不能承受较大冲击和震动。反之韧性好的材料往往硬度较低。

(2)常用车刀的材料

常用车刀的材料主要有高速钢和硬质合金。

① 高速钢。它是含 W,Cr,V 等合金元素较多的高合金工具钢。经热处理后硬度可达 62HRC~65HRC。红硬温度可达 500~600℃,在此温度下仍能正常切削。其强度和韧性很好,刃磨后刃口锋利,能承受冲击和震动;但由于红硬温度不是很高,允许的切削速度一般为 25~30m/min。高速钢常用于精车的车刀,或用来制造整体式成形车刀以及钻头、铣刀、齿轮刀具等。常用高速钢牌号有 W18Cr4V 和 W6Mo5Cr4V2 等。

② 硬质合金。它是用 WC,TiC,Co 等材料利用粉末冶金的方法制成的合金。它具有很高的硬度,硬度可达 74HRC~82HRC。红硬度高达 850~1000℃,即在此温度下仍能保持其正常切削性能。但它的韧性很差,性脆,不能承受较强的冲击和震动,易崩刃。由于红硬温度很高,所以允许的切削速度高达 200~300m/min。因此,使用硬质合金车刀,可以加大切削用量,进行高速强力切削,能显著提高生产率。虽然它的韧性较差,不耐冲击,但可以制成各种形式的刀片,可将其焊接在 45 号钢的刀杆上或采用机械夹固的方式夹持在刀杆上,以提高使用寿命。所以,车刀的材料主要是硬质合金。其他的刀具如钻头、铣刀等的材料也应用硬质合金。

常用的硬质合金代号有 P01(YT30),P10(YT5),P30(YT5),K01(YG3X),K20(YG6),K30(YG8)等,其含义可见国家标准 GB/T 2075—2007《切削加工用硬切削材料的分类和用途 大组和用途小组的分类代号》。

2.2.2 车刀的刃磨

车刀用钝后,须重新刃磨,才能得到合理的几何角度和形状。通常车刀是在砂轮机上,用手工进行刃磨的,刃磨车刀步骤如图 2-11 所示。

① 磨主后刀面。按主偏角大小把刀杆向左偏斜,再将刀头向上翘,使主刀面自下而上慢慢接触砂轮。

② 磨副后刀面。按副偏角大小把刀杆向左偏斜,再将刀头向上翘,使副刀面自下而上慢慢接触砂轮。

③ 磨前刀面。先把刀杆尾部下倾,再按前角大小倾斜前刀面,使主切削刃与刀杆底面平行或倾斜一定角度,再使前刀面自下而上慢慢接触砂轮。

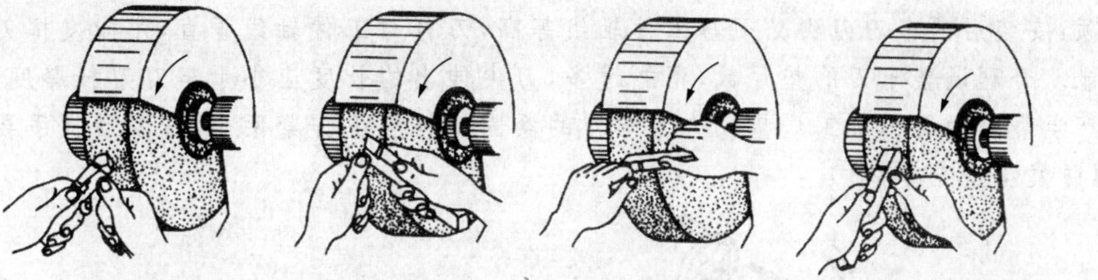

图 2-11　车刀的刃磨

④ 磨刀尖圆弧过渡刃。刀尖上翘，使过渡刃有后角，为防止圆弧刃过大，须轻靠或轻摆刃磨。经过刃磨的车刀，用油石加少量机油对切削刃进行研磨，可以提高刀具的耐用度和加工工件的表面质量。刃磨车刀时的注意事项：刃磨时，两手握稳车刀，轻轻接触砂轮，不能用力过猛，以免挤碎砂轮造成事故。利用砂轮的圆周进行磨削，经常左右移动，防止砂轮出现沟槽。不要用砂轮侧面磨削，以免受力后使砂轮破碎。磨硬质合金车刀时，不要沾水，以防刀片收缩变形而产生裂纹。磨高速钢车刀时，则须沾水冷却，使磨削温度降下来，防止刀具变软。同时，人要站在砂轮侧面以防止砂轮崩裂伤人。磨好后要随手关闭电源。

【实训操作与思考】

1. 车刀按其用途和材料如何进行分类？

2. 在实训老师的指导下，根据图 2-12 所示的车刀的几何形状及角度每人刃磨一把车刀。

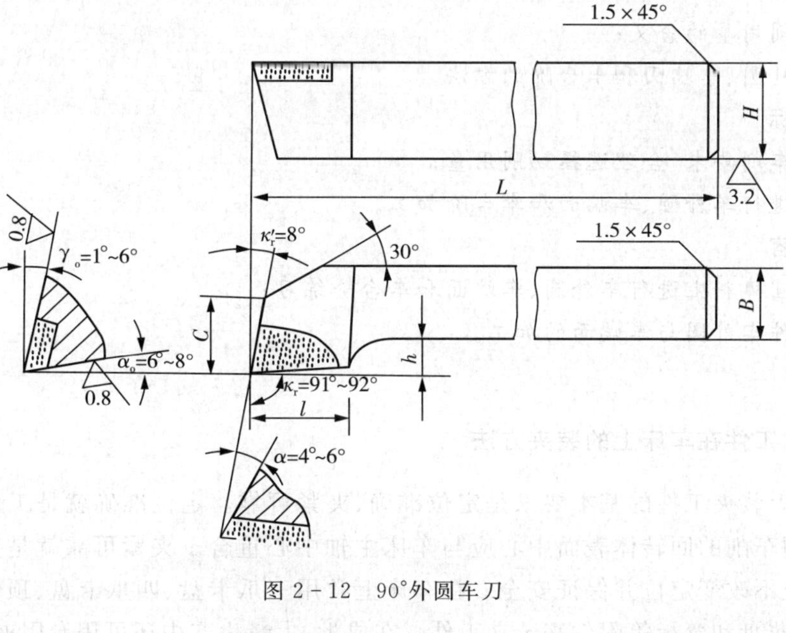

图 2-12　90°外圆车刀

3. 在实训老师的指导下，在刀架上练习安装车刀，如图 2-13 所示。（安装车刀时的注意事项：安装后的车刀刀尖必须与工件轴线等高，刀杆与工件轴线垂直，才能发挥刀具的切削效能。合理调整车刀的垫片数，不能过多，刀尖伸出的长度应小于车刀刀杆厚度的两倍，以免产生震动而影响加工质量。夹紧车刀的紧固螺栓至少拧紧两个，拧紧后扳手要及时取下，以防发生安全事故。）

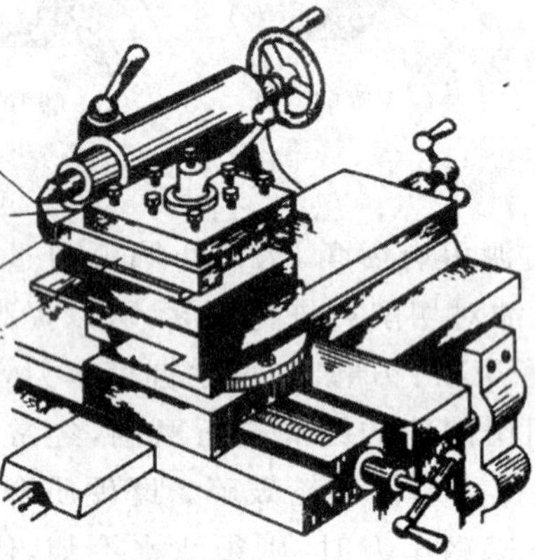

（a）正确

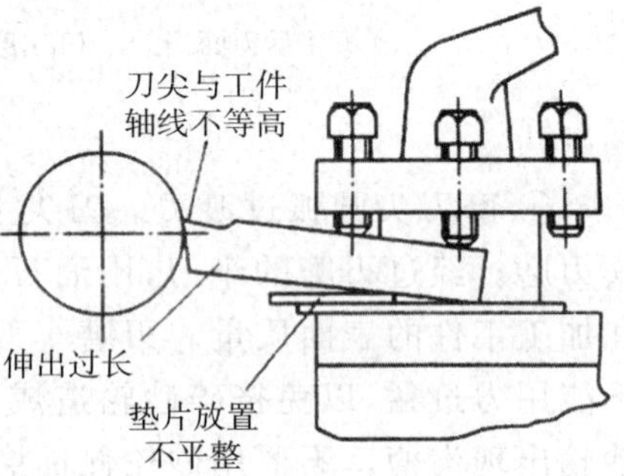

（b）错误

图 2-13　车刀的安装

4. 刃磨和安装车刀时的注意事项是什么？

任务 2.3　车外圆、车端面和车台阶

知识目标

理解切削用量的含义；

掌握车外圆、车端面和车台阶的方法。

技能目标

能根据车削要求，合理选择切削用量；

能正确进行车外圆、车端面和车台阶加工。

任务内容

在给定圆棒料上进行车外圆、车端面和车台阶练习；

进行工件车外圆与车端面的加工。

2.3.1　工件在车床上的装夹方法

在车床上装夹工件的基本要求是定位准确、夹紧可靠。定位准确就是工件必须有一个正确位置，即车削的回转体表面中心应与车床主轴中心重合。夹紧可靠就是夹牢后能承受切削力，以至不改变定位并保证安全。在车床上常用三爪卡盘、四爪卡盘、顶尖、中心架、跟刀架、心轴、花盘和弯板等附件来装夹工件。在成批、大量生产中还可用专用夹具装夹工件。

1. 三爪卡盘装夹工件

三爪卡盘的结构如图 2-14(a)所示，当用卡盘扳手转动小锥齿轮时，大锥齿轮随之转动，在大锥齿轮背面平面螺纹的作用下，使三个爪同时向中心移动或退出，以夹紧或松开工件。其对中性好，自动定心准确度为 0.05～0.15mm。装夹直径较小的外圆表面情况如图 2-14(b)所示。装夹较大直径的外圆表面时可用 3 个反爪进行装夹，如图 2-14(c)所示。

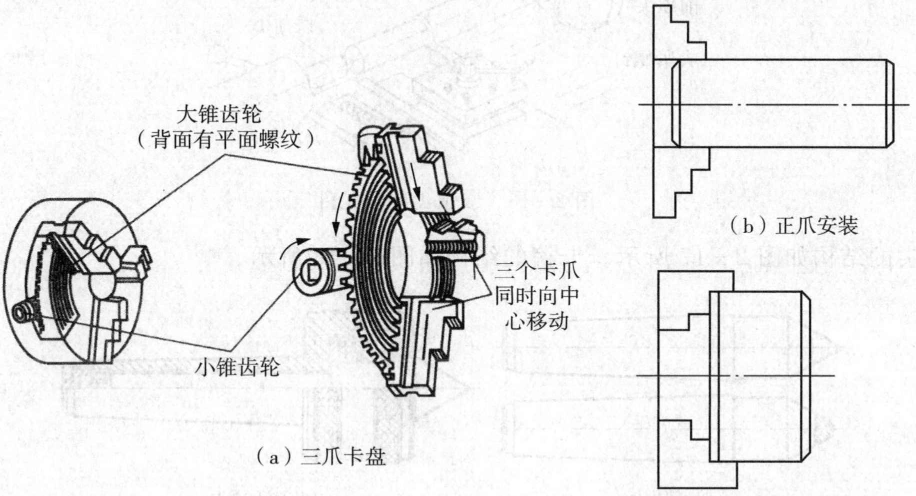

（a）三爪卡盘　（b）正爪安装　（c）反爪安装

图 2-14　三爪卡盘

2. 用四爪卡盘装夹工件

四爪卡盘外形如图 2-15(a)所示。它的 4 个爪通过 4 个螺杆独立移动。除装夹圆柱体工件外，还可以装夹方形、长方形等形状的工件。装夹时，都必须用划线盘或百分表进行找正，使工件回转中心对准车床主轴中心。图 2-15(b)所示为用百分表找正，其精度达 0.01mm。

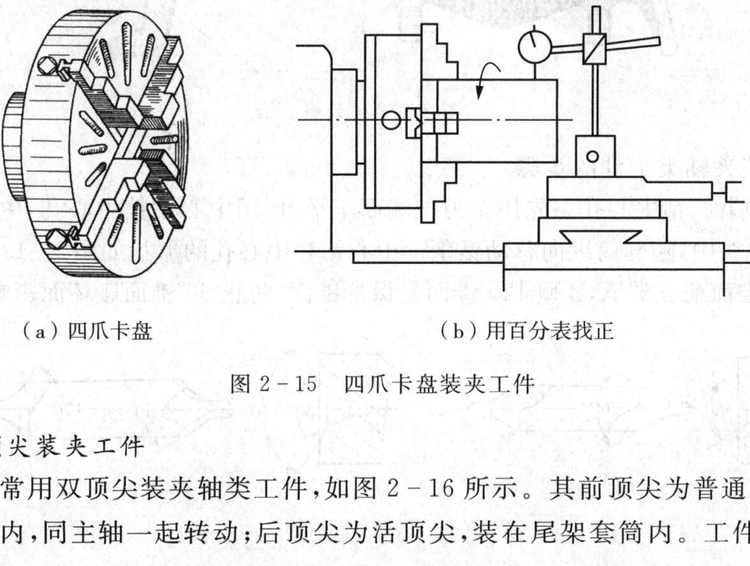

（a）四爪卡盘　（b）用百分表找正

图 2-15　四爪卡盘装夹工件

3. 用双顶尖装夹工件

在车床上常用双顶尖装夹轴类工件，如图 2-16 所示。其前顶尖为普通顶尖(死顶尖)，装在主轴锥孔内，同主轴一起转动；后顶尖为活顶尖，装在尾架套筒内。工件利用中心孔被顶在前后顶尖之间,并通过拨盘和卡箍随主轴一起转动。

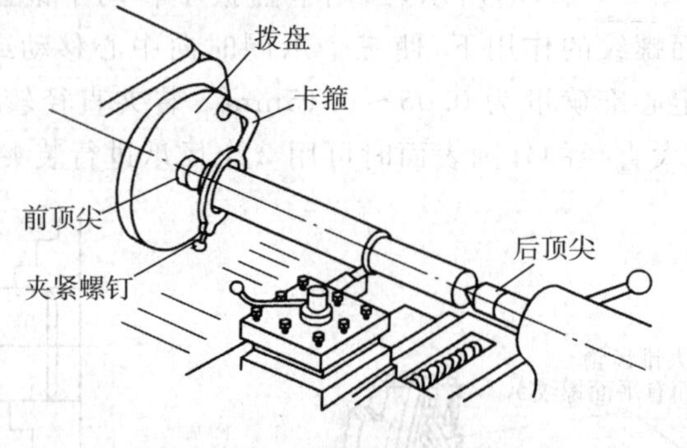

图 2－16　双顶尖装夹工件

顶尖的结构如图 2－17 所示。卡箍的结构如图 2－18 所示。

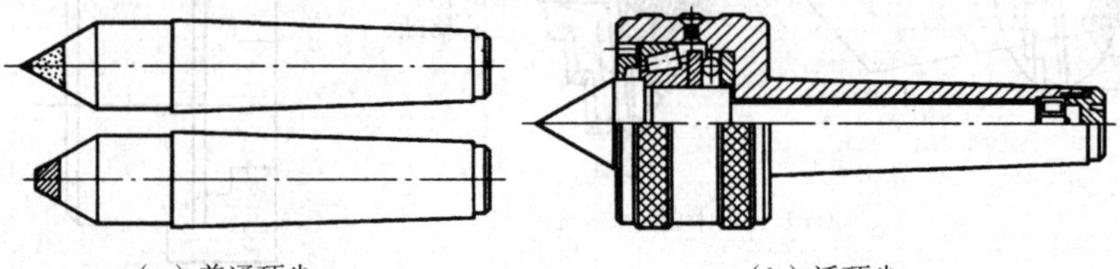

（a）普通顶尖　　（b）活顶尖

图 2－17　顶尖

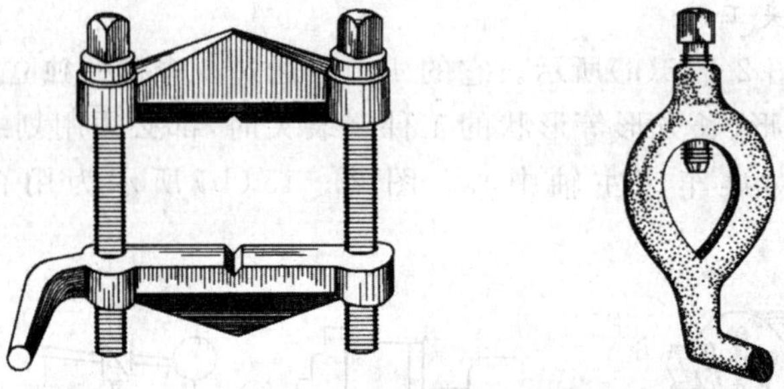

图 2－18　卡箍

用双顶尖装夹轴类工件的步骤:

(1)车平两端面、钻中心孔。先用车刀把端面车平,再用中心钻钻中心孔,中心钻安装在尾架套筒内的钻夹头中,随套筒纵向移动钻削。中心钻和中心孔的形状如图 2－19 所示。中心孔 60°锥面与顶尖锥面配合支承,B 型 120°锥面是保护锥面,防止 60°锥面碰坏而影响定位精度。

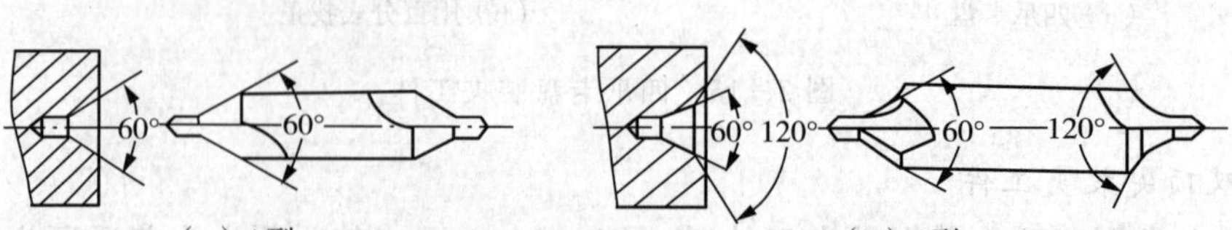

（a）A型　　（b）B型

图 2－19　中心钻与中心孔

(2)安装、校正顶尖。安装时，顶尖尾部锥面、主轴内锥孔和尾架套筒锥孔必须擦净，然后把顶尖用力推入锥孔内。校正时，可调整尾架横向位置，使前后顶尖对准为止，如图 2-20 所示。如前后顶尖不对准，轴将被车成锥体。

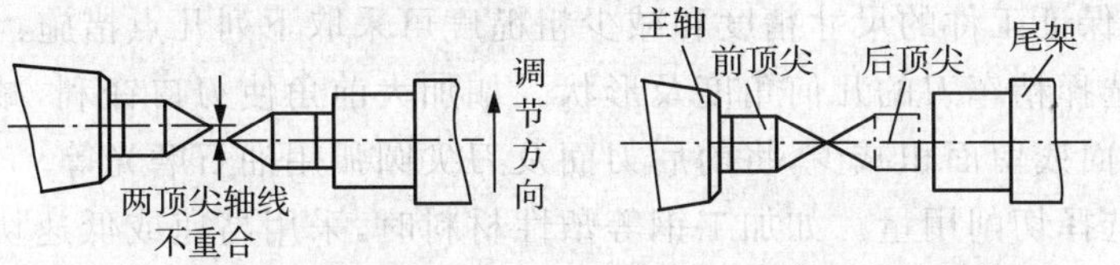

图 2-20 校正顶尖

(3)安装拨盘和工件。首先擦净拨盘的内螺纹和主轴端的外螺纹，把拨盘拧在主轴上；再把轴的一端装上卡箍，拧紧卡箍螺钉；最后在双顶尖中安装工件，如图 2-21 所示。

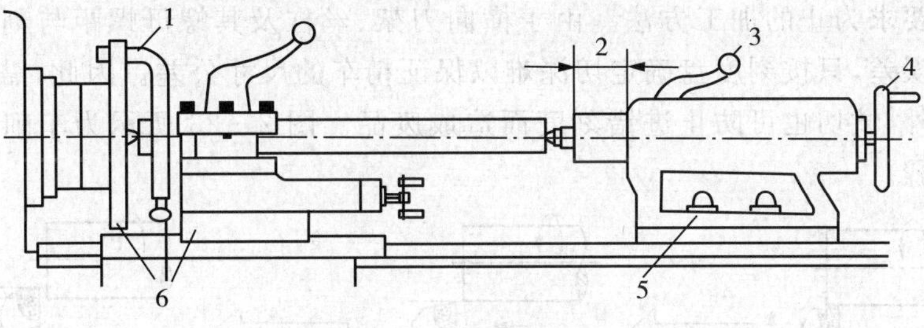

图 2-21 安装工件

1—拧紧卡箍；2—调整套筒伸出的长度；3—锁紧套筒；4—调节工件顶尖松紧；5—将尾架固定；6—将刀架移到车削行程左端，转动拨盘，检查是否会碰撞

2.3.2 车外圆

将工件车削成圆柱形外表面的方法称为车外圆。车外圆的几种情况，如图 2-22 所示。

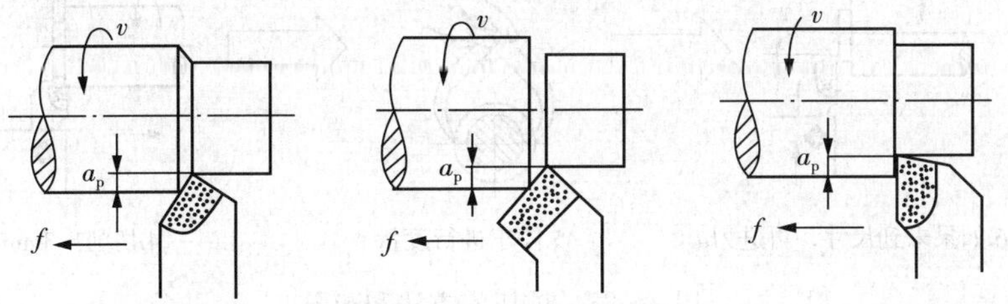

图 2-22 外圆车削

车削方法一般采用粗车和精车两个步骤。

1. 粗车

粗车的目的是尽快地从工件上切去大部分加工余量，使工件接近最后的形状和尺寸。粗车要给精车留有适当的加工余量，其精度和表面粗糙度要求并不高，因此粗车的目的是提高生产率。为了保证刀具耐用，减少刃磨次数，粗车时，要先选用较大的切削深度，其次根据可能，适当加大进给量，最后选取合适的切削速度。粗车时一般选用尖头刀或弯头刀车削。

2. 精车

精车的目的是切去粗车给精车留下的加工余量，以保证零件的尺寸公差和表面粗糙度。

精车后尺寸公差等级可达 IT7 级，表面粗糙度 Ra 为 $1.6\mu m$。对于尺寸公差等级和表面粗糙度要求更高的表面，精车后还需进行磨削加工。在选择切削用量时，首先选取合适的切削速度（高速或低速），再选取进给量（较小），最后根据工件尺寸来确定切削深度。

精车时为了保证工件的尺寸精度和减少粗糙度可采取下列几点措施：

(1)合理地选择精车刀的几何角度及形状。如加大前角使刃口锋利，减少副偏角和刀尖圆弧使已加工表面残留面积减少，将前后刀面及刀尖圆弧用油石磨光等。

(2)合理地选择切削用量。如加工钢等塑性材料时，采用高速或低速切削可防止出现积屑瘤，采用较小的进给量和切削深度可减少已加工表面的残留面积。

(3)合理地使用冷却润滑液。如低速精车钢件时用乳化液润滑，低速精车铸钢件时用煤油润滑等。

(4)采用试切法切削。试切法就是通过"试切—测量—调整—再试切"反复进行使工件达到尺寸符合要求为止的加工方法。由于横向刀架、丝杠及其螺母螺距与刻度盘的刻线均有一定的制造误差，只按刻度盘确定切深难以保证精车的尺寸公差。因此，需要通过试切来控制尺寸。此外，试切也可防止进错刻度而造成废品。图 2－23 所示为车削外圆工件时的试切方法与步骤。

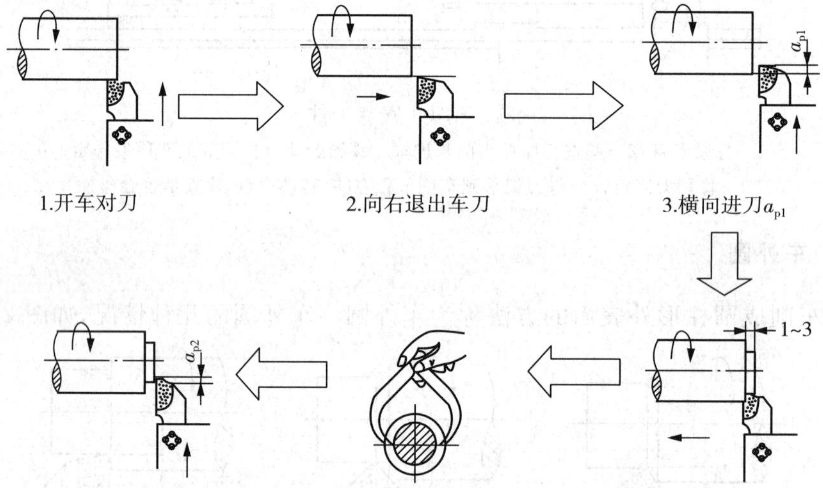

图 2－23　试切的方法和步骤

2.3.3　车端面

对工件端面进行车削的方法称为车端面。车端面应用端面车刀，开动车床使工件旋转，移动大拖板（或小拖板）控制切深，用中拖板横向走刀进行车削。图 2－24 所示为端面车削时的几种情形。

车端面时应注意：刀尖要对准工件中心，以免车出的端面留下小凸台。车削时被切部分直径不断变化，从而引起切削速度的变化，所以车大端面时要适当调整转速，使车刀靠近工件中心处的转速高些，靠近工件外圆处的转速低些。车后的端面不平整是由于车刀磨损或切削深度过大导致拖板移动所造成，因此要及时刃磨车刀并可将大拖板紧固在床身上。

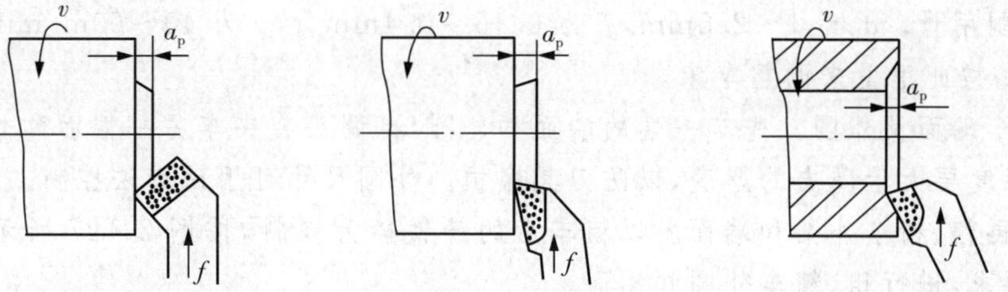

（a）弯头车刀车端面　（b）偏刀向中心车端面　（c）偏刀向外车端面

图 2-24　车端面

2.3.4　车台阶

车削台阶位置外圆和端面的方法称为车台阶。车台阶常用主偏角 κ_r 大于或等于 90°的偏角车削，在车削外圆的同时车出台阶端面。台阶高度小于 5mm 时可用一次走刀切出，高度大于 5mm 的台阶可用分层法多次走刀后再横向切出，如图 2-25 所示。台阶长度的控制和测量方法如图 2-26 所示。

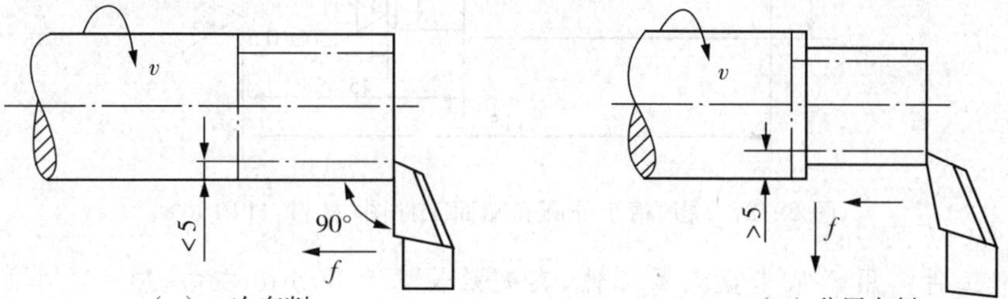

（a）一次车削　（b）分层车削

图 2-25　车台阶

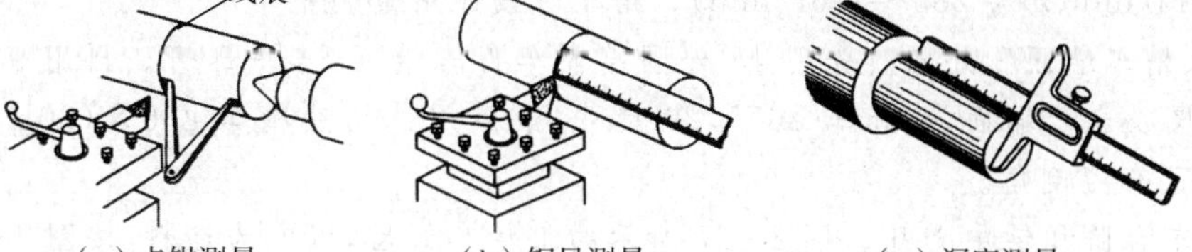

（a）卡钳测量　（b）钢尺测量　（c）深度测量

图 2-26　台阶长度的控制和测量

【实训操作与思考】

1. 在实训老师的指导下，练习车削如图 2-27 所示的工件。

首先，粗车外圆及端面。选取直径为 ϕ90mm 的灰铸铁棒料（HT150）为毛坯，粗车后的直径为 ϕ85mm、长度为 120mm。

(1)装夹工件。因铸件毛坯表面不规则，用三爪卡盘装夹时，一定要使三个爪全部接触外圆表面后再夹紧，以防松动。

(2)安装车刀。选用主偏角 κ_r 为 45°的外圆车刀，按要求安装在小刀架上。

(3)切削用量。a_p为 1～2.5mm，f 为 0.15～0.4mm/r，v 为 40～60m/min（n 为 150～225 r/min），按此用量来调整车床。

(4)粗车端面及外圆。先车一端的端面和外圆，再调头装夹车另一端面和外圆。车第一刀的切削深度要大于硬皮的厚度，以防刀具磨损。外圆尺寸可用试切法控制。

然后，再粗、精车外圆和端面。以粗车后的铸铁棒为坯料，按图 2－27 所示工件的尺寸和粗糙度要求，进行粗、精车外圆和端面。

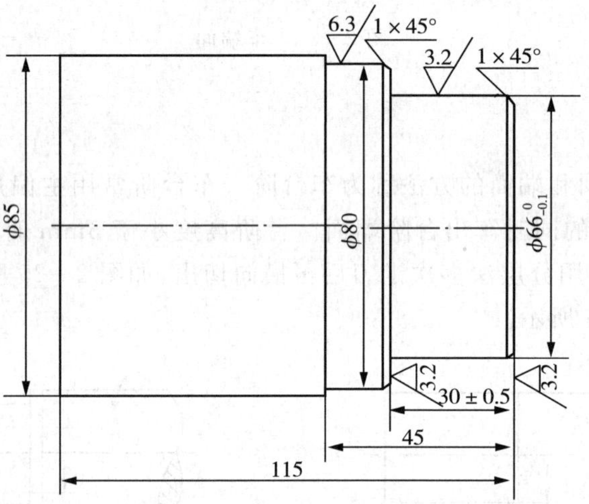

图 2－27　粗、精车外圆和端面工件图（材料：HT150）

(1)装夹工件。用三爪卡盘夹紧工件，其夹紧长度为 50mm 左右。

(2)安装车刀。选用主偏角 κ_r＝45°和 κ_r≥90°的偏刀两把，按要求装在小刀架上。

(3)切削用量。精车铸件的切削用量如下：a_p为 0.3～0.5mm，f 为 0.05～0.2mm/r，v 为 60～100m/min（n 为 285～476r/min）。精车时按此用量调整车床。

(4)粗、精车端面和外圆。先用 45°外圆端面车刀车端面，车平即可。再用 90°外圆偏刀粗、精车外圆及台阶端面，先粗车 ϕ67×29 尺寸，最后用试切法精车 ϕ66×(30±0.5)尺寸。车好后用 45°车刀倒角。

最后，车台阶和钻中心孔。图 2－27 所示的工件车好后，以它为坯料，按图 2－28 所示工件的尺寸、形位公差要求进行车削台阶和钻中心孔。

加工步骤：

(1)以直径为 ϕ66mm、长度为 30mm±0.5mm 台阶面为定位精基准。

(2)车端面，保证长度为 80mm。

(3)钻 ϕ4mm 中心孔。

(4)粗、精车 ϕ68×(70±0.2)台阶尺寸。

(5)粗、精车 ϕ60×(55±0.15)台阶尺寸。

(6)粗、精车 ϕ54×(20±0.1)台阶尺寸。

(7)倒角。

2. 观看实训指导老师采用中心架或跟刀架进行车削细长轴类工件，如图 2－29 所示。

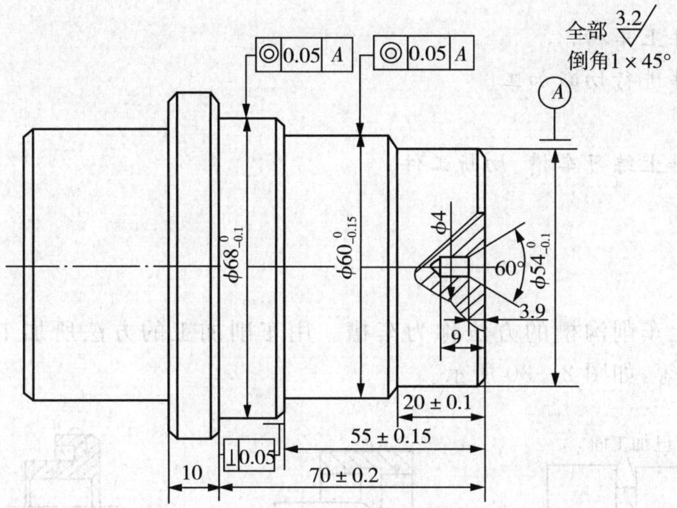

图 2-28　车外圆、车端面、车台阶和钻孔的工件图（材料：HT150）

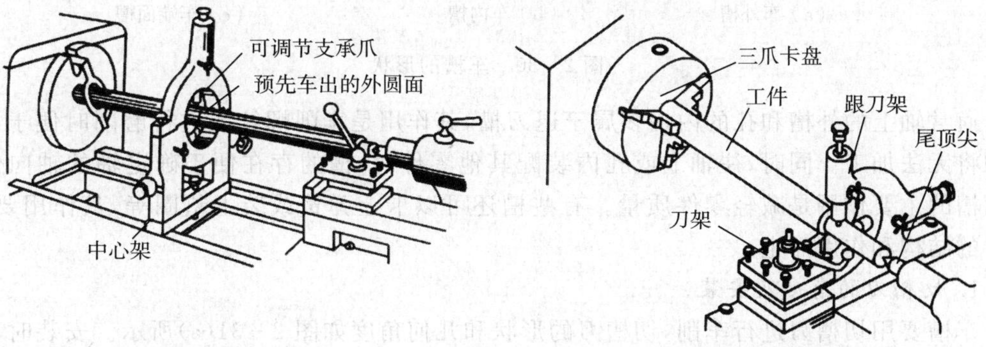

（a）中心架的应用　　（b）跟刀架的应用

图 2-29　中心架和跟刀架的应用

3. 工件外尺寸为 φ67mm，要一刀车成 φ66.5mm，对刀后横向进给手柄应转过多少小格？

4. 车外圆时为什么要分为粗车和精车？粗车和精车时应如何选择切削用量？

5. 测量外径尺寸有哪些方法？能否用外卡钳测量并保证其测量误差在 0.03～0.05mm 范围内？

任务 2.4　车槽和切断

知识目标

了解车槽的种类；

掌握车槽加工方法；

掌握切断工件的方法与技巧。

技能目标

能在轴类零件上车槽；

能对轴类零件进行切断加工。

任务内容

在给定圆棒料上练习车槽、切断工件。

2.4.1 车槽

在工作表面上车削沟槽的方法称为车槽。用车削加工的方法所加工出槽的形状有外槽、内槽和端面槽等，如图 2－30 所示。

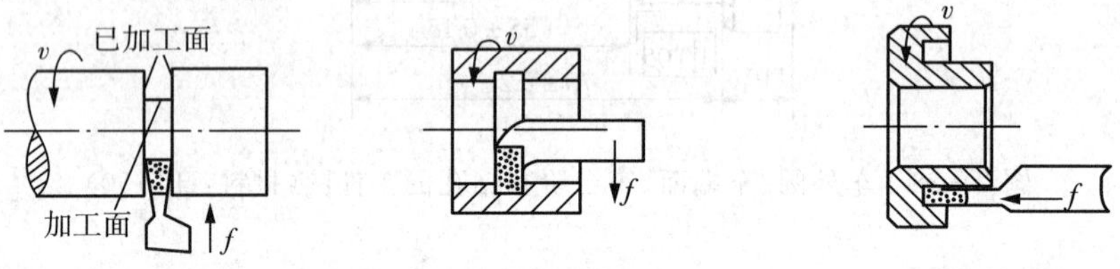

（a）车外槽　（b）车内槽　（c）车端面槽

图 2－30　车槽的形状

通常轴上的外槽和孔的内槽多属于退刀槽，其作用是车削螺纹或进行磨削时便于退刀，否则将无法加工。同时，往轴上或孔内装配其他零件时，槽的存在便于确定轴的轴向位置。端面槽的主要作用是减轻零件质量。有些槽还可以卡上弹簧或装上垫圈等，其作用要根据零件的结构和作用而定。

1. 切槽刀的角度及安装

车槽要用切槽刀进行车削，切槽刀的形状和几何角度如图 2－31(a)所示。安装时，刀尖要对准工件轴线；主切削刃要平行于工件轴线；刀尖与工件轴线等高；两侧副偏角一定要对称相等(约 1°～2°)；两侧刃副后角也须对称(约 0.5°～1°)，不许一侧为负值，以防刮伤槽的端面或折断刀头。切槽刀的安装如图 2－31(b)所示。

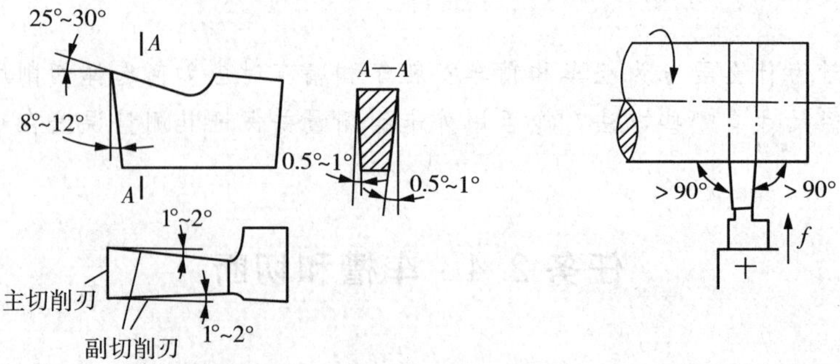

（a）切槽刀　（b）切槽刀的安装

图 2－31　切槽刀及其安装

2. 车槽的方法

车削宽度为5mm以下的窄槽时，可采用主切削刃的宽度等于槽宽的切槽刀，在一次横向进给中切出。车削宽度在5mm以上的宽槽时，一般采用先分段横向粗车，最后一次横向切削完成后，再进行纵向精车的加工方法，如图2-32所示。

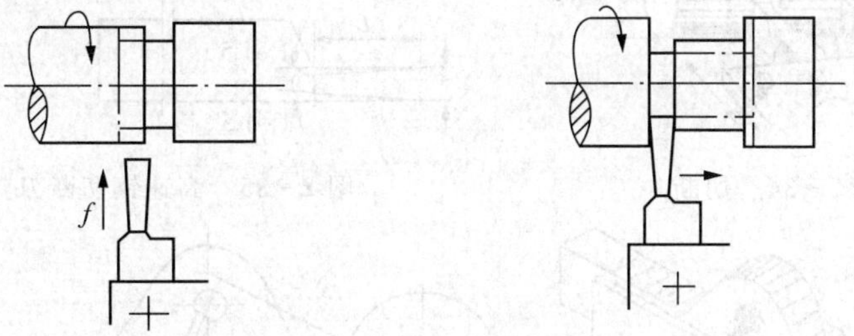

（a）横向粗车　　（b）精车

图2-32　车宽槽

3. 槽的尺寸测量

槽的宽度和深度采用卡钳和钢尺测量，也可用游标卡尺和千分尺测量。测量情况如图2-33所示。

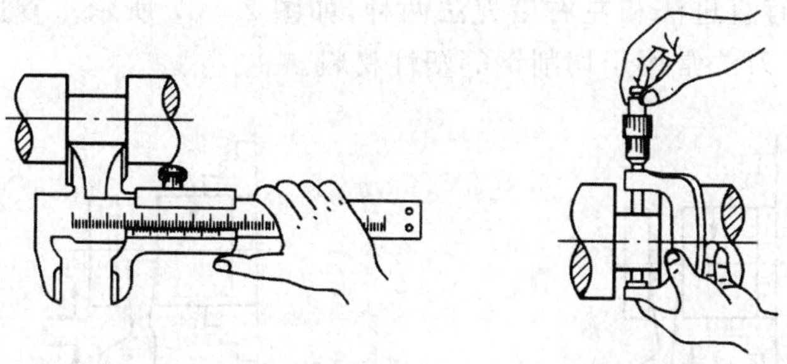

（a）用游标卡尺测量槽宽　　（b）用千分尺测量槽的底径

图2-33　测量外槽

2.4.2　切断

把坯料或工件分成两段或若干段的切削方法称为切断。切断主要用于圆棒料按尺寸要求下料，或把加工完毕的工件从坯料上切下来，如图2-34所示。

1. 切断刀

切断刀与切槽刀的形状相似，不同点是切槽刀刀头窄而长，容易折断，因此，切断刀可以用来车槽，但切槽刀不能用来切断。

切断时，刀头伸进工件内部，散热条件差，排屑困难，易引起震动，如不注意，刀头就会折断，因此必须合理地选择切断刀。切断刀的种类很多，按材料可分为高速钢和硬质合金两种；按结构又分为整体式、焊接式、机械夹固式等多种。通常为了改善切削条件，常用整体式高速钢切断刀进行切断。图2-35所示为高速切断刀的几何角度。为了减少切断过程中产生的震动和冲击，也可用弹性切断刀切断，如图2-36所示。

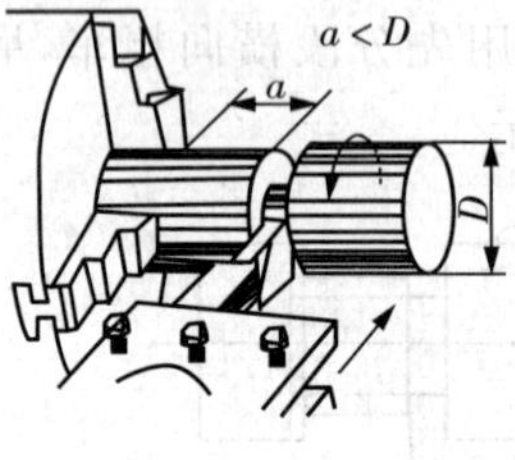

图 2 - 34　切断

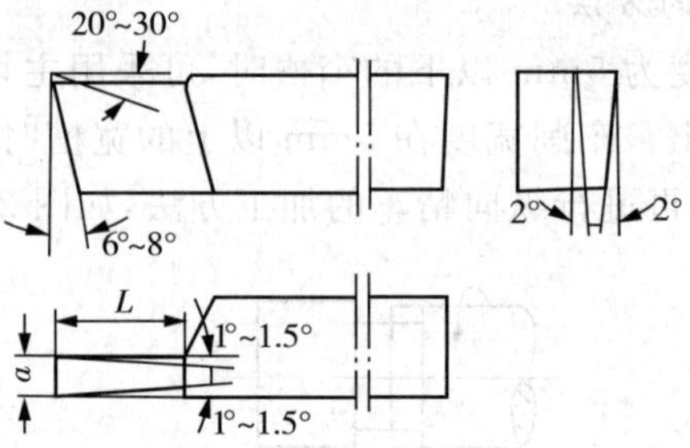

图 2 - 35　高速钢切断刀

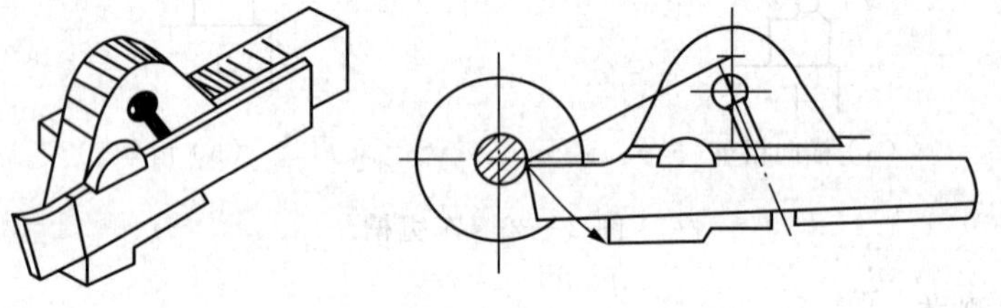

图 2 - 36　弹性切断刀

2. 切断方法

常用的切断方法有直进法和左右借刀法两种，如图 2 - 37 所示。直进法常用于切削铸铁等脆性材料，左右借刀法常用于切削钢等塑性材料。

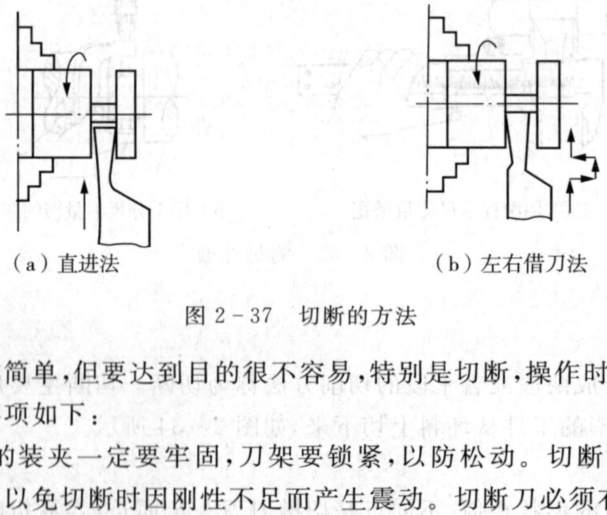

（a）直进法　　（b）左右借刀法

图 2 - 37　切断的方法

车槽和切断操作简单，但要达到目的很不容易，特别是切断，操作时如不注意，刀头就会折断。其操作注意事项如下：

（1）工件和车刀的装夹一定要牢固，刀架要锁紧，以防松动。切断时，切断刀距卡盘近些，但不能碰上卡盘，以免切断时因刚性不足而产生震动。切断刀必须有合理的几何角度和形状。一般切钢时前角 γ_o 为 20°～25°，切铸铁时前角 γ_o 为 5°～10°，副偏角 κ'_r 为 1°30′，主后角 α_o 为 2°，刀头宽度为 3～4mm。刃磨时要特别注意两副偏角应各自对应相等。

（2）安装切断刀时，刀刃一定要对准工件中心。如低于中心时，车刀还没有切至中心而被折断；如高于中心时，车刀接近中心时被凸台顶住，不易切断，如图 2 - 38 所示。同时车刀伸出刀架不要太长，车刀中心线要与工件中心线垂直，以保证两侧副偏角相等。低面垫平，以保证两侧都有一定的负后角。

（3）合理地选择切削用量，切削速度不宜过高或过低，一般 v 为 40～60m/min（外圆处）。

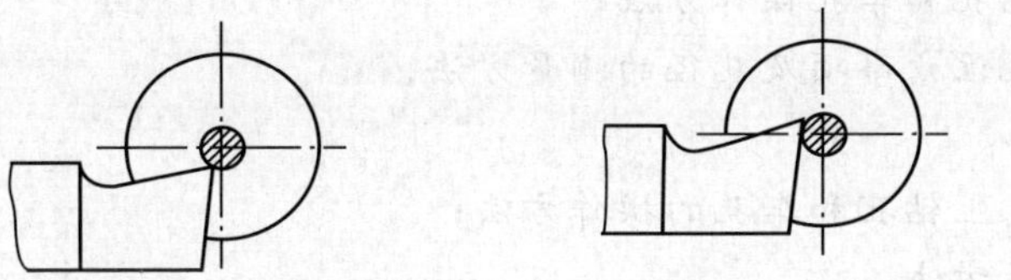

图 2-38 切断刀刀尖的位置不合理情况

手动进给切断时，进给要均匀；机动进给切断时，进给量 f 为 0.05～0.15mm/r。

(4)切钢时需要加冷却液进行冷却润滑，切铸铁时不加冷却液，但必要时可使用煤油进行冷却润滑。

【实训操作与思考】

1. 以图 2-28 所示的工件为坯料，车削 4mm 宽的窄槽和 10mm 宽的宽槽(如图 2-39 所示)。车削时，因台阶的轴向尺寸已经车好，对刀时应注意不可再车削台阶的端面。窄槽用直进法车削，宽槽用多次横向粗车再精车的方法车削。槽的深度利用横向进给刻度来控制。

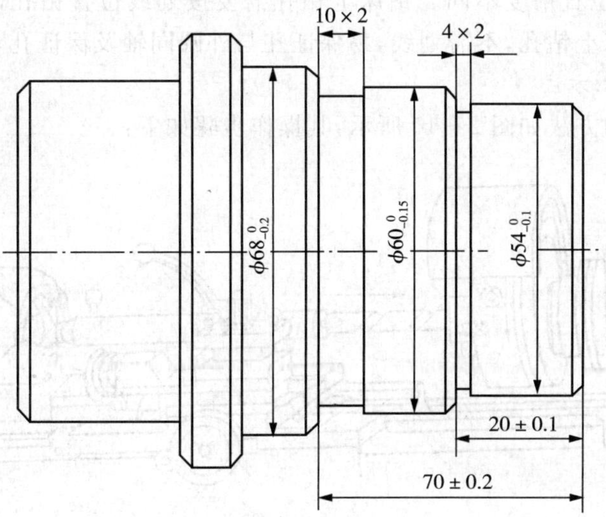

图 2-39 车槽工件图(材料：HT150)

2. 试说明宽槽和窄槽的深度和宽度尺寸是如何保证的。

3. 切断时，切断刀易折断的原因是什么？如何防止切断刀的折断？

任务 2.5 钻孔和车孔

知识目标

了解在车床上钻孔和车孔特点；

掌握在车床上钻孔和车孔操作方法；

掌握钻孔和车孔注意事项及孔径的测量方法。

技能目标

熟练掌握在车床上钻孔和车孔的操作方法；

掌握孔径的测量方法。

任务内容

在给定圆棒料上进行钻孔和车孔练习。

2.5.1 钻孔

利用钻头在工件上钻出孔的方法称为钻孔，通常可以在钻床或车床上进行。

1. 车床上钻孔与钻床上钻孔的区别

(1)切削运动不同。钻床上钻孔时，工件不动，钻头旋转并移动，其钻头的旋转运动为主运动，钻头的移动为进给运动。车床上钻孔时，工件旋转，钻头转动并移动，其中工件旋转为主运动，钻头移动为进给运动。

(2)加工工件的位置精度不同。钻床上钻孔需要按划线位置钻孔，孔易钻偏，不易保证孔的位置精度。车床上钻孔，不需划线，易保证孔与外圆同轴及保证孔与端面的垂直度。

2. 车床上的钻孔方法

在车床上钻孔的方法如图 2-40 所示，其操作步骤如下：

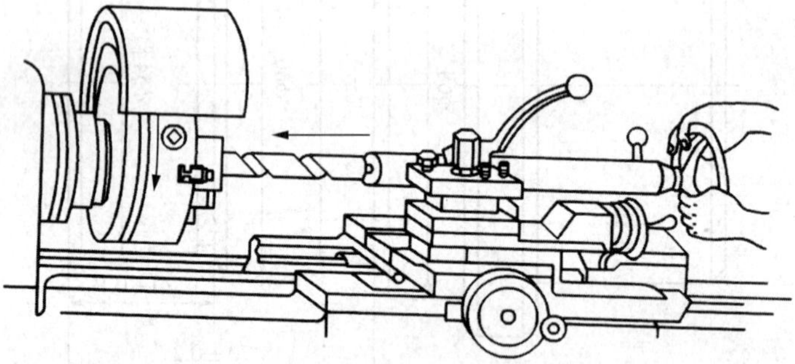

图 2-40 车床上钻孔

(1)车端面。钻中心孔便于钻头定心，可防止孔钻歪。

(2)装夹钻头。锥柄钻头直接装在尾架套筒的锥孔内；直柄钻头装在钻夹头内，把钻夹头装在尾架套筒的锥孔内，须擦净后再装入。

(3)调整尾架位置。松开尾架与床身的紧固螺栓螺母，移动尾架，使钻头能进给至所需长度，固定尾架。

(4)开车钻削。尾架套筒手柄松开后(但不能过松)，开动车床，均匀地摇动尾架套筒手轮钻削。刚接触工件时，进给要慢些，切削中要经常退回；钻透时，进给也要慢些，退出钻头后再停车。

(5)钻不通孔时要控制孔深。可用先在钻头上利用粉笔划好标记线再钻削的方法控制孔深；还可用刚尺、深度尺测量孔深。

3. 在车床上钻孔时的注意事项

(1)修磨横刃。钻削时轴向力大，会使钻头产生弯曲变形，从而影响加工孔的形状。轴向力过大时，钻头易折断。修磨横刃，减少刀刃宽度可大大减小轴向力，改善切削条件，进而提高孔的加工质量。

(2)切削用量要适度。开始钻削时进给量应小些，使钻头对准工件中心；钻头进入工件中心进给量应大些，以提高生产率；快要钻透时给进量应小些，以防折断钻头。钻大孔时车床旋转速度低些；钻小孔时转速应高些，使切削速度适度，改善钻小孔时的切削条件。

(3)操作要正确。装夹钻头后，钻头的中心必须对准工作的中心。调整尾架后，必须使尾架的位置能保证钻孔深度。切削时，尾架套筒松紧适度、进给均匀等都是为了防止孔被钻偏。

钻孔的精度较低，尺寸公差等级在 IT10 级以下，表面粗糙度 Ra 为 6.3μm。因此，钻孔通常是车孔、镗孔、扩孔和铰孔的预备工作。

2.5.2 车孔

对工件上的已有的孔进行车削的方法称为车孔。

1. 车孔的方法

车孔的方法如图 2－41 所示。

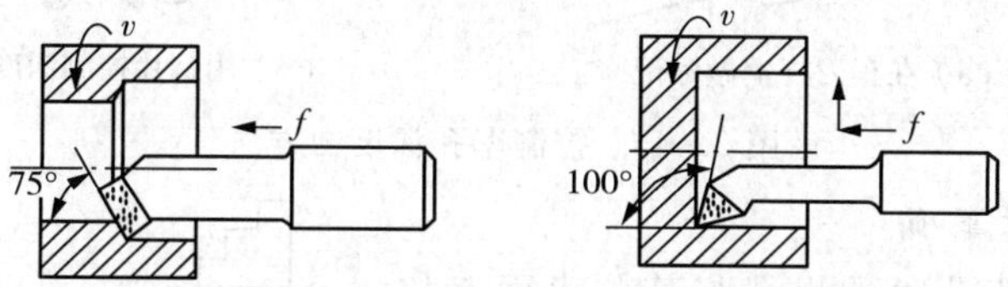

(a) 车通孔　(b) 车盲孔

图 2－41　车孔

与车外圆的方法基本相同，都是工件转动，车刀移动，从毛坯上切去一层多余金属。在切削过程中也分为粗车和精车，以保证孔的质量。车孔与车外圆的方法虽然基本相同，但在车孔时，须注意以下几点：

(1)车孔刀的几何角度。通孔车刀的主偏角 κ_r 为 45°～75°，副偏角 κ'_r 为 20°～45°。盲孔车刀主偏角 κ_r 大于或等于 90°，刀尖在刀杆背面的距离只能小于孔径的一半，否则无法车平不通孔的底面。

(2)车孔刀的安装。刀尖应对准工件的中心，由于进刀方法与车外圆相反，粗车时可略低些，使工作前角增大以便于切削；精车时略高些，使其后角增大而避免产生扎刀。车刀伸出刀架的长度尽量短，以免产生震动，但不得小于工作孔深外加 3～5mm 的长度(如图 2－42 所示)，以保证孔深。刀具轴线应与主轴平行，刀头可略向操作者方向倾斜。开车前先使车刀在孔内手动试走一遍，确认不妨碍车刀工作后，再开车切削。

(3)切削用量的选择。车孔时，因刀杆细，刀头散热条件差，排屑困难，易产生震动和让刀。所选用的切削用量要比车外圆时小些，调整方法与车外圆相同。

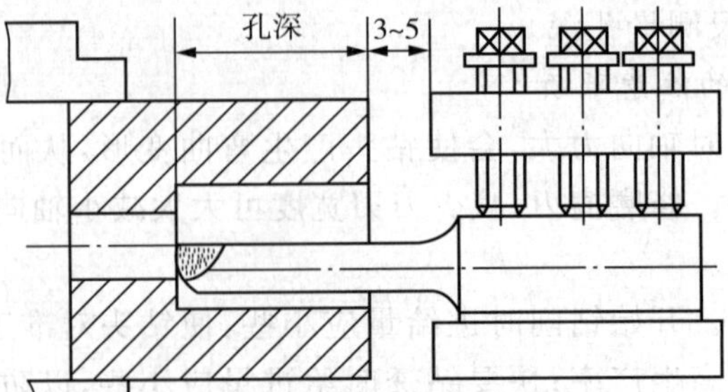

图 2-42　车孔刀的安装

(4)试切法。与车外圆基本相同,其试切过程是:开车对刀—纵向退刀—横向进刀—纵向切削 3～5mm—纵向退刀—停车测量。如已满足尺寸要求,可纵向切削。如未满足尺寸要求,可重新横向进刀来调整切削深度,再试切,直至满足尺寸要求为止(与车外圆时相反)。

(5)控制孔深。可用图 2-43 所示的方法来控制孔深。

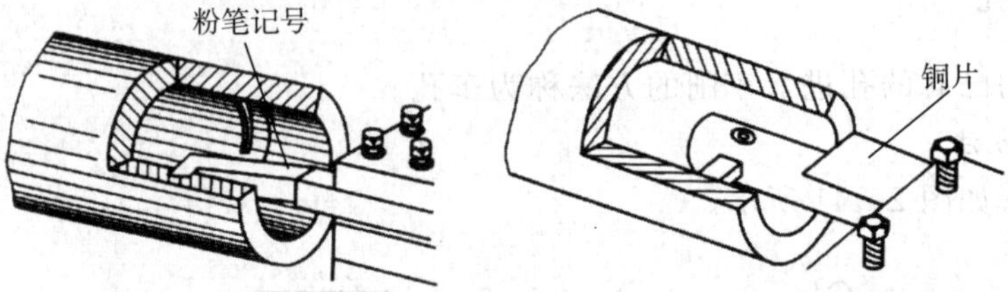

(a) 在车刀杆上做标记　　(b) 用铜片控制深度

图 2-43　控制车孔深度的方法

2. 车孔时的注意事项

(1)一次装夹。车孔时如果孔与某些表面有位置公差要求(与外圆表面的同轴度,与端面的垂直度等),则孔与这些表面必须在一次装夹中完成全部切削加工,否则难以保证其位置公差要求,如图 2-44 所示。如必须两次装夹时,则应校正工件,以保证加工质量。

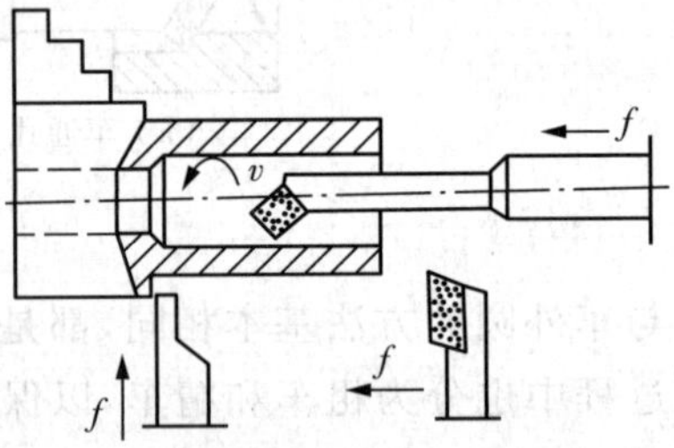

图 2-44　一次装夹

(2)选择与安装车刀要正确。选择与安装好车刀后,一定要不开车手动试走一遍,确认不妨碍车刀工作后再开车切削。

(3)进刀方向。试切时,横向进给手柄转向不能搞错,逆时针转动为进刀,顺时针转动为退刀,与车外圆正好相反。如方向摇错,把退刀摇成进刀,则工件报废。

由于车孔的条件比车外圆差,所以车孔的精度较底,一般尺寸公差等级可达 IT7～IT8 级,表面粗糙度 Ra 为 1.6～3.2μm。

3. 孔的测量方法

可用内卡钳和游标卡尺配合测量孔径。常用游标卡尺测量孔径和孔深。对于精度要求较高的孔的孔径可用内径千分尺或内径百分表测量。如图 2-45 所示为用内径百分表测量孔径。大批量生产工件的孔的尺寸可用塞规测量。

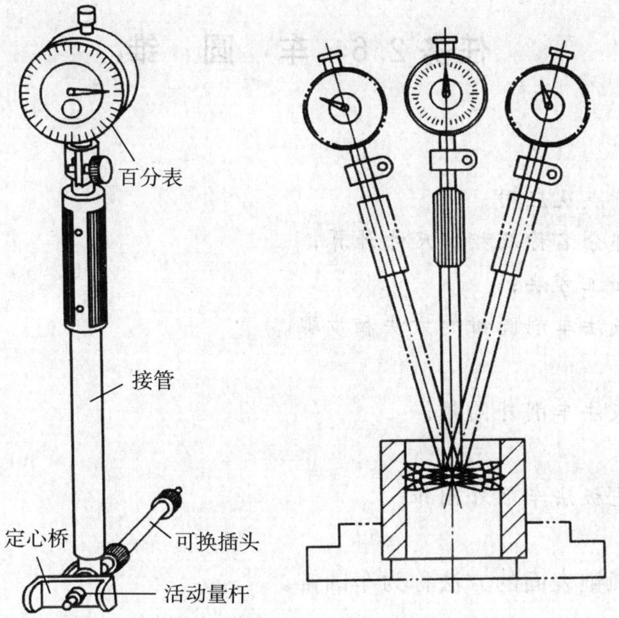

图 2-45　内径百分表测量孔径

【实训操作与思考】

1. 在实训老师的指导下，以图 2-39 所示的工件为坯料，按图 2-46 所示工件孔的尺寸和表面粗糙度要求，练习钻孔和车孔。

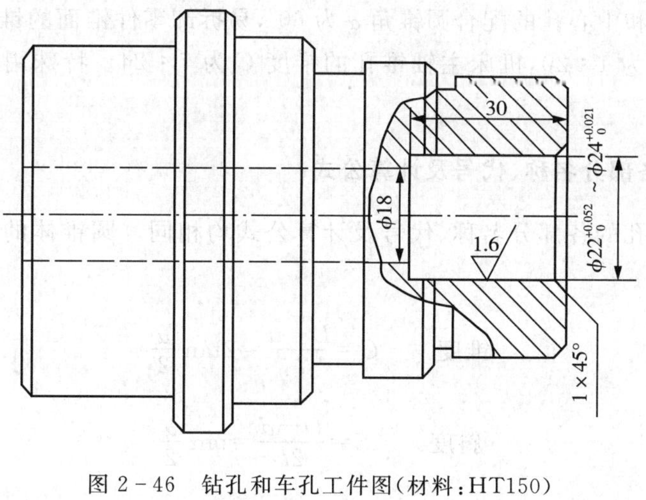

图 2-46　钻孔和车孔工件图（材料：HT150）

2. 车孔与车外圆有什么不同？

3. 车床上钻孔和钻床上钻孔有何不同？

任务2.6 车 圆 锥

知识目标

了解圆锥面的特点及应用；

了解圆锥面各部分名称及相关尺寸计算；

熟悉圆锥面的加工方法；

掌握转动小拖板法车削圆锥的方法和步骤。

技能目标

能用转动小拖板法车削外圆锥。

任务内容

练习用转动小拖板法车削外圆锥。

将工件车削成圆锥表面的方法称为车圆锥。

2.6.1 圆锥的种类及作用

圆锥的用途分为一般用途和特殊用途两类。一般用途圆锥的圆锥角 α 较大时，直接用角度表示，如 30°，45°，60°，90°等；圆锥角较小时，可以用锥度 C 表示，如 1∶5，1∶10，1∶20，1∶50 等。特殊用途圆锥是根据某种要求专门制作的，如锥度为 7∶24 的圆锥，莫氏锥度的圆锥等。圆锥按其形状又分为内圆锥和外圆锥。

圆锥面配合不但拆卸方便，还可以传递扭矩，多次拆卸仍能保证准确的定心作用，所以应用很广。如顶尖和中心孔的配合圆锥角 α 为 60°，易拆卸零件锥面的锥度 C 为 1∶5，工具尾柄锥面的锥度 C 为 1∶20，机床主轴锥孔的锥度 C 为 7∶24。特殊用途圆锥还应用于纺织、医疗等行业。

2.6.2 圆锥各部分名称、代号及计算公式

圆锥体和圆锥孔的各部分名称、代号及计算公式均相同。圆锥体的主要尺寸，如图 2-47 所示。

$$\text{锥度}\qquad C=\frac{D-d}{l}=2\tan\frac{\alpha}{2}$$

$$\text{斜度}\qquad S=\frac{D-d}{2l}=\tan\frac{\alpha}{2}$$

式中，α——圆锥的锥角，$\alpha/2$ 为斜角（半锥角）；

l——锥面轴向长度（mm）；

D——锥面大端直径（mm）；

d——锥面小端直径（mm）。

2.6.3　车圆锥的方法

车圆锥的方法很多，主要有以下几种：转动小刀架法、尾架法、偏移尾架法、宽刃车刀车削法、靠模法等。除宽刃车刀车削法外，其他几种车圆锥的方法，都是使刀具的运动轨迹与工件轴线相交成斜角 $\alpha/2$，加工出所需的圆锥体。

1. 转动小刀架法

要根据工件的锥度 C 或斜角 $\alpha/2$，将小刀架反转 $\alpha/2$ 角。紧固后，摇动小刀架手柄，使车刀沿圆锥面的母线移动，车出所需锥面，如图 2－48 所示。这种方法操作简单，能加工锥角很大的内、外圆锥面，但由于受小刀架行程的限制，不能加工较长的锥面，而且操作中只能手动进给，不能机动进给，所以粗糙度很难控制。

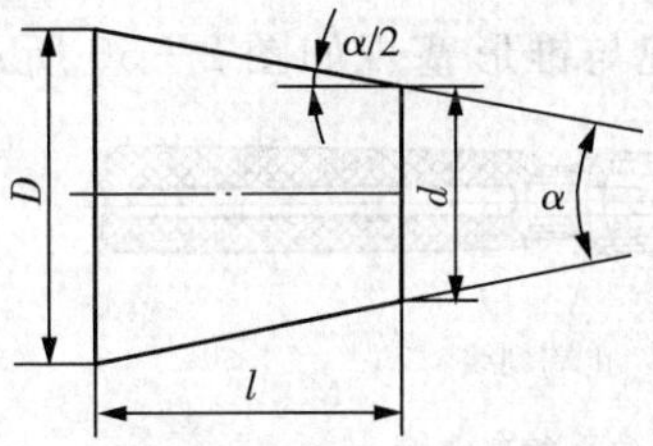

图 2－47　锥体主要尺寸

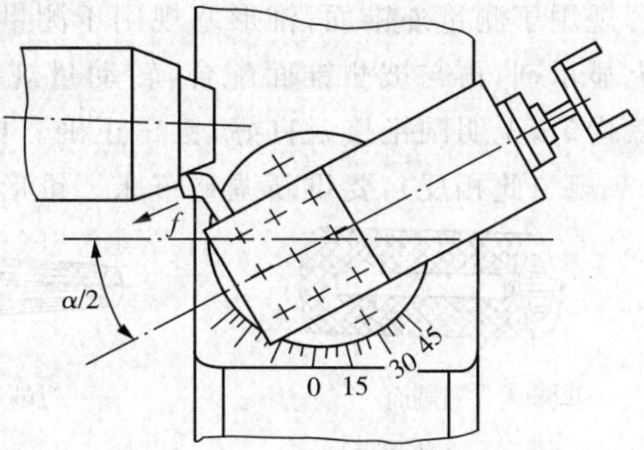

图 2－48　转动小刀架法车圆锥

2. 偏移尾架法

根据工件的锥度 C 或斜角 $\alpha/2$，使尾架顶尖偏移一个距离 s，让工件旋转轴线与车床主轴线交角等于斜角 $\alpha/2$，利用车刀纵向进给，车出所需的锥面，如图 2－49 所示。其中，尾架偏移量 s 的表达式为

$$s=L\times\frac{C}{2}=L\times\frac{D-d}{2l}=L\times\tan\frac{\alpha}{2}$$

式中，L——工件长度(mm)。

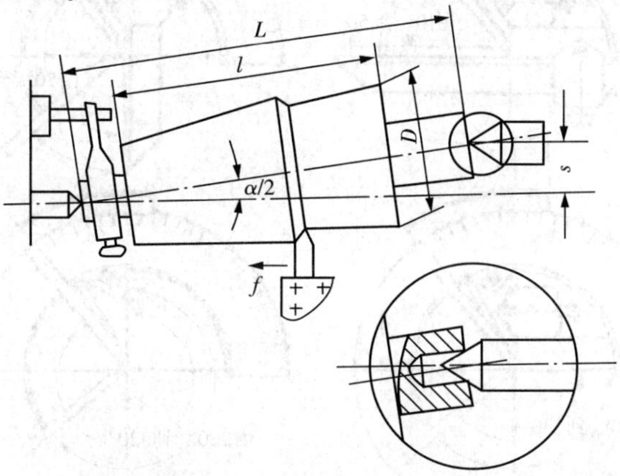

图 2－49　偏移尾架法车锥面

偏移尾架法能加工较长工件上的锥面，并能机动进给，但不能加工锥孔，一般斜角不能太大，即 $\alpha/2$ 应小于 8°。本方法常用于单件或成批生产。成批生产时，应保证工件的总长及中心孔的深度一致，否则在相同偏移量下会出现锥度误差。

2.6.4 圆锥面工件的测量

圆锥面的测量主要是测量圆锥斜角(或圆锥角)和锥面尺寸。

1. 圆锥角度的测量

调整车床试切后，需测量锥面的角度是否正确。如不正确，需重新调整车床，再试切直至测量的锥面角度符合图样要求为止，才进行正式车削。常用以下两种方法测量锥面角度。

(1)锥形套规或锥形塞规测量

锥形套规用于测量外锥面，锥形塞规用于测量内锥面。测量时，先在套规或塞规的内外锥面上涂上显示剂，再与被测锥面配合，转动量规，拿出量规观察显示剂的变化情况。如果显示剂摩擦均匀，说明圆锥接触良好，锥角正确。如果套规的小端擦着，大端没擦着，说明圆锥角小了(塞规与此相反)，要重新调整车床。锥形套规与锥形塞规如图 2-50 所示。

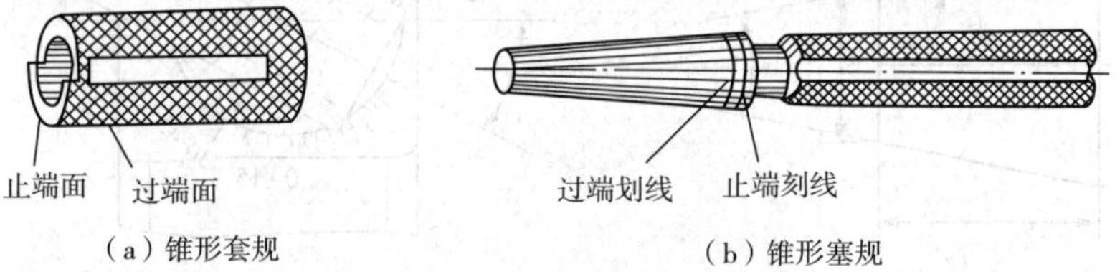

图 2-50 锥形套规与锥形塞规

(2)万能游标量角器测量

用万能游标量角器测量工件的角度，如图 2-51 所示。这种方法测量角度范围大，测量精度为 5′～2′。

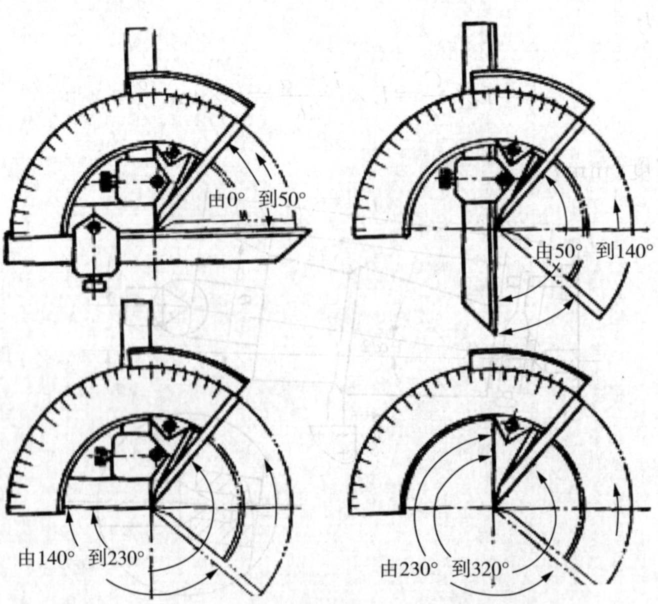

图 2-51 万能游标量角器测量角度

2. 锥面尺寸的测量

锥角达到图样要求以后，再进行锥面长度及其大端和小端的车削。常用锥形套规测量锥面的尺寸，如图 2-52 所示；用锥形塞规测量内锥面的尺寸，如图 2-53 所示。还可用卡尺测量锥面的大端或小端的直径来控制锥体的长度。

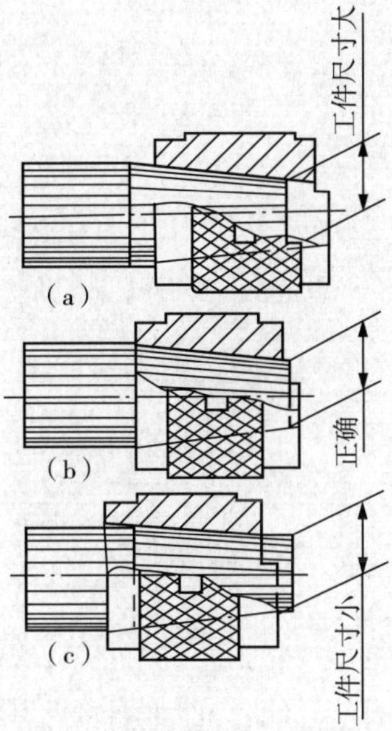

图 2-52　锥形套规测量外锥面尺寸

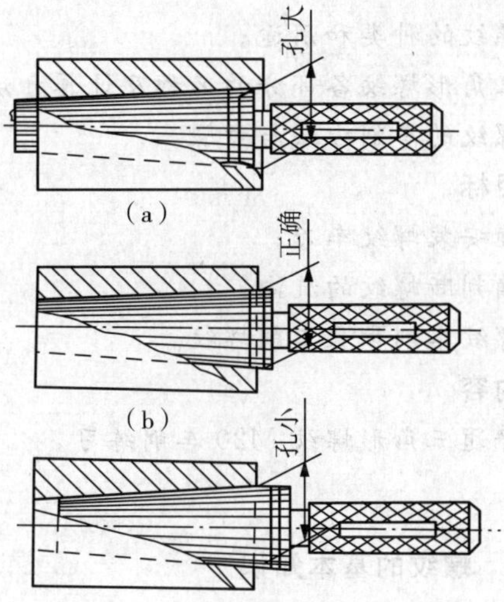

图 2-53　锥形塞规测量内锥面尺寸

【实训操作与思考】

1. 在实训老师的指导下，以图 2-46 所示的工件为坯料，按图 2-54 所示工件车削外锥面，保证其锥度 $C=1:5=2\tan(\alpha/2)$（斜角 $\alpha/2=5°43'$），大端外径 $D=\phi54_{-0.1}^{\ 0}$。

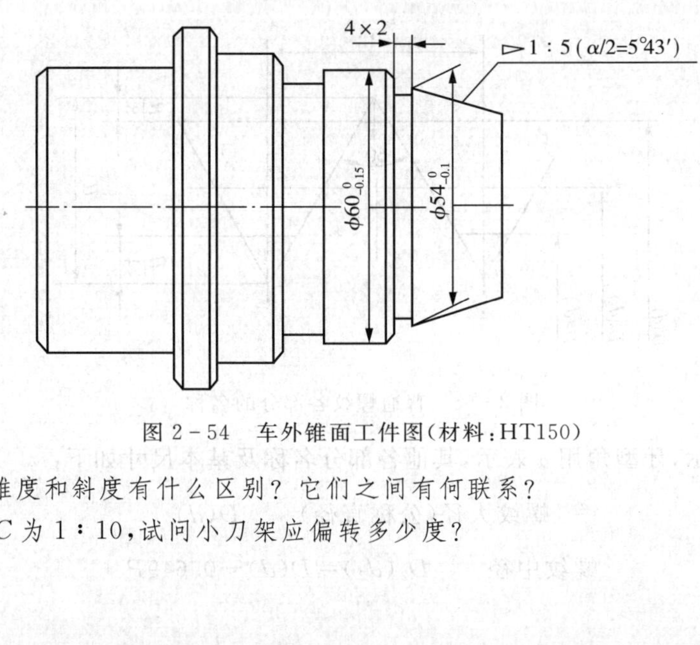

图 2-54　车外锥面工件图（材料：HT150）

2. 锥体的锥度和斜度有什么区别？它们之间有何联系？

3. 若锥度 C 为 $1:10$，试问小刀架应偏转多少度？

任务2.7 车 螺 纹

知识目标

了解螺纹的种类和用途；

掌握三角形螺纹各部分的名称及计算方法；

掌握螺纹的车削方法与步骤。

技能目标

能正确安装螺纹车刀；

能正确判断螺纹的旋向；

能按螺纹车削步骤车削螺纹。

任务内容

进行普通三角形螺纹 M20 车削练习。

2.7.1 螺纹的基本知识

将工件表面加工成螺纹的方法称为车螺纹。

螺纹的种类很多，应用很广。通常螺纹按用途可分为连接螺纹和传动螺纹两大类，前者起连接作用（螺栓与螺母），后者起传递运动和动力的作用（丝杠与螺母）。螺纹按使用性能又分为左旋螺纹和右旋螺纹，单头螺纹和多头螺纹，内螺纹和外螺纹，等等。

普通螺纹牙型都为三角形，故又称三角形螺纹。图 2-55 标注了三角形螺纹各部分的名称代号。

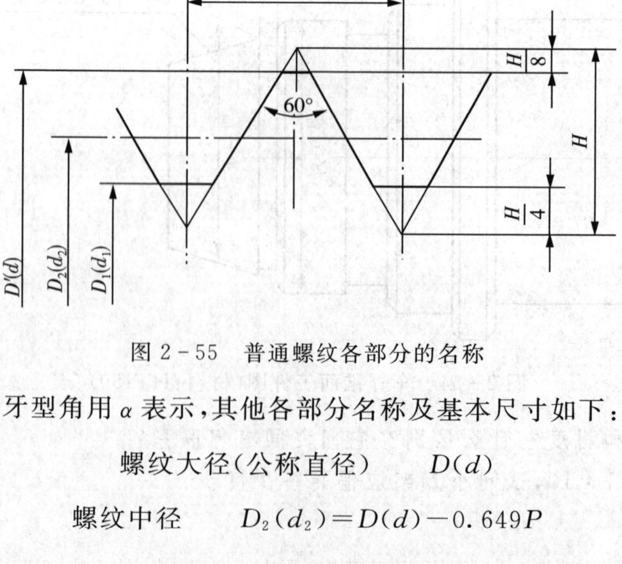

图 2-55 普通螺纹各部分的名称

螺距用 P 表示，牙型角用 α 表示，其他各部分名称及基本尺寸如下：

螺纹大径（公称直径） $D(d)$

螺纹中径 $D_2(d_2)=D(d)-0.649P$

原始三角形高度 $H=0.866P$

式中，D——内螺纹直径（无下标代表大径；下标“1”代表小径，“2”代表中径）；

d——外螺纹直径（无下标代表大径；下标“1”代表小径，“2”代表中径）。

决定螺纹的基本要素有三个：

(1)牙型角 α。它是螺纹轴向剖面内螺纹两侧面的夹角。公制螺纹 α 为 60°，英制螺纹 α 为 55°。

(2)螺距 P。它是沿轴线方向上相邻两牙间对应点的距离。公制螺纹的螺距用其长度(mm)表示，英制螺纹用每英寸上的牙数 DP 表示，称 DP 为径节。螺距 P 与径节 DP 的关系为 $P=\frac{25.4}{DP}$(mm)。

(3)螺纹中径 $D_2(d_2)$。它是平分螺纹理论高度 H 的一个假想圆柱体的直径。在中径处螺纹的牙厚和槽宽相等。只有内外螺纹中径都一致时，两者才能很好地配合。

2.7.2 螺纹车刀及其安装

1. 螺纹车刀的几何角度

如图 2-56 所示，车三角形公制螺纹时，车刀的刀尖角等于螺纹的牙型角，即 α 为 60°；车三角形英制螺纹时，车刀的刀尖角 α 为 55°。其前角 γ_o 为 0°才能保证工件螺纹的牙型角，否则牙型角将产生误差。只有粗加工时或螺纹精度要求不高时，其前角 γ_o 为 5°～20°。

2. 螺纹车刀的安装

如图 2-57 所示，刀尖对准工件的中心，并用样板对刀，以保证刀尖角平分线与工件的轴线相垂直，这样车出的牙型角才不会偏斜。

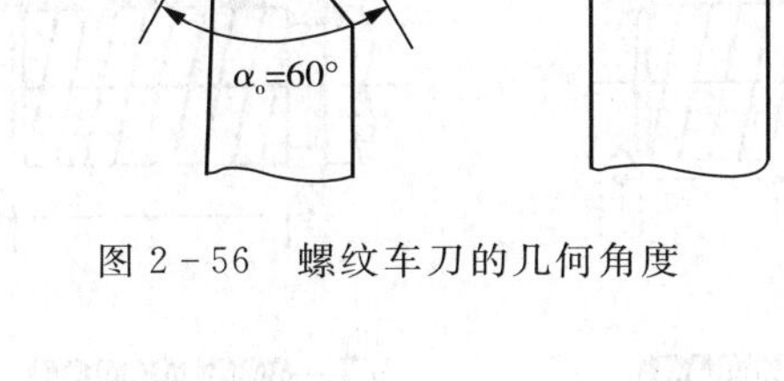

图 2-56 螺纹车刀的几何角度

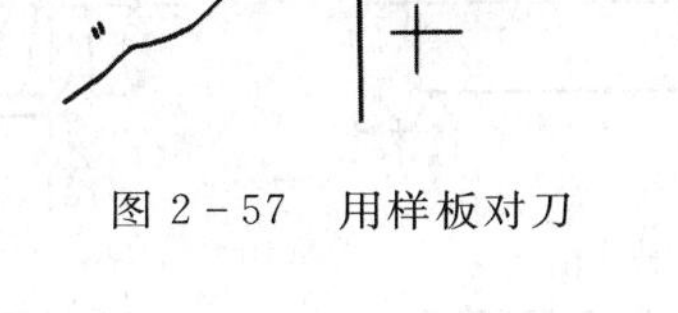

图 2-57 用样板对刀

2.7.3 车床的调整

车螺纹时，必须满足的运动关系是：工件每转过一转时，车刀必须准确地移动一个工件的螺距或导程（单头螺纹为螺距，多头螺纹为导程）。其传动路线简图如图 2-58 所示。

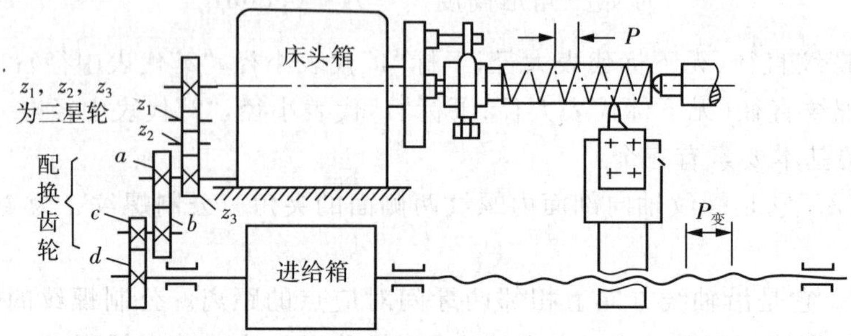

图 2-58　车螺纹时的传动

这种关系是靠调整车床实现的。调整时，首先通过手柄把丝杠接通，再根据工件的螺距或导程，按进给箱标牌上所示的手柄位置，来变换齿轮（挂轮）的齿数及各进给变速手柄的位置。

车右螺纹时，三星轮变向手柄调整在车右螺纹的位置上；车左螺纹时，变向手柄调整在车左螺纹的位置上。其目的是改变刀具的移动方向，刀具移向床头时为车右纹，移向床尾时为车左螺纹。

2.7.4　车螺纹的方法与步骤

以外螺纹为例，其车削方法如图 2-59 所示。这种车法称为正反车法，适于加工各种螺纹，其车削步骤如下：

(1)开车，使车刀和工件表面微接触，记下刻度盘读数，向右退出车刀。

(2)合上开合螺母，在工件表面上车出一条螺母线，横向退出车刀。

(3)开反车将车刀退回工件右端，停车，用钢尺检查螺距是否正确。

(4)利用刻度盘调整切深，开车切削。

(5)车刀将至行程终点时，应做好退刀停车准备，先快速退出车刀，然后开反车退回刀架。

(6)再次横向进刀，继续切削，其切削过程的路线如图 2-59 所示。

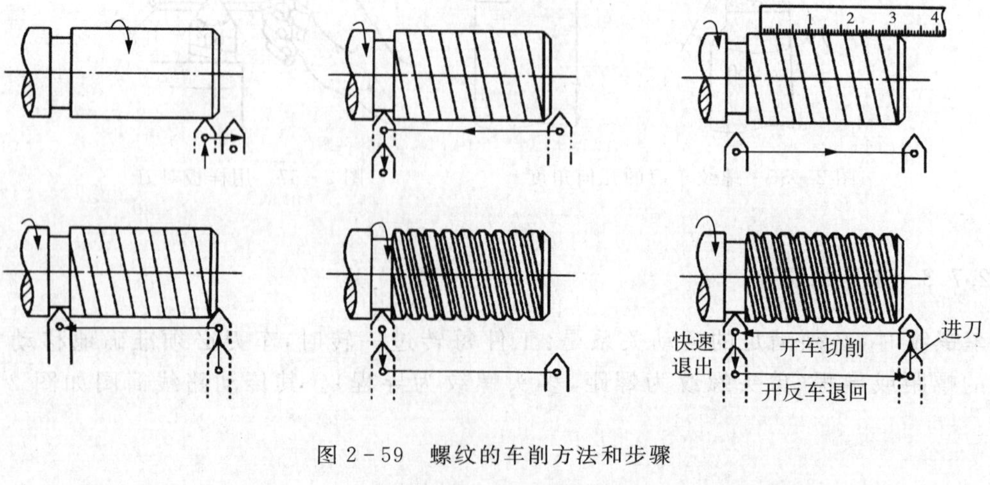

图 2-59　螺纹的车削方法和步骤

另一种加工螺纹的方法是抬闸法，就是利用开合螺母手柄的抬起或压下来车削螺纹。这种方法操作简单，但易乱扣，只适于加工机床丝杠螺距是工件螺距整数倍的螺纹。其与正反车法的主要不同之处是车刀行至终点时，横向退刀后，不用开反车纵向退刀，抬起开合螺母手柄使丝杠与螺母脱开，手动纵向退回，再进刀车削。

车内螺纹的方法与车外螺纹基本相同，只是横向进给的进退刀转向不同而已。对于直径较小的内、外螺纹可用丝锥或板牙攻出。

2.7.5　螺纹的测量

螺纹需要测量的主要参数为螺距、牙型角和螺纹中径。因为螺距是由车床的运动关系来保证的，所以用钢尺测量即可。牙型角是由车刀的尖角以及正确的安装来保证的，一般用样板测量。也可用螺距规同时测量螺距和牙型角，如图 2-60 所示。螺纹中径常用螺纹千分尺测量，如图 2-61 所示。在成批大量生产中多用如图 2-62 所示的螺纹量规进行综合测量。

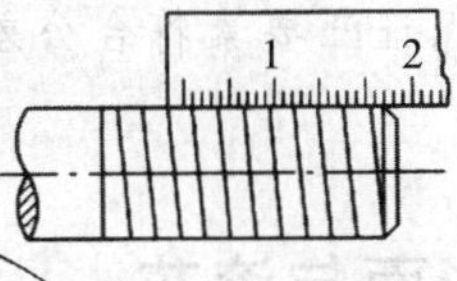

(a) 用钢尺测量

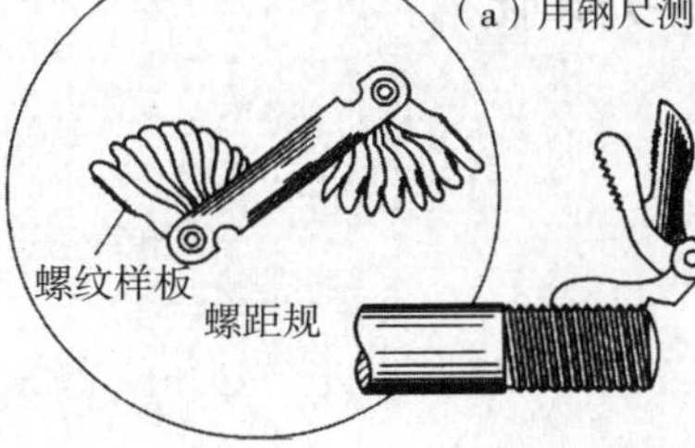

(b) 用螺距规测量

图 2-60　测量螺距和牙型角

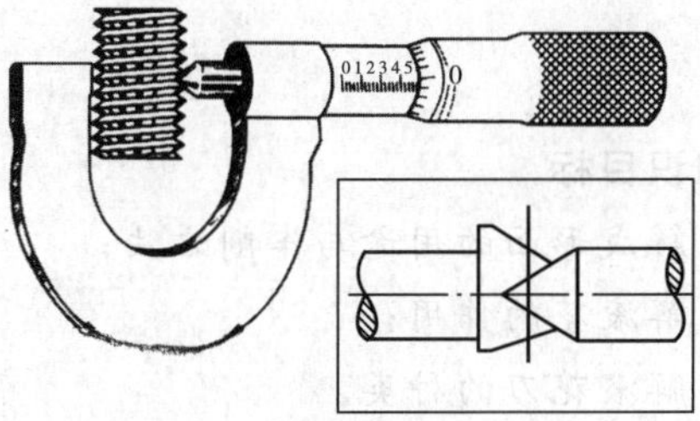

图 2-61　测量螺纹中径

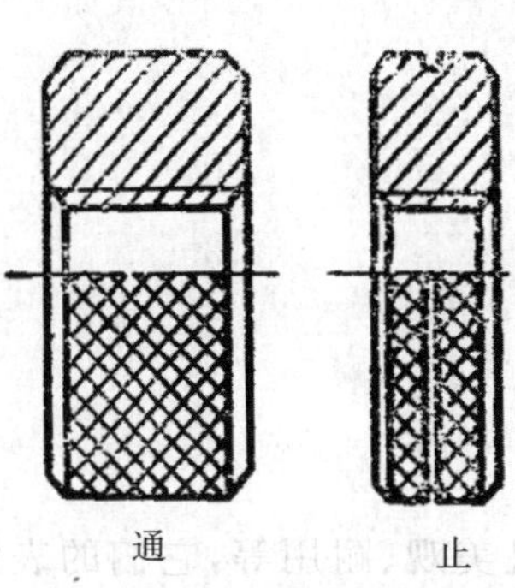

(a) 螺纹环规

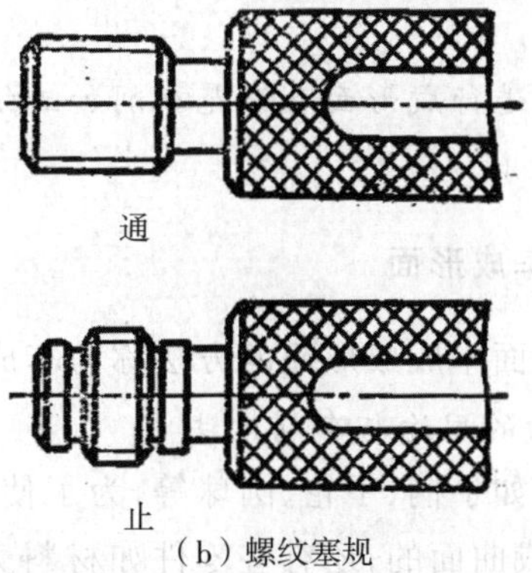

(b) 螺纹塞规

图 2-62　螺纹量规

【实训操作与思考】

1. 在实训老师的指导下，以图 2－54 所示的工件为坯料，按图 2－63 所示工件，进行车削 M60×2 的螺纹[M 为三角形螺纹代号；60 为螺纹公称直径(mm)]。保证螺距 P 为 2mm，牙型角 α 为 60°，中径 d_2 为 58.7mm。

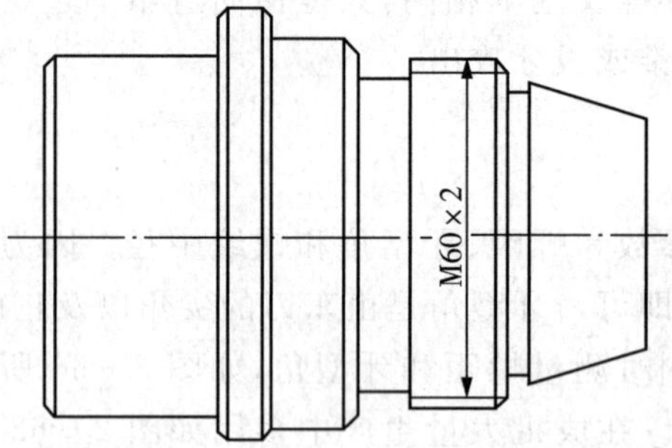

图 2－63　车螺纹工件图(材料：HT150)

2. 螺纹的基本三要素是什么？在车削中怎样保证三要素符合公差要求？

任务 2.8　车成形面与滚花

知识目标

了解成形面的用途与车削方法；

了解滚花的作用；

了解滚花刀的种类。

技能目标

能用双手控制法车成形面；

掌握滚花加工方法。

任务内容

在工件上进行成形面及滚花车削加工练习。

2.8.1　车成形面

将工件表面车成成形面的方法称为车成形面。

1. 成形面的用途与车削方法

有些零件如手柄、手轮、圆球等，为了使用方便且美观、耐用等，它们的表面通常不是平直的，而是做成曲面的；还有些零件如材料力学实验用的拉伸试验棒、轴类零件的连接圆弧等，为了使用上的某种特殊要求，需要把表面做成曲面。这种具有曲面形状的表面称为成形面(或特形面)。成形面的车削方法有下面几种：

(1)用普通车刀车削成形面

也称为双手摇法。它是靠双手同时摇动纵向进给手柄进行车削的,使刀尖的运动轨迹符合工件的曲面形状。所用的刀具是普通车刀,并用同一样板反复度量,最后用锉刀和砂布修整,才能达到尺寸公差和表面粗糙度的要求。这种方法要求操作者具有较高的技术,但不需特殊工具和设备,生产中普遍采用。多用于单件、小批生产和加工。其加工方法如图 2-64 所示。

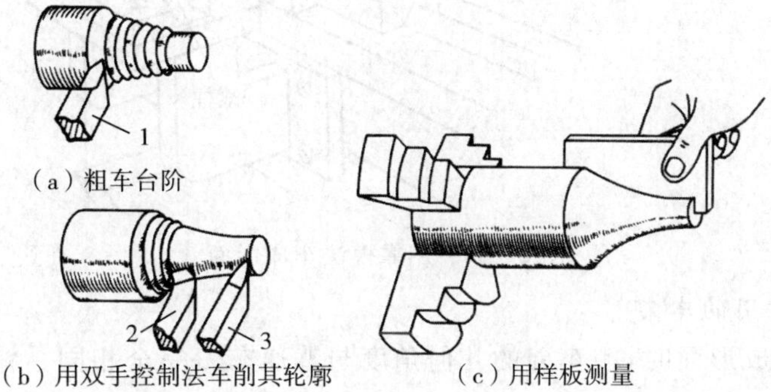

图 2-64 普通车刀车成形面

1—尖刀;2—偏刀;3—圆弧刀

(2)成形车刀车成形面

该方法利用与工件轴向剖面具有形状完全相同成形面的成形车刀来车出所需的成形面,也称为样板刀法,如图 2-65 所示,主要用于车削尺寸不大且要求不太精确的成形面。

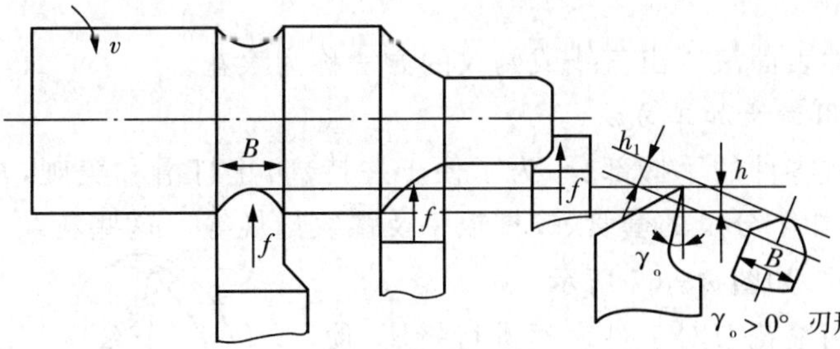

图 2-65 成形车刀车成形面

(3)靠模法车成形面

它是利用刀尖的运动轨迹与靠模(板和槽)的形状完全相同来车出成形面。如图 2-66 所示为靠模法加工手柄的成形面。此时,横刀架(中拖板)已经与丝杠脱开,其前端的拉杆上装有滚珠。当大拖板纵向走刀时,滚珠即在靠模的曲线槽内移动,从而使车刀刀尖的运动轨迹与曲线槽形相同,同时用小刀架控制切削深度,即可车出手柄的成形面。这种方法操作简单,生产率高,多用于批量生产。当靠模为斜槽时,可用于车削锥体。

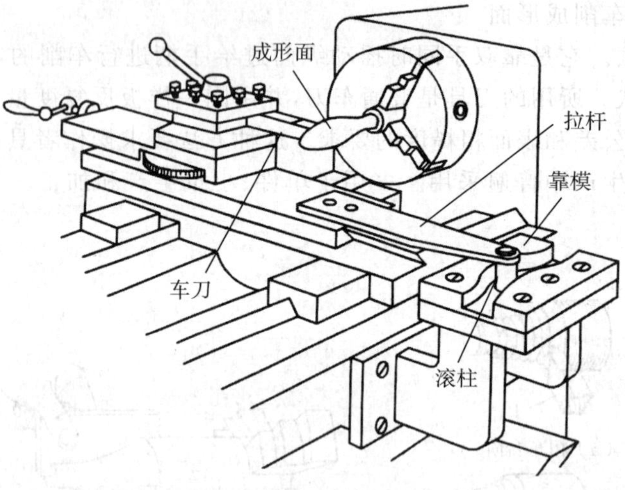

图 2-66　用靠模法车成形面

2. 车成形面所用的车刀

用普通车刀车成形面时，粗车刀的几何角度与普通车刀完全相同。精车刀是圆弧车刀，主切削刃是圆弧刃，其半径应小于成形面的圆弧半径，所以圆弧刃上各点的偏角点是变化的。后刀面也是圆弧面，主切削刃上各点后角不宜磨成相等，一般 α_o 为 $6°\sim12°$。由于切削刃是弧刃，切削时接触面积大，易产生震动，所以要磨出一定的前角，一般 γ_o 为 $10°\sim15°$，以改善切削条件。

用成形车刀车成形面时，粗车采用普通车刀车削，形状接近成形面后，再改用成形车刀精车。刃磨成形车刀时，用样板校正其刃形。当刀具前角 γ_o 为 $0°$ 时，样板的形状与工件轴向剖面形状一致。

2.8.2　滚花

用滚花刀将工件表面滚压出直线或网纹的方法称为滚花。

1. 滚花表面的用途及加工方法

各种工具和机械零件的手握部分，为了便于握持、防止打滑和美观，常常在表面上滚压出各种不同的花纹，如千分尺的套管、铰杠扳手及螺纹量规等。这些花纹一般都是在车床上用滚花刀滚压而成的，如图 2-67 所示。

滚花的实质是用滚花刀对工件表面进行挤压，使其表面产生塑性变形而具有花纹。因此，滚花后的外径一般比滚花前的外径增大 0.02～0.5mm。滚花时切削速度要低些，一般还要充分供给冷却润滑液，以免研坏滚花刀和产生乱纹。

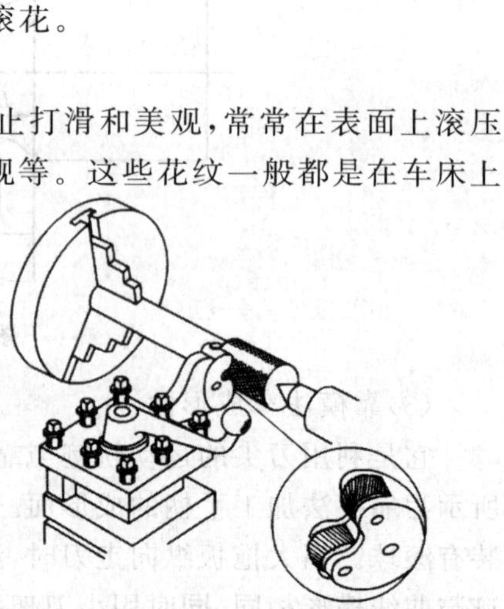

图 2-67　滚花

2. 滚花刀的种类

滚花刀按花纹的样式分为直纹和网纹两种，其花纹的粗细取决于滚花轮的规格；滚花刀按滚花轮的数量又可分为单轮、双轮、三轮三种，如图 2-68 所示。

最常用的是网纹式双轮滚花刀。

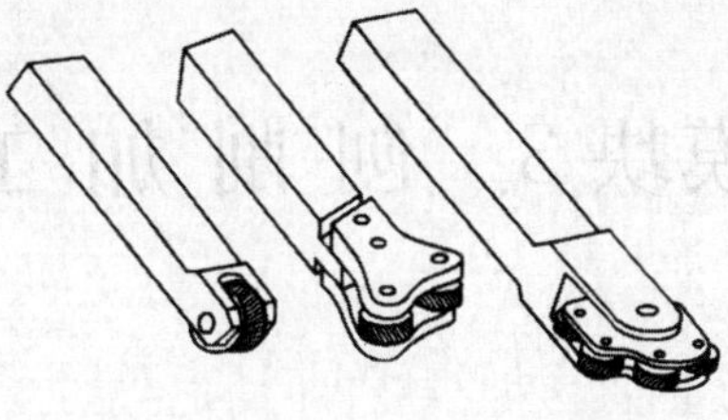

图2-68 滚花刀

【实训操作与思考】

1. 在实训老师的指导下，按图2-69所示手柄，车削 $\phi16$ 的圆球表面。

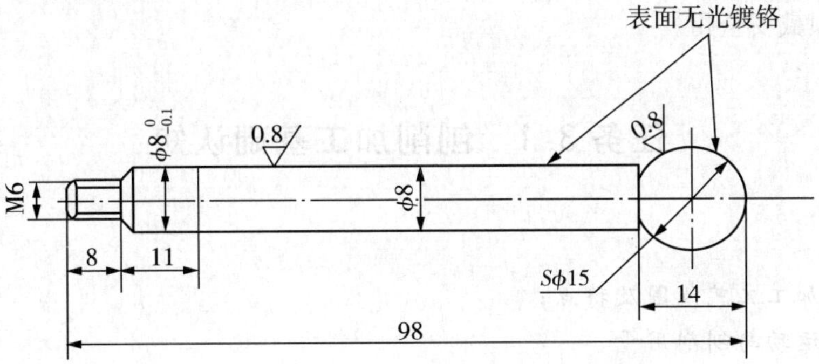

图2-69 车成形面工件图(材料:45钢)

2. 车成形面有哪几种方法？单件、小批量生产常用哪些方法？

3. 用普通精车刀车削车形面时，为什么要有前角？在单件、小批量生产中，用成形车刀车成形面时，为什么前角必须为零度？

模块3 刨削加工

通过对刨削加工的实训，可以让学生了解刨削加工的工艺特点及加工范围，能够独立操纵牛头刨床并掌握其基本调整方法，同时掌握在牛头刨床上正确安装刀具与工件的方法，完成刨平面、垂直面和一般沟槽的加工。

在本工种实训过程中，一定要注意以下安全措施：操作前，工件和刀具必须装夹牢固，以防发生事故；操作时，不能开机测量工件，以防发生人身事故；工作台和滑枕的调整不能超过极限位置，以防发生设备事故；多人共同使用一台刨床时，只能一人操作，并注意他人的安全；操作者必须戴安全帽。

任务3.1 刨削加工基础认知

知识目标

了解刨削加工工艺范围及特点；

熟悉刨削运动与刨削用量。

技能目标

能正确、规范地操作、调整刨床。

任务内容

按照刨床的操作规范及过程，分组进行刨床操作练习。

3.1.1 刨削加工基本知识

在刨床上利用刨刀加工工件的方法称为刨削，它是金属切削加工中常用的方法之一。

1. 刨削运动与刨削用量

图3-1所示为牛头刨床刨削平面时的刨削运动及刨削用量。

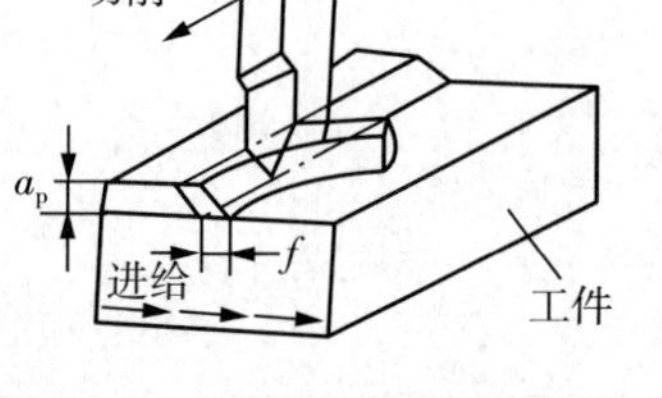

图3-1 刨削运动和刨削用量

(1)主运动及切削速度 v

刨刀的往复直线运动是主运动，主运动的线速度为切削速度，可用下式计算：

$$v \approx \frac{2Ln}{1000} \text{(m/min)}$$

式中，L——刀具往复行程长度(mm)；

　　n——刀具每分钟往复行程次数(dstr/min)。

(2)进给运动及进给量 f

工件的横向间歇移动是进给运动。刀具每往复运动一次，工件(或刀具)横向移动的距离称为进给量。B665 牛头刨床上的进给量可用下式计算：

$$f=\frac{K}{3}(\mathrm{mm/dstr})$$

式中，K——刨刀每往复行程一次棘轮被拨过的齿数。

(3)刨刀深度 a_p

每次进给过程中，已加工面与待加工面之间的垂直距离称为刨削深度，单位为 mm。

龙门刨床上工件的往复直线运动为主运动，刀具的横向间歇移动是进给运动。

3.1.2　刨削加工特点及加工范围

1. 刨削加工特点

刨削加工的主运动为往复直线运动，工作行程速度慢，回程速度快但不切削，因此刀具在切入和切出时产生冲击和震动，限制了切削速度的提高。又由于回程不能切削，增加了辅助加工时间。刨削用的刨刀属于单刃刀具，一个表面往往要经过多次行程才能加工出来，基本工艺时间较长。所以，刨削的生产率一般低于铣削加工，但对于窄而长的表面加工，在龙门刨床上采用多刀(或多件装夹)加工时，刨削的生产率可能高于铣削加工。刨床的结构比车床和铣床简单，调整和操作简便，加工成本低。刨刀与车刀基本相同，形状简单，制造、刃磨、安装方便。因此刨削加工有一定的通用性。

2. 刨削的加工范围

刨削主要用于加工平面，如水平面、垂直面、斜面、直槽、T 形槽、燕尾槽等。牛头刨床装上夹具还可以加工齿轮、齿条等成形表面。一般用于单件、小批量生产。图 3－2 所示为刨削的加工范围。

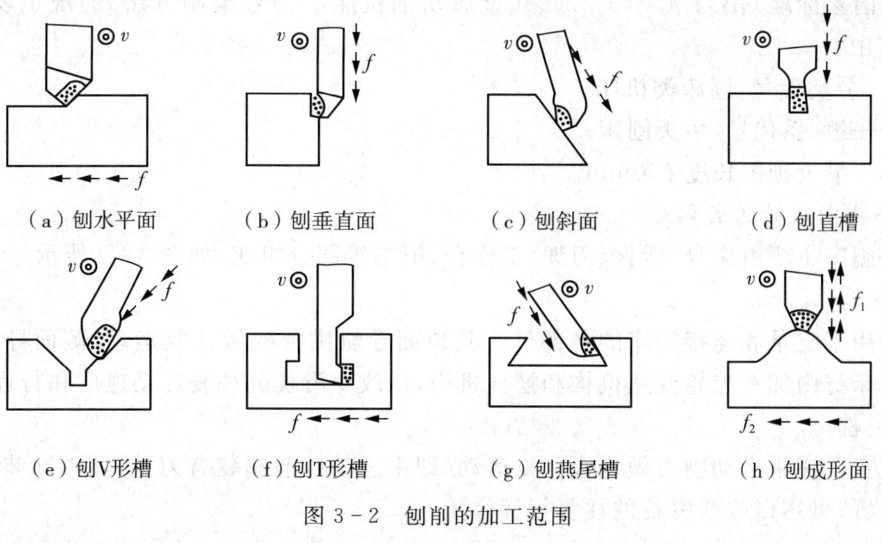

图 3－2　刨削的加工范围

刨削加工的工件尺寸公差等级一般为 IT8～IT10 级，表面粗糙度 Ra 为 1.6～6.3μm。

【实训操作与思考】

1. 熟悉牛头刨床的结构，并能够掌握其滑枕的调整方法和一般刨刀的安装。
2. 刨削加工有哪些加工范围？

任务 3.2　牛头刨床与刨刀

知识目标

了解牛头刨床的型号、组成结构；

了解刨刀的结构特点；

熟悉牛头刨床操作、刨刀在刨床上装夹。

技能目标

能对牛头刨床进行一般维护与保养；

能正确装夹刨刀。

任务内容

分组在牛头刨床上进行刨刀装夹练习。

3.2.1　牛头刨床

刨床可以分为牛头刨床和龙门刨床两大类，牛头刨床主要加工较小的零件表面，而龙门刨床主要加工较大的箱体、支架、机床导轨等零部件表面。下面以牛头刨床为例进行介绍。

1. 牛头刨床的型号

按照国家标准 GB/T 15375—2008《金属切削机床　型号编制方法》的规定表示，例如 B6065，其中：

B——分类代号，刨床类机床；

60——组、系代号，牛头刨床；

65——最大刨削长度 650mm。

2. 牛头刨床的组成部分

牛头刨床主要由床身、滑枕、刀架、工作台、横梁等部分组成，如图 3-3 所示。

(1)床身

床身用来支承和连接刨床的各部件。其顶面导轨供滑枕做往复运动，侧面导轨供工作台升降。床身内部有齿轮变速机构和摆杆机构，供改变滑枕的往复运动速度和行程长度。

(2)滑枕

滑枕主要用来带动刨刀做直线往复运动(即主运动)，前端装有刀架，其内部装有丝杠螺母传动装置，可用以改变滑枕的往复行程位置。

(3)刀架

如图 3-4 所示,刀架用以夹持刨刀。摇动刀架进给手柄,滑板便可沿转盘上的导轨移动,带动刨刀上下做进刀或退刀。松开转盘上的螺母,将转盘扳动一定角度后,可使刀架做斜向进给。滑板还装有可偏转的刀座(有称刀盒)。抬刀板可以绕刀座的A轴向上转动。刨刀安装在刀夹上,在回程时,可绕A轴自由上抬,减少了刀具与工件的摩擦。

(4)工作台

工作台是用来安装工件的,台面上的T形槽可穿入螺栓来装夹工件或夹具。工作台可随横梁在床身的垂直导轨上做上下调整,同时可在横梁的水平导轨上做水平方向移动或间歇的进给运动。

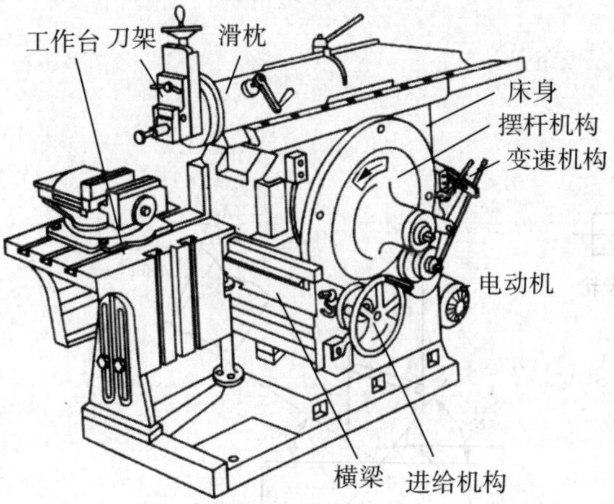

图 3-3 B6065 牛头刨床

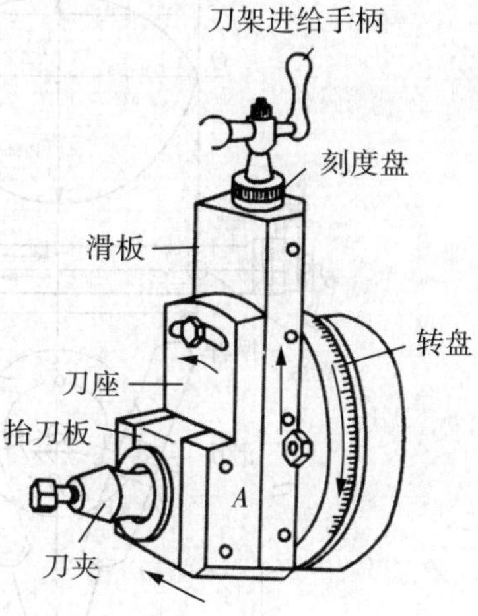

图 3-4 刨床刀架

3. 牛头刨床的传动

(1)传动路线

现以 B6065 牛头刨床为例说明刨床的传动路线,其传动路线为:

(电动机) → (带传动) → (变速机构) → (摆杆机构)

(摆杆机构) → (丝杆螺母) → (滑枕) → (刀架) → (刀具直线往复运动)

(摆杆机构) → (连杆机构) → (棘轮机构) → (丝杆螺母) → (工作台横向进给运动)

(2)摆动机构

如图 3-5 所示,电动机启动后,运动经带传动传到齿轮变速机构,带动大齿轮转动,使大齿轮端面上的滑块也随之转动,迫使摆杆绕下支点摆动,又通过上支点带动滑枕做往复直线运动。滑枕向前运动工作行程时,滑块的转角为 α;滑枕向后运动(回程)时,滑块的转角为 β;由于 $\alpha>\beta$,所以工作行程时的速度慢,回程时的速度快。同时,滑枕运动到两端时速度为零,运动到中间时速度最高,即滑枕在运动过程中的速度是变化的。

3.2.2 刨刀

1. 刨刀的基本知识

(1)刨刀的特点

刨刀的几何参数与车刀相似。但由于刨削属于断续切削，刨刀切入时，受到较大的冲击力，所以一般刨刀刀体的横截面比车刀大1.25～1.5倍。平面刨刀的几何角度如图3-6所示。通常前角γ_o为0°～25°，后角α为3°～8°，主偏角κ_r为45°～75°，副偏角κ'_r为5°～15°，刃倾角λ_s为0°～-15°。为了增加刀尖的强度，刨刀的刃倾角λ_s一般取负值。

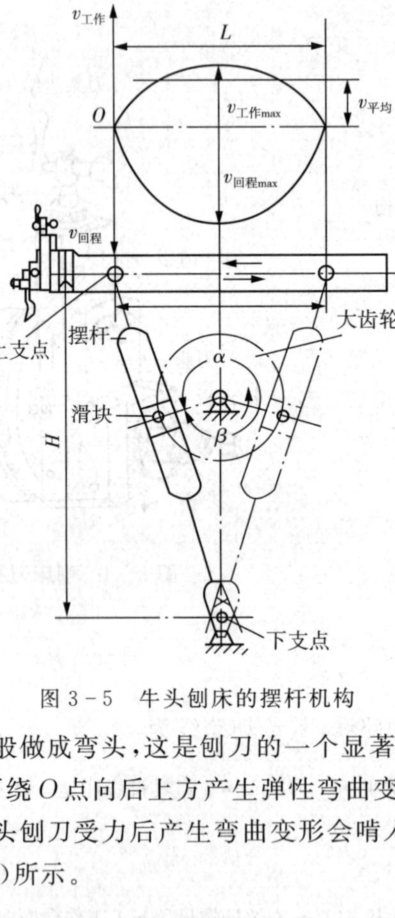

图3-5　牛头刨床的摆杆机构

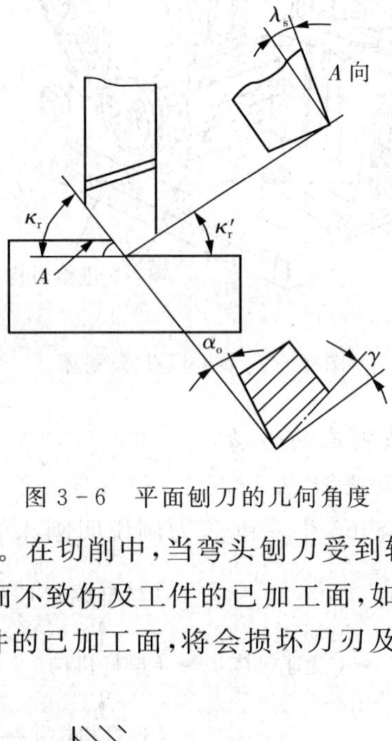

图3-6　平面刨刀的几何角度

刨刀一般做成弯头，这是刨刀的一个显著特点。在切削中，当弯头刨刀受到较大的切削力时，刀杆可绕O点向后上方产生弹性弯曲变形，而不致伤及工件的已加工面，如图3-7(a)所示。而直头刨刀受力后产生弯曲变形会啃入工件的已加工面，将会损坏刀刃及已加工面，如图3-7(b)所示。

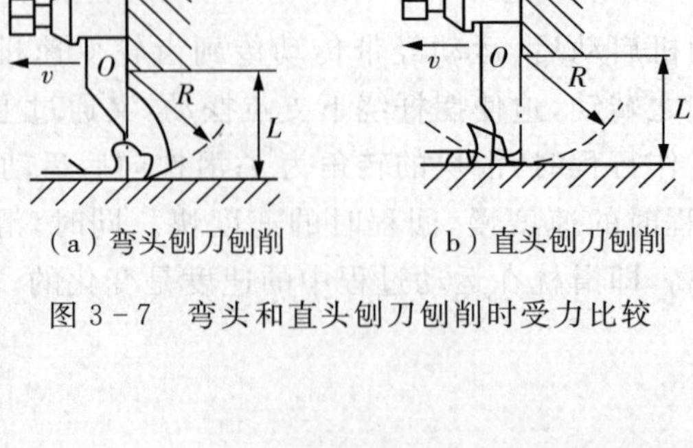

(a)弯头刨刀刨削　(b)直头刨刀刨削

图3-7　弯头和直头刨刀刨削时受力比较

(2)刨刀的种类及用途

刨刀的种类很多,按其用途不同可分为平面刨刀、偏刀、角度偏刀、切刀及成形刨刀等。

平面刨刀用来加工水平面,偏刀用来加工垂直面、水平面或斜面,角度偏刀用来加工具有一定角度的表面,切刀用来加工各种沟槽或用于切断,成形刀用来加工成形面。常见的刨刀形状及其用途如图 3-8 所示。

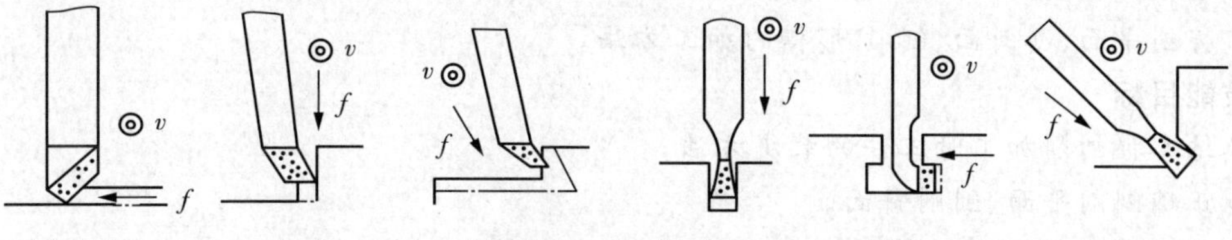

图 3-8 常见的刨刀及其相关用途

(3)刨刀的安装

加工水平面时,在安装刨刀前,先松开转盘螺钉,调整转盘对准零线,以便准确地控制吃刀深度,再转动刀架进给手柄,使刀架下端面与转盘底侧基本相对,以增加刀架的刚性,减少刨削时的冲击和震动。最后将刨刀插入刀套内,刀头伸出量不要太长,以增加刚性,防止刨刀弯曲时损伤已加工面,拧紧刀套螺钉将刨刀固定。如需调整刀座偏转角度,可松开刀座螺钉,转动刀座,如图 3-9 所示。

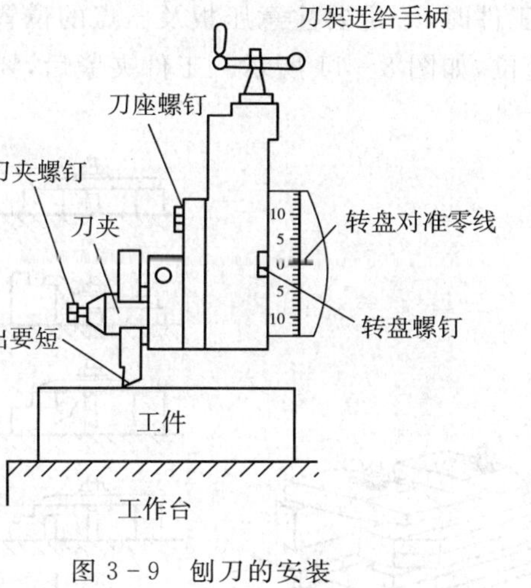

图 3-9 刨刀的安装

【实训操作与思考】

1. 断电练习牛头刨床各手柄操作(手动工作台及滑枕的移动、小刀架的进退刀移动、行程起始位置的调整、行程长度的调整)。

2. 低速开车练习操作牛头刨床。

3. 选择直头刨刀或弯头刨刀,按照加工水平面的情况,将刨刀正确地安装在刀架上。

4. 在牛头刨床上练习安装刨刀。

任务3.3 刨平面、刨斜面和刨T形槽

知识目标

熟悉工件在刨床上装夹的方法；

掌握刨平面、刨斜面、刨T形槽的加工方法。

技能目标

熟练掌握刨削加工时工件的装夹方法；

能正确刨削平面、刨削斜面。

任务内容

分组进行刨削平面练习。

3.3.1 刨削加工时工件的装夹方法

在刨床上，如果是加工单件、小批量生产的工件，常用平口钳或螺栓、压板来装夹工件；若加工成批大量生产的工件可用专门设计制造的专用夹具来装夹工件。刨削用平口钳装夹工件的方法与铣削加工的装夹基本相同。用螺栓、压板和垫铁将工件直接固定在工作台上的装夹方法如图3-10所示。

用螺栓、压板装夹工件时，一定要注意压板及压点的位置要合理，垫铁的高度要合适，以防止工件松动而破坏定位，如图3-11所示。工件夹紧后，要用划针盘复查加工线与工作台的平行度或垂直度。

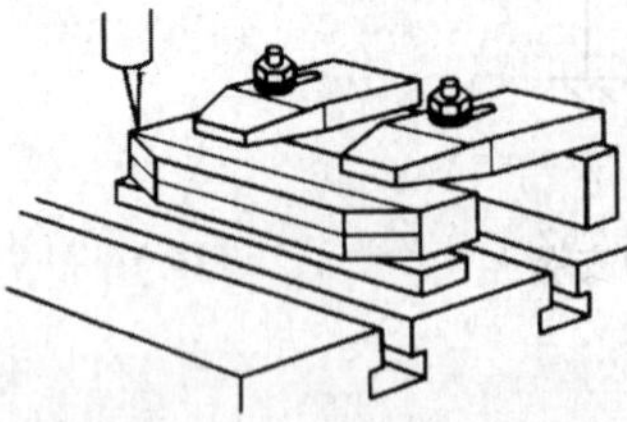

图3-10 用螺栓、压板和垫铁装夹工件

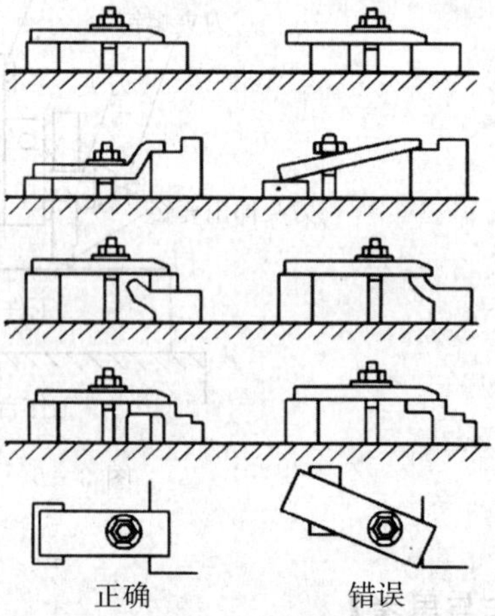

图3-11 压板的使用方法

3.3.2 刨削加工

1. 刨平面

粗刨时，用平面刨刀；精刨时，用圆头精刨刀。切削刃圆弧半径为3～5mm，刨削深度 a_p 为

0.2～2mm，进给量 f 为 0.33～0.66mm/dstr，切削速度 v 为 17～50m/min。粗刨时刨削深度和进给量应取大值，切削速度取低值；精刨时切削速度取高值，刨削深度和进给量应取小值。

2. 刨垂直面和斜面

(1)刨垂直面

刨垂直面是用刀架做垂直进给运动来加工平面的方法。常用于加工台阶面和长工件的端面。加工前，要调整刀架转盘的刻度线对准零线，以保证加工面与工件底平面垂直。刀座应偏转 10°～15°，使其上端偏离加工面的方向，如图 3-12 所示。刀座偏转的目的是使抬刀板在回程时携带刀具抬离工件的垂直面，以减少刨刀的磨损，并避免划伤加工面。精刨时，为减小表面粗糙度，可在副切削刃上接近刀尖处磨出 1～2mm 的修光刃。装刀时，应使修光刃平行于加工面。

(2)刨斜面

与水平面成一定角度的平面叫斜面。零件上的斜面分为内斜面和外斜面两种。通常采用倾斜刀架法刨斜面，就是把刀架和刀座分别倾斜一定角度，从上向下倾斜进给进行刨削，如图 3-13 所示。

刨斜面时，刀架转盘的刻度不能对准零线，刀架转盘扳过的角度是工件斜面与垂直面之间的夹角。刀座偏转的方向与刨垂直面时相同，即刀座上端偏离加工面。

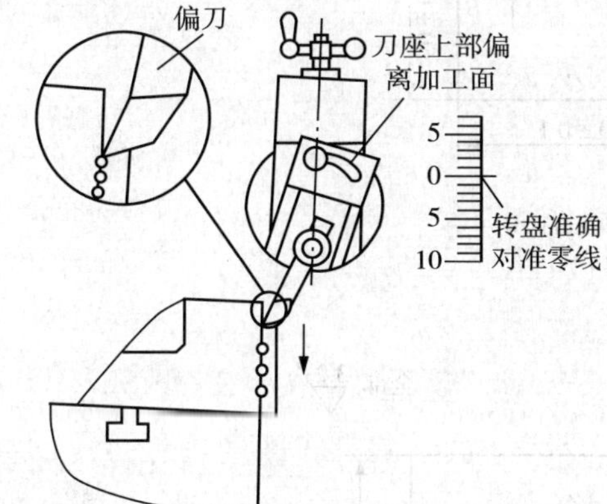

图 3-12　刨垂直面

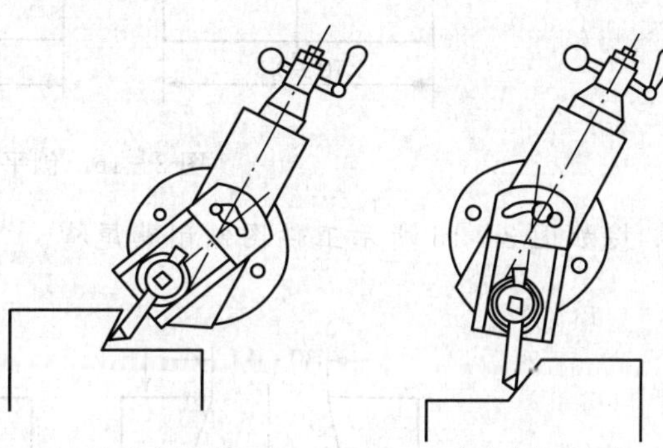

(a) 刨内斜面　　(b) 刨外斜面

图 3-13　倾斜刀架法刨斜面

3. 刨 T 形槽

槽类零件很多，如直角槽、T 形槽、V 形槽、燕尾槽等。其作用也不相同，T 形槽主要用于工作台表面装夹工件。直角槽、V 形槽、燕尾槽多用于零件的配合表面。V 形槽还可以用于夹具的定位表面。加工槽类零件的方法常用车削、刨削和铣削。在此仅介绍刨削 T 形槽的方法。刨削 T 形槽的方法如图 3-14 所示，其刨削步骤如下：

(1)先用切刀刨出直角槽，使其宽度等于 T 形槽槽口的宽度，深度等于 T 形槽的深度，如图 3-14(a)所示。

(2)用右弯头切刀刨削右侧凹槽，如图 3-14(b)所示。如果凹槽的高度较大，一次进刀刨出全部高度有困难时，可分几次刨出。最后用垂直进给对槽壁进行精刨。

(3)用左弯头切刀刨削左侧凹槽，如图 3-14(c)所示。

(4)用 45°刨刀倒角,如图 3－14(d)所示。

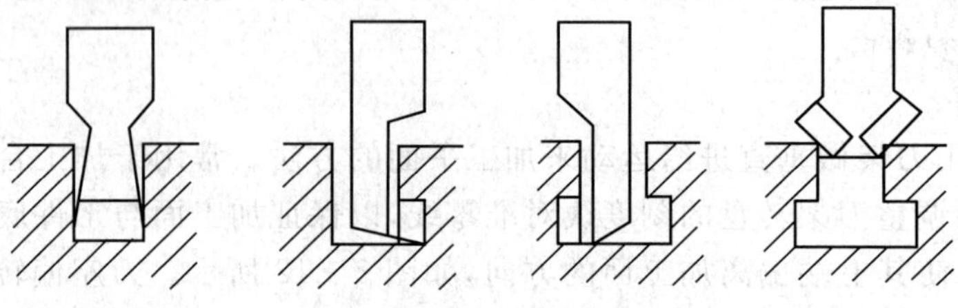

图 3－14　T形槽的刨削顺序

【实训操作与思考】

1. 在牛头刨床上刨削如图 3－15 所示的工件。

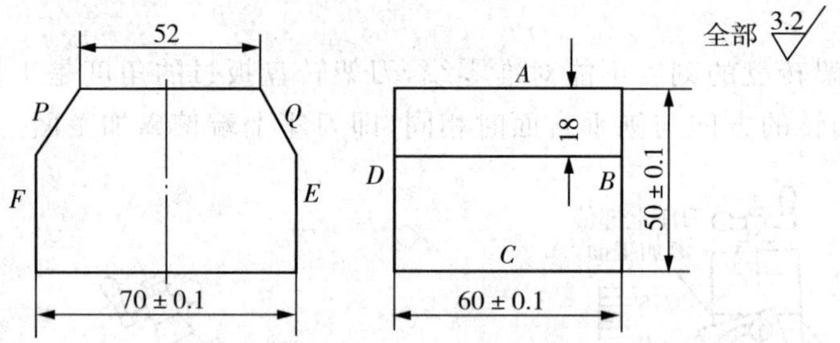

图 3－15　刨平面工件图

2. 按如图 3－16 所示工件图刨削燕尾槽。

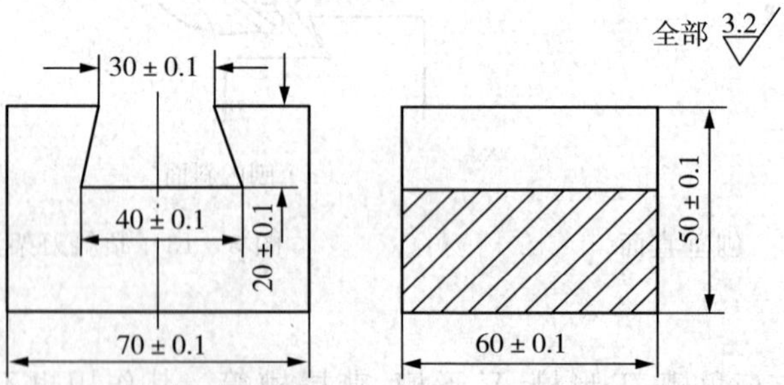

图 3－16　刨燕尾槽工件图(材料:HT150)

模块4 铣削加工

通过对铣削加工的实训操作，可以让学生了解铣削加工的工艺特点及范围；熟悉铣削设备、附件、刀具等的性能、用途和使用方法；掌握铣床的操作技能及简单零件表面的铣削方法。

在本工种实训过程中一定要严格注意以下安全措施：操作前，操作者应该穿好工作服，戴上工作帽，被加工工件必须压紧夹牢，以防发生意外；操作时，人不能靠近旋转的铣床，也不能用手去触摸刀具和工件，更不能开机测量工作尺寸；当多人共同使用一台铣床时，只能一人操作，并注意其他人的安全。

任务4.1 铣削加工基础认知

知识目标

了解铣削加工的工艺范围及特点；

熟悉铣削运动分类与铣削用量。

技能目标

能正确、规范地操作、调整铣床。

任务内容

按照铣床的操作规范及过程，分组进行铣床操作练习。

4.1.1 铣削加工基本知识

在铣床上用旋转的铣刀切削工件上各种表面或沟槽的方法为铣削加工。铣削加工是金属切削加工中常用的方法之一。

1. 铣削运动与用量

铣削运动有主运动和进给运动；铣削用量有切削速度和进给量，如图4-1所示。

(1)主运动及铣削速度(v)

铣刀的旋转运动是主运动，主运动的线速度为铣削速度，可用下式计算：

$$v=\frac{\pi Dn}{1000}(\text{m/min})=\frac{\pi Dn}{1000\times 60}(\text{m/s})$$

式中，D——铣刀直径(mm)；

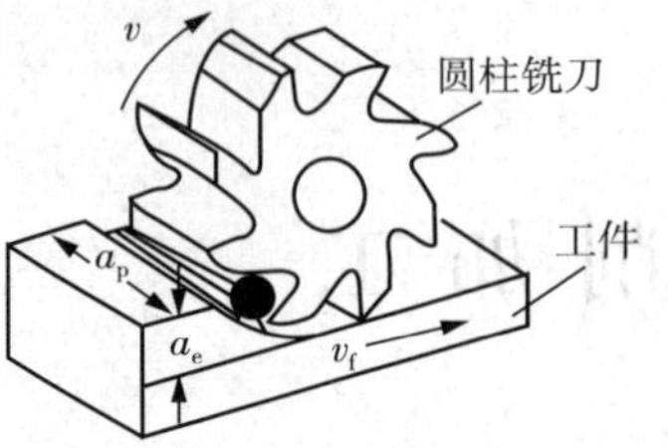

(a) 在卧式铣床上铣平面

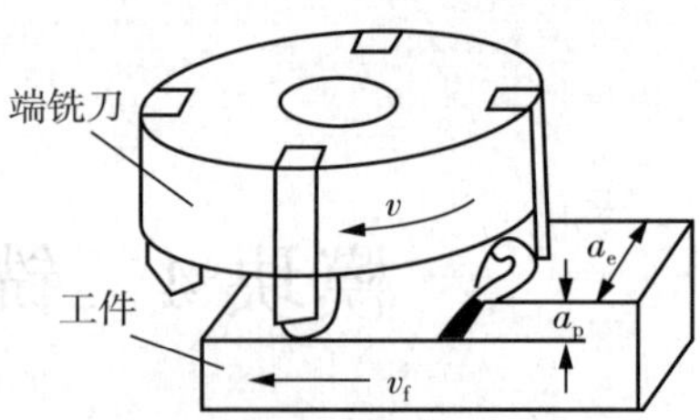

(b) 在立式铣床上铣平面

图 4-1 铣削运动及铣削用量

n——铣刀转速(r/min)。

(2)进给运动及进给量

工件的移动是进给运动,铣削进给量有进给速度 v_f、每转进给量 f、每齿进给量 a_f 三种表示形式:

① 进给速度 v_f 指每分钟工件相对于铣刀沿进给方向移动的距离,单位为 mm/min,也称为每分钟进给量。

② 每转进给量 f 指铣刀每转过一转时,工件相对于铣刀沿进给方向移动的距离,单位为 mm/r。

③ 每齿进给量 a_f 指铣刀每转过一个齿时,工件相对于铣刀沿进给方向移动的距离,单位为 mm/z。

三种进给量之间的关系如下:

$$v_f = fn = a_f z n$$

式中,n——铣刀转速(r/min);

z——铣刀齿数。

(3)铣削深度(a_p)

铣削深度指平行于铣刀轴线方向上切削层的尺寸,单位为 mm。

(4)铣削宽度(a_e)

铣削宽度指垂直于铣刀轴线方向上切削层的尺寸,单位为 mm。

4.1.2 铣削加工特点及加工范围

1. 铣削加工的特点

铣削加工时,由于铣刀是旋转的多齿刀具,属于断续切削,因而刀具的散热条件好,可以提高切削速度,故生产效率较高。由于铣刀刀齿的不断切入和切出,使切削力不断变化,因此易产生冲击和震动。铣刀的种类很多,铣削加工的范围也很广泛。

2. 铣削加工的范围

铣削主要用于加工平面,还常用于加工垂直面、台阶面、各种沟槽和成形面等;利用万能分度头还可以进行分度件的加工;有时工件上钻、镗加工,也可以在铣床上进行。铣削加工的工件尺寸公差一般为 IT7~IT9 级,表面粗糙度 Ra 为 1.6~6.3μm。常见的铣削加工范围如图 4-2 所示。

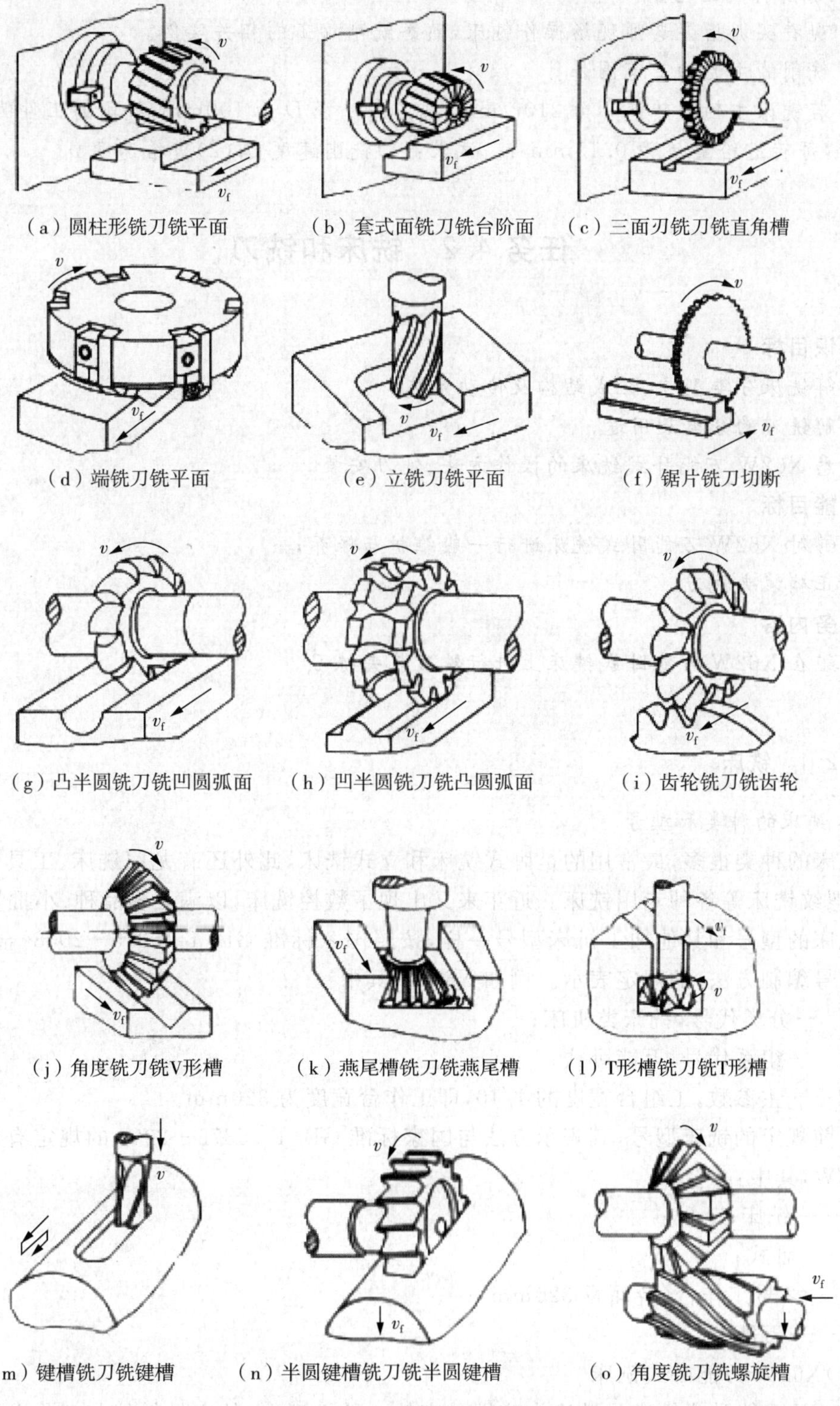

（a）圆柱形铣刀铣平面　（b）套式面铣刀铣台阶面　（c）三面刃铣刀铣直角槽

（d）端铣刀铣平面　（e）立铣刀铣平面　（f）锯片铣刀切断

（g）凸半圆铣刀铣凹圆弧面　（h）凹半圆铣刀铣凸圆弧面　（i）齿轮铣刀铣齿轮

（j）角度铣刀铣V形槽　（k）燕尾槽铣刀铣燕尾槽　（l）T形槽铣刀铣T形槽

（m）键槽铣刀铣键槽　（n）半圆键槽铣刀铣半圆键槽　（o）角度铣刀铣螺旋槽

图 4－2　铣削加工举例

【实训操作与思考】

1. 观看实训指导老师现场操作铣床，熟悉铣削加工的相关实例。

2. 铣削的主要加工范围是什么？

3. 若铣床主轴的转速 n 为 210r/min，铣刀的外径 D 为 100mm，铣削的工件的长度 L 为 200mm，每转进给量 f 为 0.15mm/r。试求：(1)铣削速度 v；(2)进给速度 v_f。

任务 4.2 铣床和铣刀

知识目标

了解铣床分类型号、组成结构及传动系统；

了解铣刀的分类及用途；

熟悉 X62W 万能卧式铣床的操作方法、铣刀安装。

技能目标

能够对 X62W 万能卧式铣床进行一般维护与保养；

能正确装夹铣刀。

任务内容

分组在 X62W 万能卧式铣床上进行铣刀装夹练习。

4.2.1 铣床

1. 铣床的种类和型号

铣床的种类很多，最常用的是卧式铣床和立式铣床，此外还有龙门铣床、工具铣床、键槽铣床、螺纹铣床等各种专用铣床。近年来又出现了数控铣床，以满足多品种、小批量的生产。

铣床的型号和其他加工机床型号一样，按照国家标准 GB/T 15375—2008《金属切削机床 型号编制方法》的规定表示。例如 X6132，其中：

X——分类代号，铣床类机床；

61——组系代号，万能卧式；

32——主参数，工组台宽度的 1/10，即工作台宽度为 320mm。

以前规定的铣床型号，其表示方法与国家标准 GB/T 15375—2008 的规定有所不同，例如 X62W，其中：

X——铣床；

6——卧式；

2——2 号工作台(台面宽 320mm)；

W——万能。

(1)X62W 万能卧式铣床

X62W 万能卧式铣床是铣床中应用最广的一种机型，它的主轴轴线与工作台平面平行，处于水平位置。工作台可沿纵、横、垂直三个方向移动，并还可以在水平平面内回转一定角度，以适应不同铣削的需要，如图 4-3 所示。它主要由以下几大部分组成：

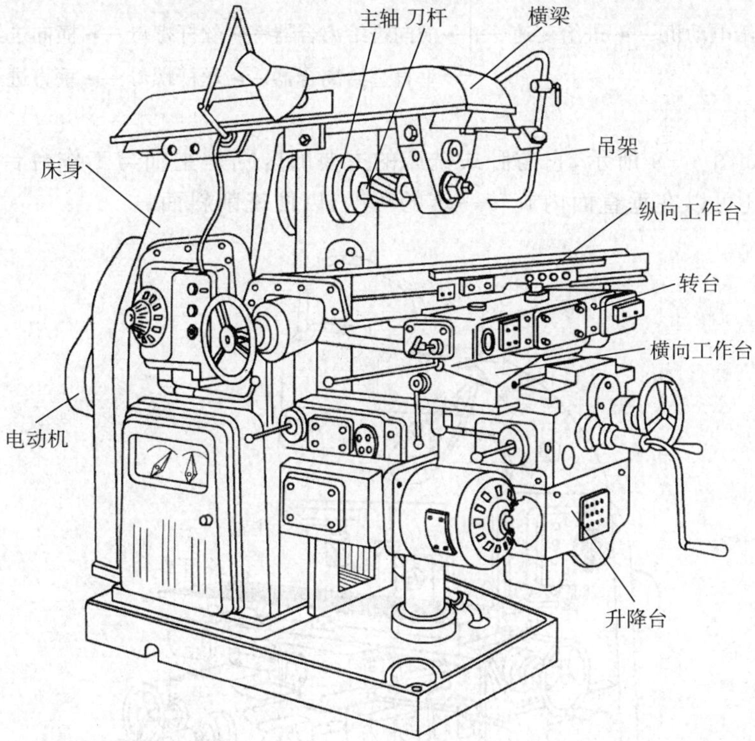

图 4-3 X62W 万能卧式铣床

① 床身。床身用来固定和支撑铣床上所有的部件，电动机、主轴变速机构、主轴等安装在其内部。

② 横梁。横梁上装有吊架，用以支撑刀杆外伸，增加刀杆的刚性。横梁可沿床身的水平导轨移动，以调整其伸出的长度。

③ 主轴。主轴是空心轴，前端有 7∶24 的精密锥孔，用以安装铣刀杆并带动铣刀旋转。

④ 纵向工作台。上面有 T 形槽，用以装夹工件或夹具，下面通过螺母与丝杆螺纹连接，可在转台的导轨上纵向移动，侧面有固定挡铁，以实现机床的机动纵向进给。

⑤ 转台。上面有水平导轨，供工作台纵向移动，下面与横向工作台用螺栓连接，松开螺栓，可使纵向工作台在水平平面内旋转一个角度（最大为±45°）获得斜向移动，以便加工螺旋工件。

⑥ 横向工作台。位于升降台上面的水平导轨上，可带动纵向工作台横向移动，用以调整工件与铣刀之间的横向位置或获得横向进给。

⑦ 升降台。可使整个工作台沿着床身的垂直导轨上下移动，以调整工作台面到铣刀的距离，并可做垂直进给。

带转台的卧式铣床称为万能卧式铣床，不带转台即不能扳转角度的铣床称为卧式铣床。X62W 万能卧式铣床转动的主运动和进给运动的传动路线如下。

主运动传动：

主电动机→主轴变速机构→主轴→刀具旋转运动

进给运动传动：

进给电动机 → 进给变速 → 纵向进给离合器 → 丝杆螺母 → 纵向进给

进给电动机 → 进给变速 → 横向进给离合器 → 丝杆螺母 → 横向进给

进给电动机 → 进给变速 → 垂直进给离合器 → 丝杆螺母 → 垂直进给

(2)立式铣床

立式铣床如图 4-4 所示，它与卧式铣床的主要的区别是主轴与工作台台面相垂直。立式铣床的头架还可以在垂直面内旋转一定的角度，以便铣削斜面。

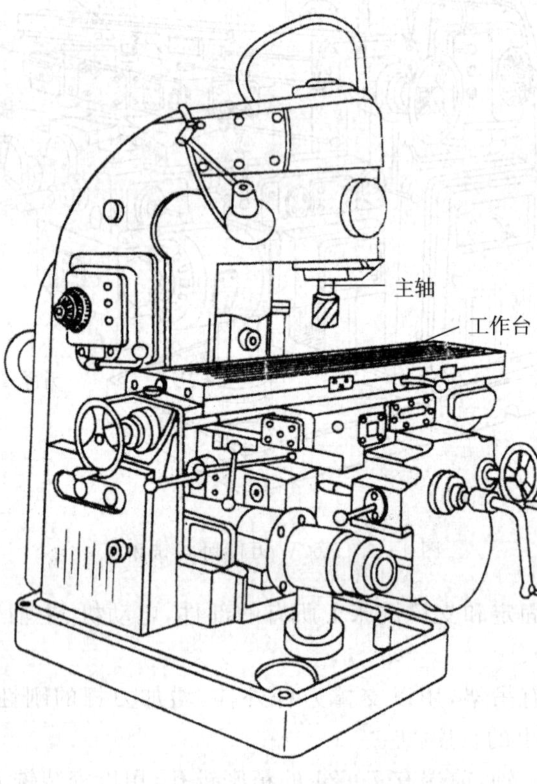

图 4-4　立式铣床

在立式铣床上主要使用端面铣刀加工平面，还可以加工键槽、T 形槽、燕尾槽等。

2. 铣床的主要附件

铣床的主要附件有：万能立铣头、机用平口钳、圆形工作台、铣刀杆和万能分度头等。

(1)万能立铣头

在卧式铣床上装上万能立铣头，可根据铣削的需要，把立铣头主轴扳成任意角度，如图 4-5所示。图 4-5(a)所示为其外形图，其底座用螺钉固定在铣床的垂直导轨上。铣床主轴的运动通过立铣刀内部的两对锥齿轮传到立铣头主轴上。立铣头的壳体可绕铣床主轴轴线偏转任意角度，如图 4-5(b)所示。立铣头主轴的壳体还能在立铣头壳体上偏转任意角度，如图 4-5(c)所示。因此，立铣头主轴能在空间偏转成所需要的任意角度。

(2)机用平口钳

它是一种通用夹具，使用时，先校正平口钳在工作台的位置，然后再夹紧工件。校正平

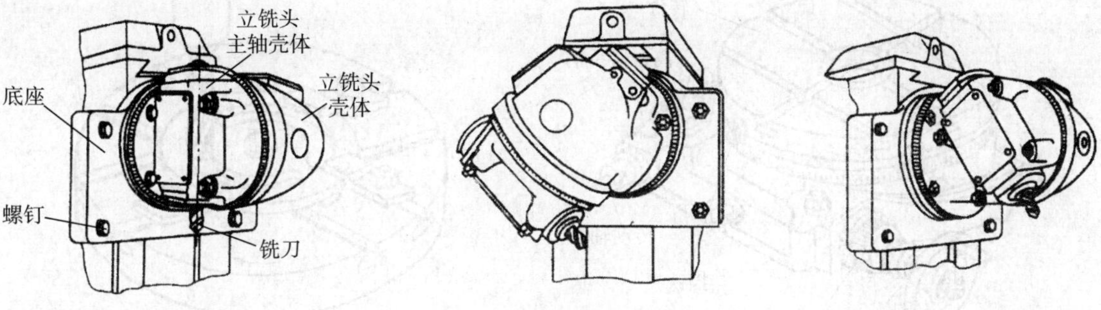

（a）立铣头的外形　　（b）绕主轴轴线偏转角度　　（c）绕立铣头壳体偏转角度

图 4-5　万能立铣头

口钳的方法有三种：用百分表校正，如图 4-6(a)所示；用直角尺校正；用划线针校正。校正的目的是保证固定钳口与工作台面的垂直度和平行度。校正后再用螺栓与工作台 T 形槽连接，将平口钳装夹在工作台上。装夹工件时，也要按划线找正工件，如图 4-6(b)所示；再转动平口钳丝杆，使活动钳口移动，夹紧工件。

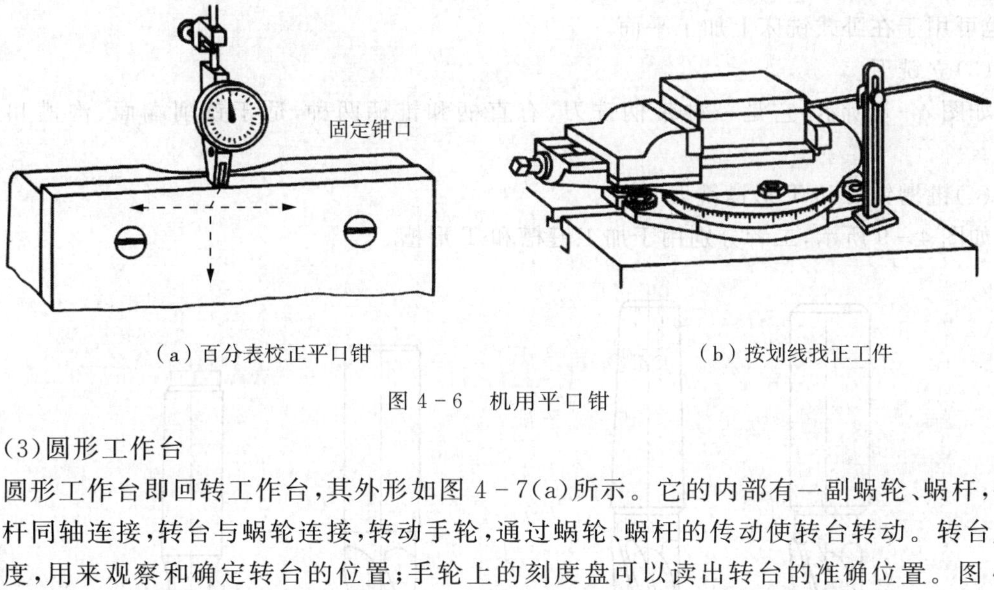

（a）百分表校正平口钳　　（b）按划线找正工件

图 4-6　机用平口钳

(3)圆形工作台

圆形工作台即回转工作台，其外形如图 4-7(a)所示。它的内部有一副蜗轮、蜗杆，手轮与蜗杆同轴连接，转台与蜗轮连接，转动手轮，通过蜗轮、蜗杆的传动使转台转动。转台周围有刻度，用来观察和确定转台的位置；手轮上的刻度盘可以读出转台的准确位置。图 4-7(b)所示为在回转工作台上铣圆弧槽的情况，利用螺栓压板将工件夹紧在转台上，铣刀旋转后，摇动手轮使转台带动工件进行圆周进给，铣削圆弧槽。

对于铣刀杆和万能分度头，后面再一一做介绍。

4.2.2　铣刀

1. 铣刀的种类和用途

铣刀的种类很多，按材料不同，可分为高速钢和硬质合金两大类；按刀齿与刀体是否为一整体可分为整体式和焊接式两类，按铣刀的安装方法可分为带孔铣刀和带柄铣刀两类。而按铣刀的用途和形状可分为如下几类：

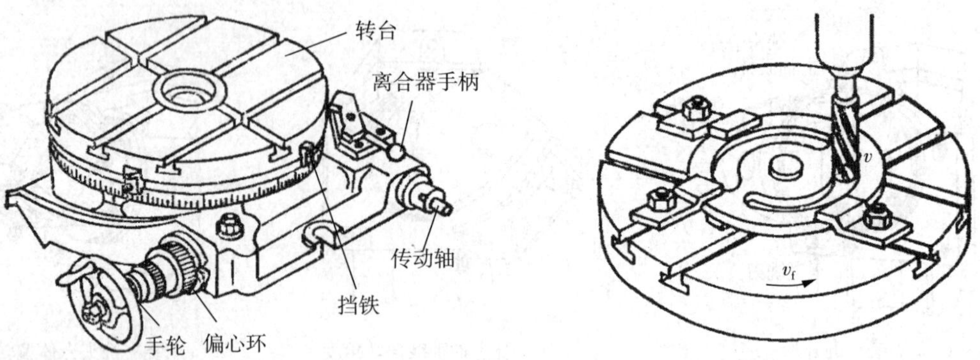

（a）外形　　　　（b）铣圆弧槽

图 4－7　圆形工作台

(1)圆柱铣刀

如图 4－2(a)所示，它仅在圆柱表面上有切削刃，用于在卧式铣床上加工平面。

(2)端铣刀

如图 4－2(d)所示，其刀齿分布在铣刀的端面和圆柱面上，多用于在立式铣床上加工平面，也可用于在卧式铣床上加工平面。

(3)立铣刀

如图 4－8 所示，它是一种带柄铣刀，有直柄和锥柄两种，适于铣削端面、沟槽和台阶面等。

(4)键槽铣刀和 T 形槽铣刀

如图 4－9 所示，二者分别用于加工键槽和 T 形槽。

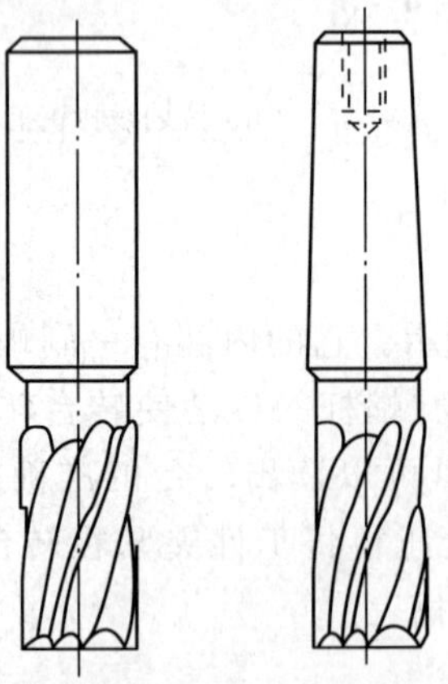

（a）直柄　　（b）锥柄

图 4－8　立铣刀

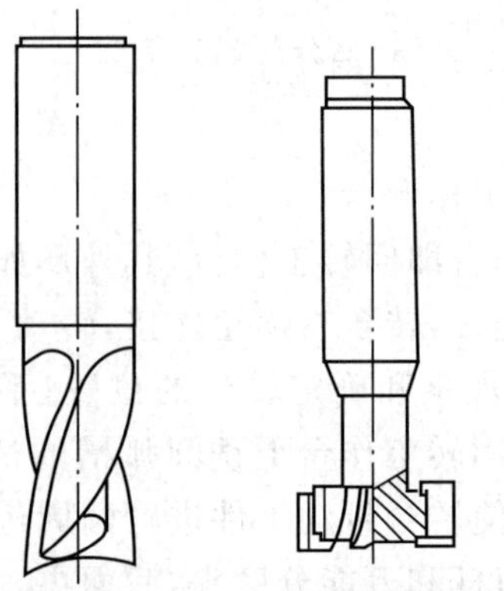

（a）键槽铣刀　　（b）T形槽铣刀

图 4－9　铣槽铣刀和 T 形槽铣刀

(5)三面刃铣刀和锯片铣刀

三面刃铣刀一般用在卧式铣床上加工直角槽，如图 4－2(c)所示，还可以加工台阶面和较窄的侧面等。锯片铣刀主要用于切断工件或铣削窄槽，如图 4－2(f)所示。

(6)角度铣刀

角度铣刀主要用在卧式铣床上加工各种角度的沟槽。角度铣刀分为单角和双角两种，双角铣刀又分为对称角铣刀和不对称角铣刀。

(7)成形铣刀

成形铣刀主要用在卧式铣床上加工各种成形面。

2. 铣刀的安装

(1)带孔铣刀的安装

带孔铣刀中的圆柱形和圆盘形铣刀，常用长刀杆安装，如图4-10所示。

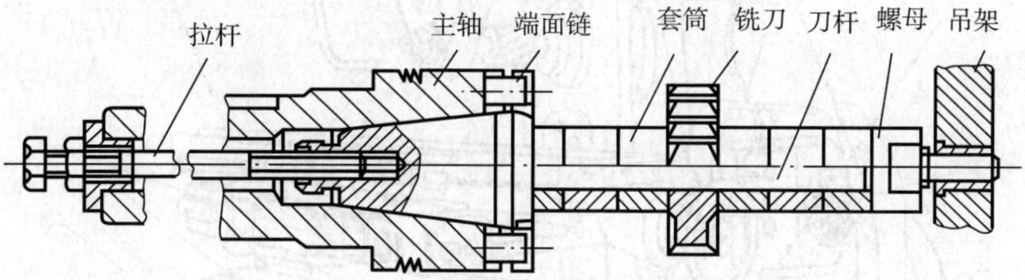

图4-10　圆盘铣刀的安装

带孔铣刀中的端铣刀常用短刀杆安装，如图4-11所示。

(2)带柄铣刀的安装

锥柄铣刀的安装如图4-12(a)所示。根据铣刀锥柄的大小，选择合适的变锥套，将各配合表面擦净，然后用拉杆把铣刀及变锥套一起拉紧在主轴上。

直柄铣刀的安装如图4-12(b)所示。用弹簧夹头安装，铣刀的直柄插入弹簧套内，旋紧螺母压紧弹簧套的端面，使弹簧套的外锥面受压而孔径缩小，夹紧直柄铣刀。

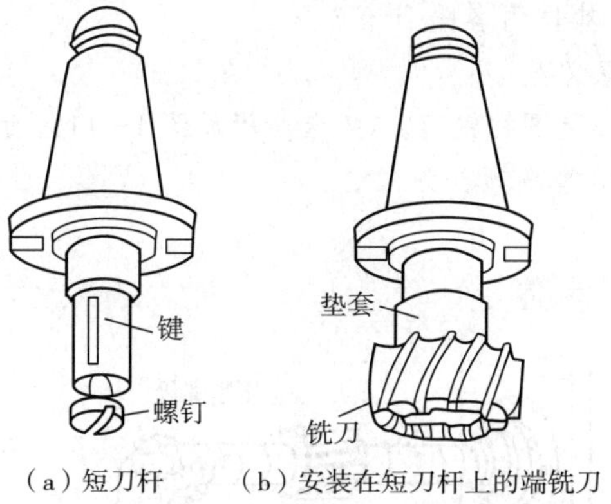

(a) 短刀杆　(b) 安装在短刀杆上的端铣刀

图4-11　端铣刀的安装

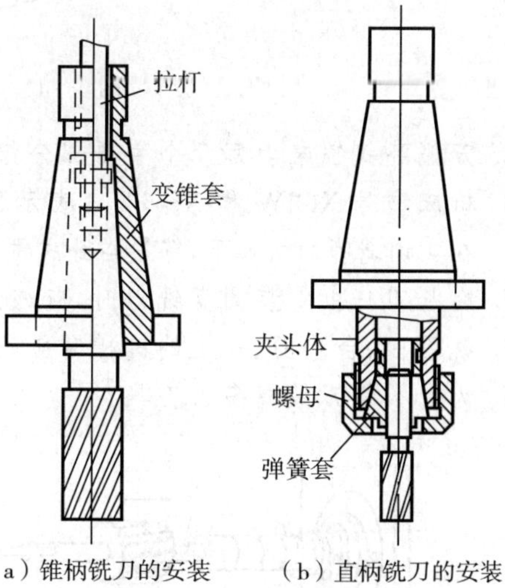

(a) 锥柄铣刀的安装　(b) 直柄铣刀的安装

图4-12　带柄铣刀的安装

【实训操作与思考】

1. 在实训指导老师的指导下，练习操纵 X62W 万能卧式铣床。X62W 的操纵系统如图 4－13 所示。(练习操作包括：停车时，主轴转速的变换、进给量的调整和工作台手动纵向、横向、升降移动；低速开车时，工作台机动纵向进给、工作台机动横向或升降进给和快动。)

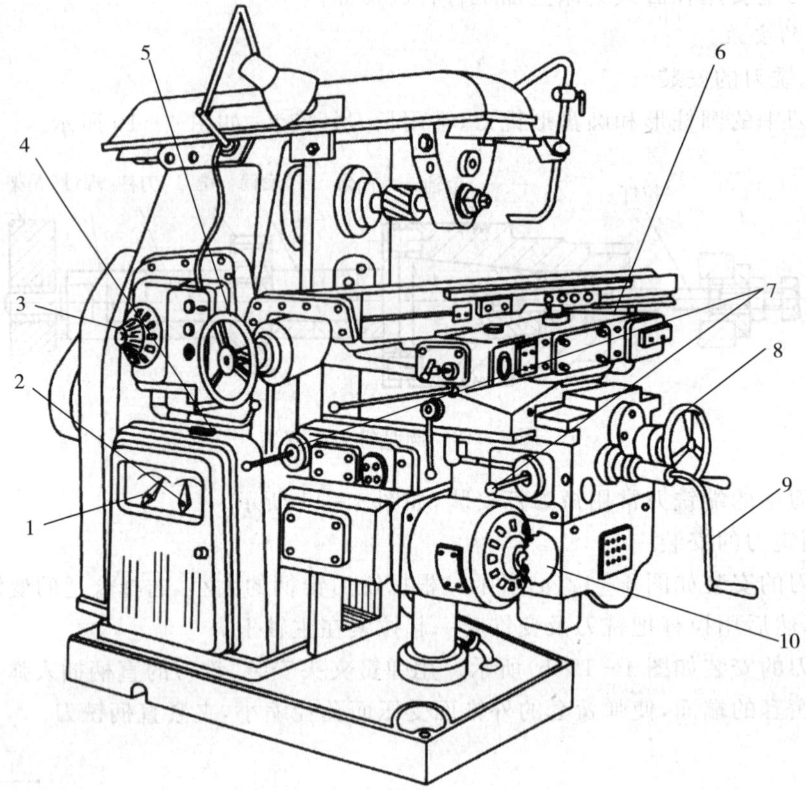

图 4－13　X62W 的操纵系统

2. 万能卧式铣床由哪几个主要部分组成？其作用各是什么？
3. 机床型号 X62W 和 X6132 各表示什么意义？
4. 在实训老师的指导下，练习在卧式铣床上安装圆柱铣刀。(安装步骤如图 4－14 所示)。
5. 在长刀杆上安装圆盘铣刀时，应该注意哪些事项？
6. 铣平面、台阶面、轴上的键槽时应注意什么？
7. 为什么铣刀做成多齿刀具？

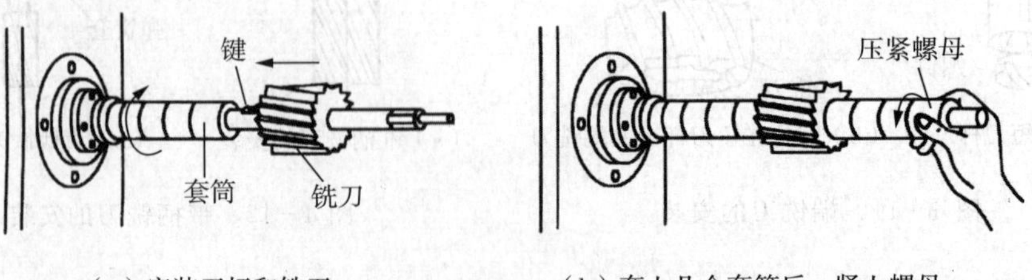

(a) 安装刀杆和铣刀　　(b) 套上几个套筒后，紧上螺母

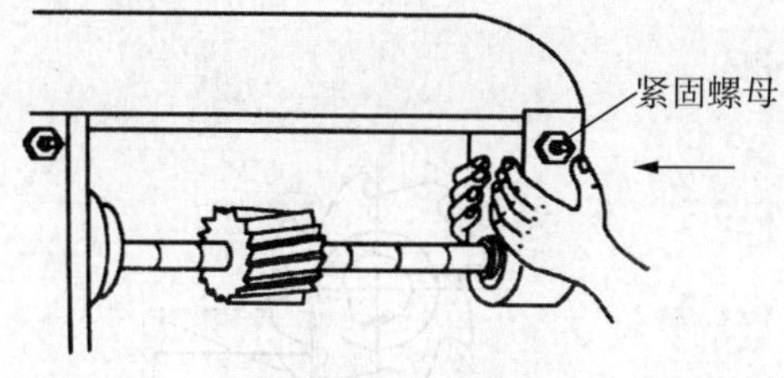

（c）装上吊架

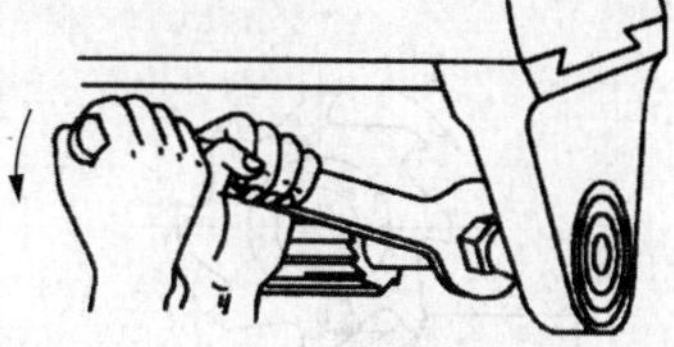

（d）拧紧螺母

图 4-14 圆柱铣刀的安装

任务4.3 铣平面、铣斜面和铣台阶面

知识目标

了解平面铣削加工工艺特点；

熟悉平面、斜面、台阶面的铣削加工方法。

技能目标

掌握工件在铣床上的正确装夹方法；

熟练掌握平面、斜面的铣削方法。

任务内容

分组进行平面、斜面的铣削练习。

4.3.1 铣平面

1. 用圆柱铣刀铣平面

在卧式铣床上，利用圆柱铣刀的周边切削刃进行的铣削，称为周边铣削，如图 4-2(a)所示。铣平面分为顺铣和逆铣两种。

(1)顺铣、逆铣

顺铣是指在铣刀与工件已加工面的切点处，旋转铣刀切削刃的运动方向与工件进给方向相同的铣削，如图 4-15(a)所示。顺铣时，刀齿切下的切屑由厚逐渐变薄，易切入工件。铣刀对工件的垂直分力 F_V 向下压紧工件，不易产生震动，铣削平稳。但刀对工件的水平分力 F_H 与工作台的进给方向一致，由于工作台丝杠与螺母之间存在间隙，在水平分力作用下，工作台会消除间隙而突然窜动，造成工作台出现爬行啃刀现象，导致刀杆弯曲、刀头折断。

逆铣是指在铣刀与工件已加工面的切点处，旋转铣刀切削刃的运动方向与工件进给方向相反的铣削，如图 4-15(b)所示。逆铣时，刀齿切下的切屑由薄逐渐变厚，由于刀齿的切削刃具有一定的圆角半径，所以刀齿接触工件，要滑移一段距离后才能切入，因此，摩擦严重，使切削温度升高，已加工表面粗糙度增大。铣刀对工件的垂直分力向上，促使工件产生抬起趋势，易产生震动而影响表面粗糙度。但铣刀对工件的水平分力与工作台的进给方向相反，在水平分力的作用下，工作台丝杠与螺母总是保持紧密接触而不会松动，丝杠与螺母的间隙对铣削没有影响。

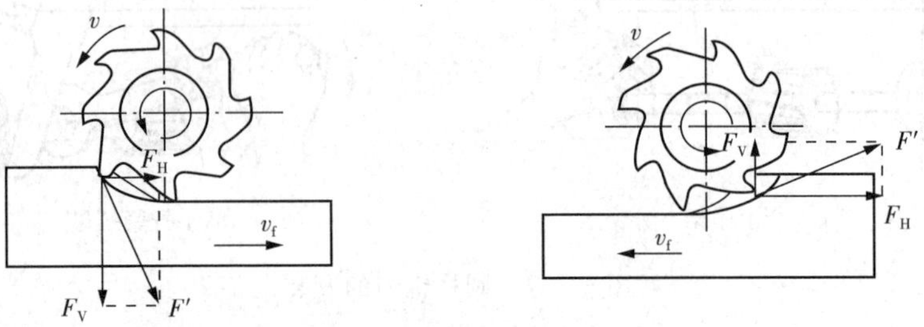

(a) 顺铣　　(b) 逆铣

图 4-15　顺铣和逆铣

综上所述，顺铣的优点更多，应广泛采用。但是，铣床必须具备丝杠与螺母的间隙调整机构，且间隙调整为零时才能采取顺铣。

(2)铣削步骤

铣削步骤如下：

① 先选择与安装铣刀。由于螺旋齿铣刀铣平面时，排屑顺利，铣削平稳，所以常用螺旋齿铣刀铣平面。在工件表面粗糙度 Ra 值较小，且加工余量不大时，选用细齿铣刀；表面粗糙且加工余量较大时，选用粗齿铣刀。铣刀的刃长最好要大于工件待加工面的宽度，以保证一次进给铣完待加工面。尽量选取用小直径铣刀，以免产生震动而影响表面质量。铣刀的安装如图 4-14 所示。

② 再选择铣削用量。铣削用量根据工件材料、加工余量、工件宽度及表面粗糙度的要求综合确定，通常采用粗铣和精铣两次铣削来完成。

粗铣：铣削宽度 a_e 为 2～8mm，每齿进给量 a_f 为 0.03～0.16mm，铣削速度 v 为 15～40m/min。选择的顺序是根据毛坯的加工余量，先选取较大的铣削宽度 a_e，再选择较大的进给量 a_f，最后选取合适的铣削速度 v。

精铣：铣削速度 $v \leqslant 10$m/min 或 $v \geqslant 50$m/min，每转进给量 f 为 0.1～1.5mm，铣削宽度 a_e 为 0.2～1mm。选择的顺序是先选取较低或较高的铣削速度 v，再选择较小的进给量 f，最后根据零件图样尺寸确定铣削宽度 a_e。

③ 然后将工件的装夹。根据工件的形状，加工平面的部位及尺寸公差和形位公差的要求，选取合适的装夹方法，常用平口钳或螺栓压板装夹工件。用平口钳装夹工件时，要校正平口钳的固定钳口，对工件进行找正，如图 4-6 所示，并根据选定的铣削方式，调整好铣刀与工件的相对位置。

④ 最后进行如下操作。根据选取的铣削速度 v，按下式来调整机床主轴的转数

$$n=\frac{1000v}{\pi D}(\mathrm{r/min})$$

根据选取的进给量按下式来调整机床的每分钟进给量

$$v=fn=a_f z n(\mathrm{mm/min})$$

铣削宽度的调整是在铣刀旋转(主电动机启动)后进行的。先使铣刀轻微接触工件表面,记住此时升降手柄的刻度值,再将铣刀退离工件,升高工件台并调整好铣削宽度,固定升降和横向进给手柄,调整纵向工作台机动停止挡铁,即可试切铣削。

2. 用端铣刀铣平面

用端铣刀铣平面可在卧式铣床和立式铣床上进行,如图 4-16 所示。

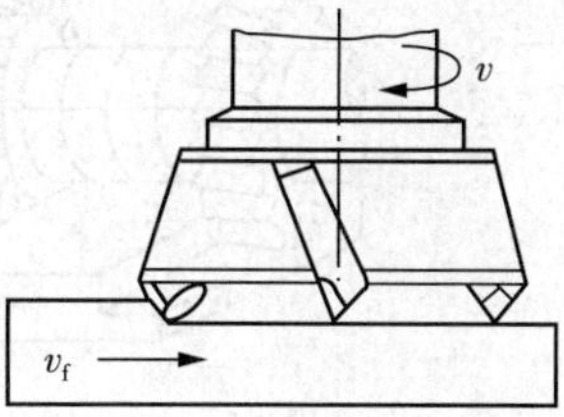

(a) 在立式铣床上

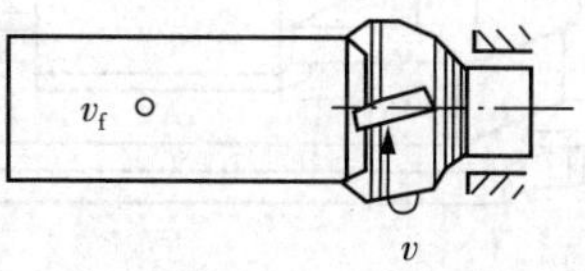

(b) 在卧式铣床上

图 4-16 用端面铣刀铣平面

由于多采用焊有硬质合金刀头的端铣刀进行铣削,同时端铣刀的刀杆短、强度高、刚性好,铣削中震动小,因此可用端铣刀高速强力铣削平面,其生产率高于周铣。此法已被广泛采用。用端铣刀铣平面的方法与步骤,基本上与用圆柱铣刀铣平面的方法和步骤相同,其铣削用量的选择、工件的装夹和操作方法等均可参照圆柱铣刀铣平面的方法进行。

4.3.2 铣斜面

工件上的斜面常用下列几种方法进行铣削。

1. 使用斜垫铁铣斜面

如图 4-17 所示,在工件的基准下面垫一块斜垫铁,则铣出的平面就与基准面倾斜成一定角度。改变斜垫铁的角度,即可加工不同角度的斜面。

2. 利用分度头铣斜面

如图 4 18 所示,用万能分度头将工件转到所需位置铣出斜面。

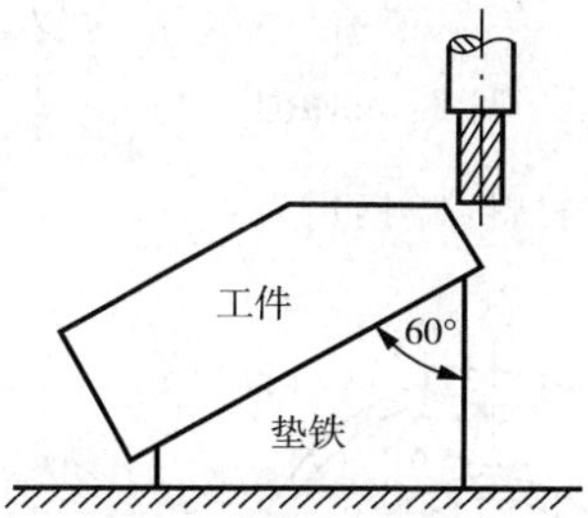

图 4-17 用斜垫铁铣斜面

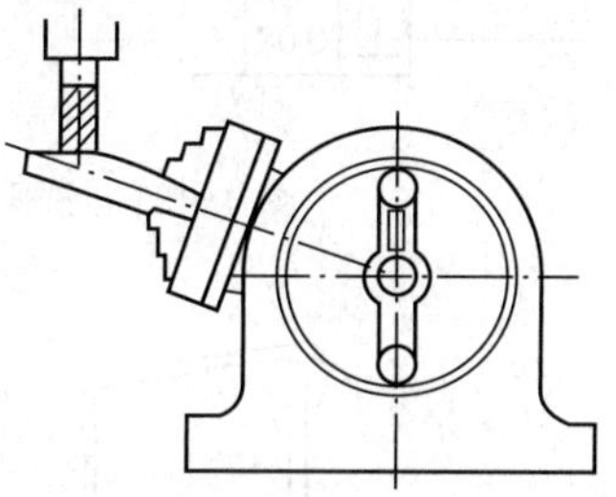

图 4-18 用分度头铣斜面

3. 用万能立铣头铣斜面

由于万能立铣头能方便地改变刀轴的空间位置,因此可以转动立铣头使刀具相对工件倾斜一个角度来铣斜面,如图 4-19 所示。

4.3.3 铣台阶面

在铣床上,可用三面刃盘铣刀或立铣刀铣台阶面。在成批生产中,大都采用组合铣刀同时铣削几个台阶面，如图 4－20 所示。

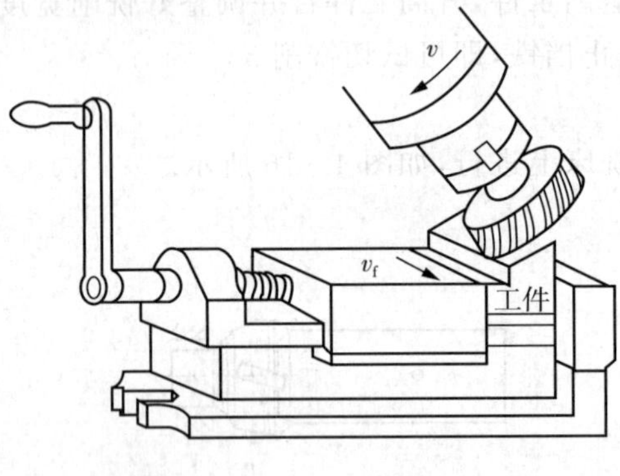

图 4－19　用万能立铣头铣斜面

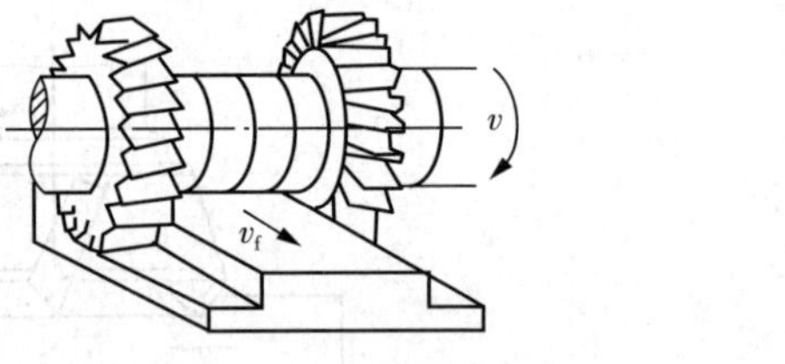

图 4－20　铣台阶面

【实训操作与思考】

1. 在实训老师的指导下，在立式铣床上用硬质合金端铣刀铣削如图 4－21 所示的工件，毛坯各尺寸加工余量为 4mm。（注意：为保证一次进给铣完一个表面，铣刀直径按工件宽度的 1.2～1.5 倍选取，即 D 为 90～110mm。铣刀的结构如图 4－22 所示，为机械夹固式端铣刀。）

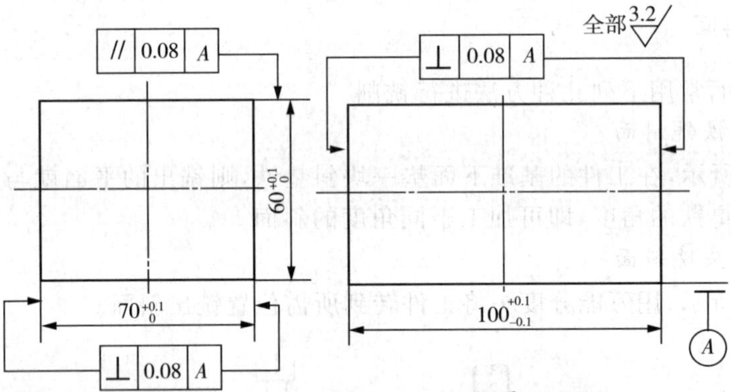

调质：40HRC

图 4－21　铣平面工件图（材料：45 钢）

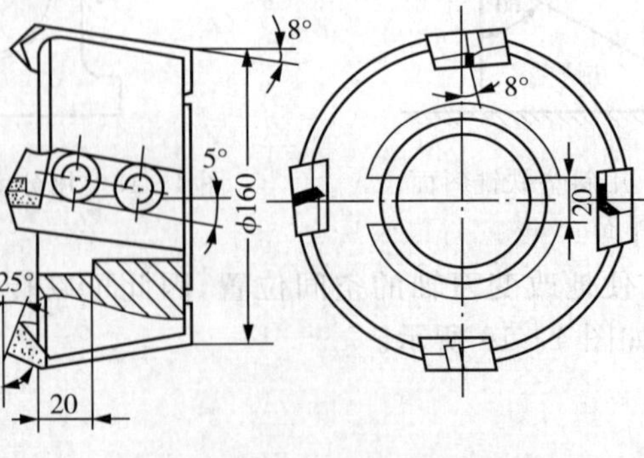

图 4－22　硬质合金端铣刀

2. 铣削平面、斜面、台阶面常用的方法有哪些？
3. 若要铣削正六面体，如何保证各面间的垂直度和平行度？
4. 选择铣削用量的原则是什么？如何根据选用的铣削用量来调整机床？

任务 4.4　铣　沟　槽

知识目标

了解沟槽的种类；

熟悉沟槽类零件的加工方法。

技能目标

掌握沟槽类零件的装夹方法；

掌握键槽、T 形槽的铣削方法。

任务内容

在给定工件上进行 V 形槽铣削加工练习。

在铣床上利用不同的铣刀可以加工直角槽、V 形槽、T 形槽、燕尾槽、轴上的键槽和成形面等，这里着重介绍轴上键槽和 T 形槽的铣削方法。

4.4.1　铣键槽

轴上的键槽有开口式和闭口式两种。铣键槽时，工件的装夹方法很多，常用平口钳或专用抱钳、V 形铁、分度头等装夹工件。不论哪一种装夹方法，都必须使工件的轴线与工作台的进给方向一致，并与工作台台面平行。

1. 铣开口式键槽

如图 4－23 所示，铣开口式键槽使用三面刃铣刀进行铣削。由于铣刀的振摆会使槽宽扩大，所以铣刀的宽度应稍小于键槽宽度。对于宽度要求较严的键槽，可先进行试铣，以便确定铣刀的合适宽度。

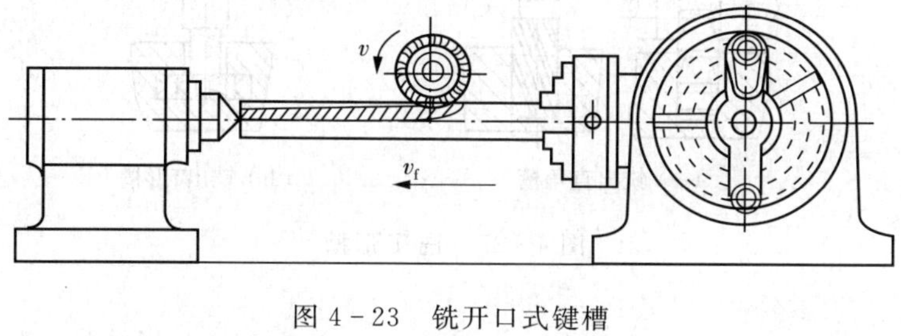

图 4－23　铣开口式键槽

铣刀和工件安装好后，要仔细进行对刀，使工件的轴线与铣刀的中心平面对准，以保证所铣键槽的对准性。然后调整铣削的槽深，才可加工。键槽较深时，须分多次走刀进行铣削。

2. 铣封闭式键槽

如图 4－24 所示，铣封闭式键槽通常使用键槽铣刀进行铣削，也可用立铣刀进行铣削。用键槽铣刀铣封闭式键槽时，可用如图 4－24(a)所示的抱钳装夹工件，也可用 V 形块装夹工件。铣削封闭式键槽的长度由工作台纵向进给手轮上的刻度来控制，深度由工作台升降进给手柄上的刻度来控制，宽度由铣刀的直径来控制。铣封闭式键槽的操作过程如图 4－24(b)所示，先将铣刀垂直进给移向工件，切削少量的深度，将工件纵向进给切削至键槽的全长；再进行垂直进给，然后反向纵向进给，反复多次，直到完成加工。

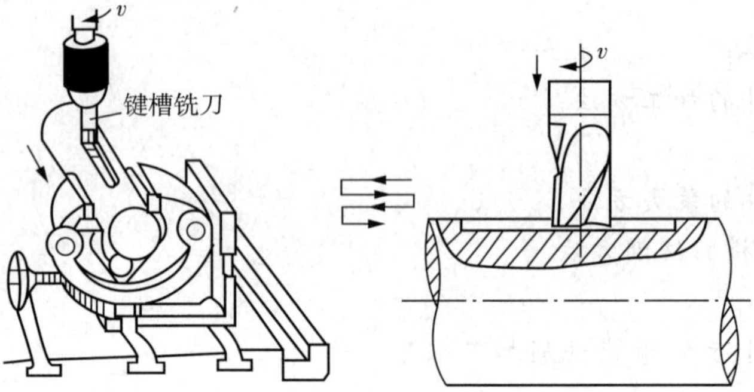

（a）抱钳装夹　（b）铣封闭式键槽

图 4－24　铣封闭式键槽

当用立铣刀铣键槽时，由于铣刀端面齿垂直进给困难，应先在封闭式键槽的一端圆弧处用相同半径的钻头钻一个孔，然后再用立铣刀铣削。

4.4.2　铣 T 形槽

如图 4－25 所示，要加工 T 形槽，首先必须用三面刃铣刀或立铣刀先铣出直角槽；然后再用 T 形槽铣刀铣出 T 形槽；最后用角度铣刀倒角。由于 T 形槽的铣削条件差，排屑困难，所以切削用量应小些，并加注足够多的切削液。

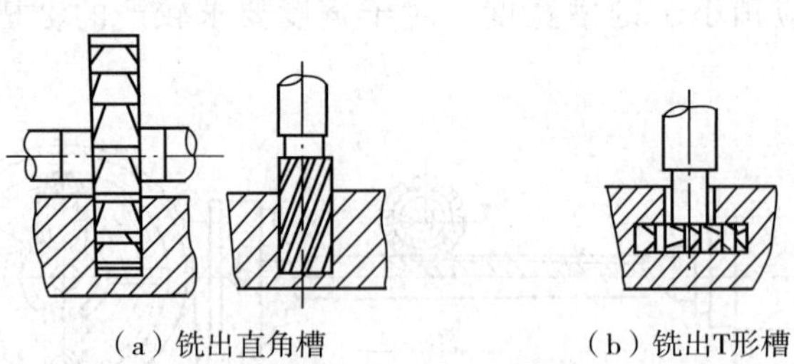

（a）铣出直角槽　（b）铣出T形槽

图 4－25　铣 T 形槽

【实训操作与思考】

1. 在实训老师的指导下，铣削如图 4－26 所示工件直角槽和 V 形槽，其各表面（平面）已加工，即以图 4－21 所示工件为坯料进行铣削。

2. 铣削轴上的键槽常用的装夹方法有哪几种？比较理想的装夹方法是哪一种？为

什么？

3. 铣轴上键槽时，如何进行对刀？对刀的目的是什么？

4. 在铣床上可加工哪些槽类零件？各选用何种铣刀？加工时其主运动和进给运动是什么？

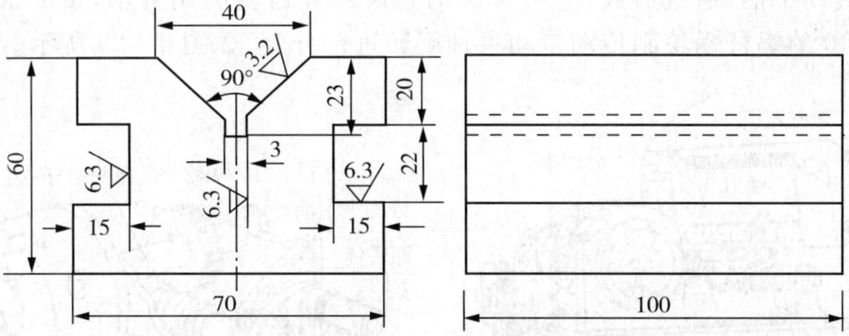

图 4-26　铣直角槽和 V 形槽工件图(材料:45 钢)

任务 4.5　铣等分零件

知识目标

了解分度头的功能与结构；

熟悉分度头安装与调整；

掌握分度头操作方法。

技能目标

能正确使用分度头完成等分零件的铣削加工。

任务内容

在给定工件上进行铣削六方零件训练。

在铣削加工中，经常铣削四方、六方、齿槽、花键键槽等等分零件。加工中，可以利用万能分度头对工件进行分度，即铣过工件的一个面或一个槽之后，将工件转过所需的角度，再铣第二个面或第二个槽，直至铣完所有的面或槽。

4.5.1　万能分度头

(1)分度头的功能

万能分度头是铣床的重要附件，其主要功能是：

① 使工件绕本身的轴线进行分度(等分或不等分)；

② 把工件的轴线相对铣床工作台台面扳成所需要的角度(水平、垂直或倾斜)，如图 4-18 所示，利用分度头卡盘在倾斜位置上装夹工件；

③ 铣削螺旋槽或凸轮时，能配合工件台的移动使工件连续旋转，如图 4-27 所示为利用

分度头铣螺旋槽。

(2)分度头的结构

万能分度头的结构如图 4－28 所示。在它的基座上装有回转体，分度头主轴可随回转体在垂直平面内向上 90°和向下 10°范围内转动。主轴前端常装有三爪卡盘或顶尖。分度时拔出定位销，转动手柄，通过齿数比为 1∶1 的直齿圆柱齿转的副传动，带动蜗杆转动，又经齿数比为 1∶40 的蜗杆蜗轮副传动带动主轴旋转进行分度，如图 4－29 所示。

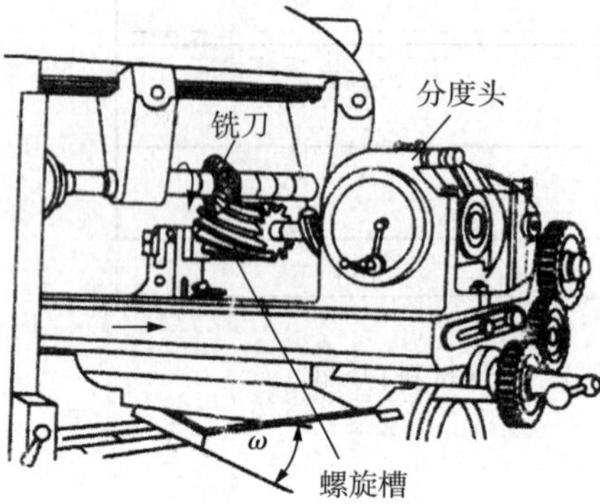

图 4－27　铣螺旋槽

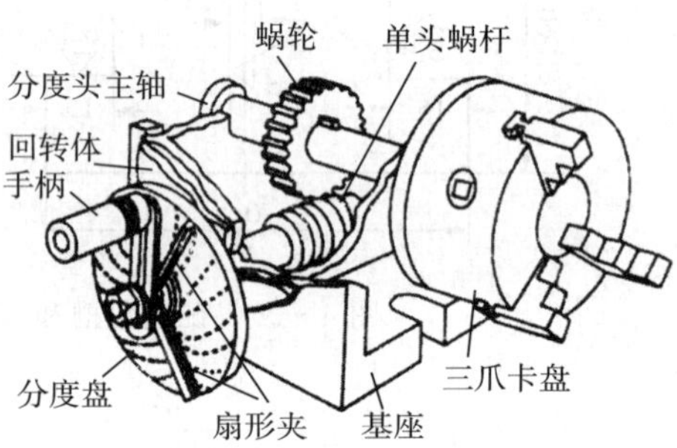

图 4－28　万能分度头的结构

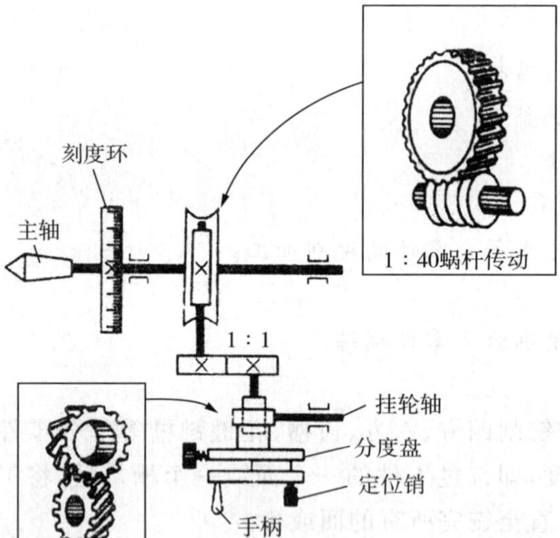

图 4－29　万能分度头的传动系统图

分度头中蜗杆和蜗轮的齿数比：

$$u=\frac{\text{蜗杆头数}}{\text{蜗轮齿数}}=\frac{1}{40}$$

就是说，当手柄转动一转时，蜗轮只能带动主轴转过 1/40 转；若工件在整个圆周上的分度等分数 Z 已知，则每分一个等分就要求分度头主轴转过 $1/Z$ 转，这时分度手柄所需转过的

转数 n 可由下列比例关系推得：

$$1:40=\frac{1}{Z}:n \quad 即\ n=\frac{40}{Z}$$

式中，n——手柄转数；

Z——工件等分数；

40——分度头定数。

(3)分度头的操作方法

使用分度头进行分度的方法很多，有直接分度法、简单分度法、角度分度法和差动分度法等。这里仅介绍最常用的简单分度法。

简单分度法的计算公式为 $n=40/Z$。例如铣削直齿圆柱齿轮齿数 Z 为 36，每一次分度时手柄转过的转数：

$$n=40/Z=40/36=10/9=60/54$$

就是说，每分一齿，手柄需转过一整转再转过 1/9 转，这 1/9 转是通过分度盘来控制的。一般分度头备有两块分度盘。分度盘两面各有许多孔圈，各孔圈的孔数均不等，但在同一孔圈上的孔距是相等的。第一块分度盘正面各圈的孔数为 24，25，28，30，34，37；反面各圈的孔数为 38，39，41，42，43。第二块分度盘正面各圈的孔数为 46，47，49，51，53，54；反面各圈的孔数为 57，58，59，62，66。

简单分度时，分度盘固定不动。此时将分度手柄上的定位销拔出，调整到孔数为 9 的倍数的孔圈上，即孔数为 54 的孔圈上。分度时，手柄转过一转后，再沿孔数为 54 的孔圈转过 6 个孔距，即可铣削第二个齿槽。

为了避免每次数孔的烦琐及确保手柄转过的孔距数可靠，可调整分度盘上的扇形夹 1 与 2 之间的夹角，使之等于欲分的孔间距数，这样依次进行分度时就可准确无误，如图 4－30 所示。

(4)分度头的安装与调整

① 分度头主轴轴线与铣床工作台台面平行度的校正

如图 4－31 所示，用 ϕ40×400mm 的校正棒插入分度头主轴孔内，以工作台台面为基准，用百分表测量校正棒两端。当两端百分表数值一致时，则分度头主轴轴线与工作台台面平行。

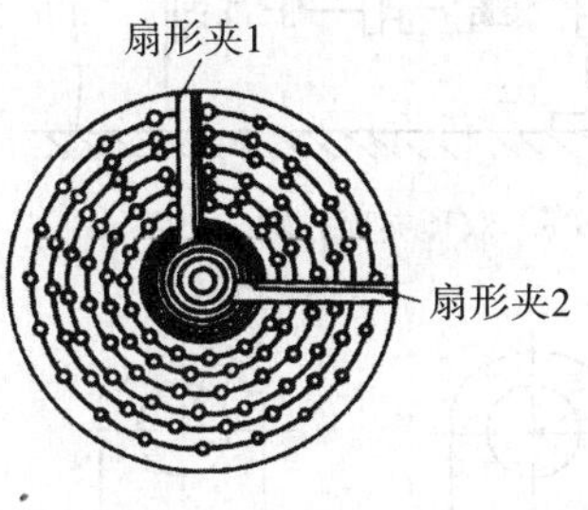

图 4－30　分度盘

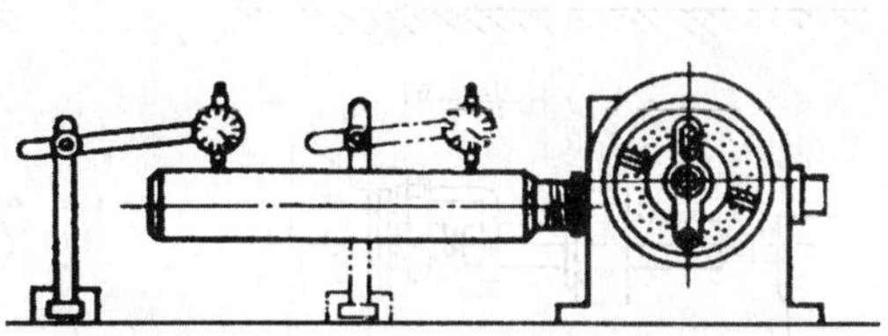

图 4－31　主轴与台面平行度的校正

② 分度头主轴与刀杆轴线垂直度的校正

如图 4－32 所示，将校正棒插入主轴孔内，使百分表的触头与校正棒的内侧面(或外侧面)接触,然后移动纵向工作台,百分表指针稳定不动时表明分度头主轴与刀杆轴线垂直。

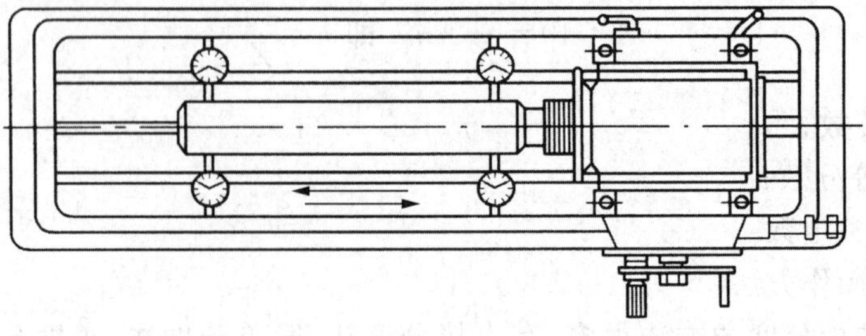

图 4-32　主轴与刀杆轴线垂直度的校正

③ 分度头与后顶尖同轴度的校正

先校正好分度头,然后将校正棒装夹在分度头与后顶尖之间,校正后顶尖与分度头主轴等高,再校正其同轴度,使两顶尖间的轴线平行于工作台台面,又垂直于铣刀刀杆,如图 4-33 所示。

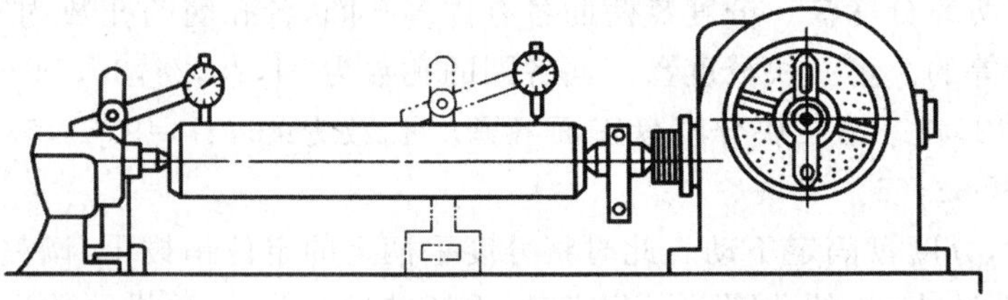

图 4-33　分度头与后顶尖同轴度的校正

4.5.2　工件的装夹

利用分度头装夹工件的方法,通常有以下几种:

(1)用三爪卡盘和后顶尖夹紧工件,如图 4-34(a)所示。

(2)用前后顶尖夹紧工件,如图 4-34(b)所示。

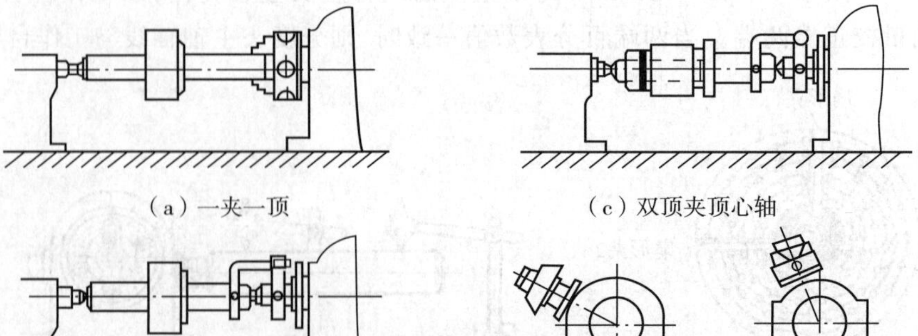

(a) 一夹一顶　(c) 双顶夹顶心轴

(b) 双顶夹顶工件　(d) 心轴装夹　(e) 卡盘装夹

图 4-34　用分度头装夹工件的几种方法

(3)将工件套装在心轴上用螺母压紧，然后同心轴一起被顶持在分度头和后顶尖之间，如图 4－34(c)所示。

(4)将工件套装在心轴上，心轴装夹在分度头的主轴锥孔内，并可按需要使主轴倾斜一定的角度，如图 4－34(d)所示。

(5)工件直接用三爪卡盘夹紧，并可按需要使主轴倾斜一定的角度，如图 4－34(e)所示。

【实训操作与思考】

1. 在实训老师的指导下，铣削如图 4－35 所示四方头螺栓，以圆棒料为坯料，在端面、外圆及螺纹均车削后，在卧式铣床上利用万能分度头铣四方，如图 4－36 所示。

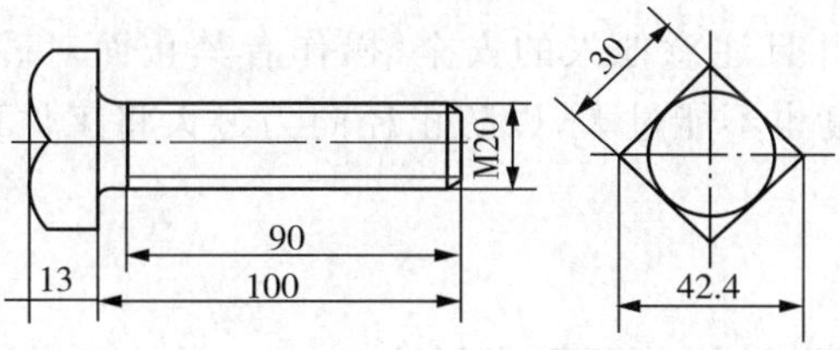

图 4－35　铣四方工件图(材料：45 钢)

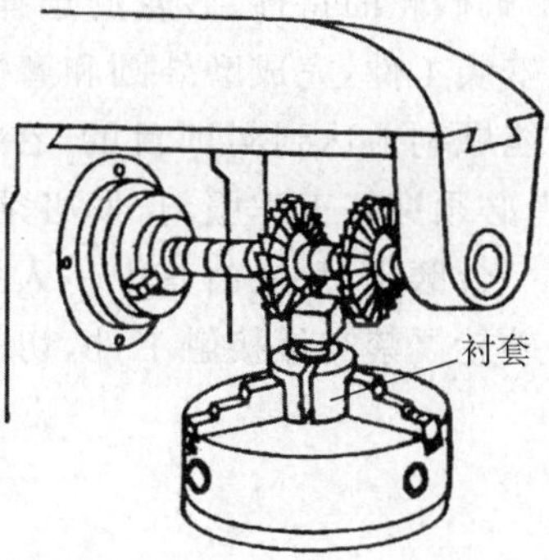

图 4－36　用组合铣刀铣四方工件

铣削方法有如下几种：

分度头主轴处于水平位置，三爪卡盘装夹工件，用三面刃铣刀铣出一个平面后，用分度头分度，将工件转 90°，铣另一平面，直至铣出四方为止。

分度头主轴处于垂直位置，三爪卡盘装夹工件，用三面刃铣刀铣出一个平面后，用分度头分度，将工件转 90°，铣另一平面，直至铣出四方为止。

分度头主轴处于垂直位置，三爪卡盘装夹工件，用组合铣刀铣四方。具体方法是用两把相同的三面刃铣刀同时铣出两个面，如图 4－36 所示，然后分度头分度，将工件转 90°，再铣出另外两个平面。

从上述几种方法比较可知，采用组合铣刀铣四方，铣削过程平稳，工件易于夹固，铣削效率高。

2. 分度头是如何分度的？

3. 用分度头装夹工件有几种方法？

模块 5 磨削加工

磨削加工在机械加工中占有非常重要的地位。通过本工种的实训操作，可以让学生了解磨削加工的工艺特点及加工范围；熟悉磨床的种类及用途；掌握外圆磨床和平面磨床的操纵方法；了解砂轮的特性、砂轮的选择和正确使用的方法，并能够独立在外圆磨床及平面磨床上正确安装工件，完成磨外圆和磨平面的加工。

为了能顺利地达到实训目的，在实训过程中一定要严格注意以下安全措施：实训操作前，操作者必须穿好工作服，长发必须压入工作帽内，以防发生意外事故；实训操作时，如果多人共用一台磨床，只能由其中一人操作并且注意他人的安全；操作者禁止面对砂轮站立，启动后的砂轮严禁突然接触工件，切削深度也不能过大，以防止径向力过大将工件顶飞而发生事故。

任务 5.1 磨削加工基础认知

知识目标

了解磨削加工的工艺范围及特点；

熟悉磨削运动与磨削用量。

技能目标

能正确、规范地操作和调整磨床。

任务内容

按照磨床的操作规范及过程，分组进行磨床操作练习。

5.1.1 磨削加工基本知识

用高速旋转的砂轮对工件表面进行切削加工的方法称为磨削加工。它是对机械零件进行精加工的一种主要方法。图 5-1 所示为磨削外圆时的磨削运动和磨削用量。

图 5-1 磨削外圆时的磨削运动及磨削用量

(1) 主运动及磨削速度(v_s)

砂轮的旋转运动是主运动，砂轮外圆的线速度称为磨削速度，可用下式计算：

$$v_s=\frac{\pi d_s n_s}{1000\times 60}(\mathrm{m/s})$$

式中，d_s——砂轮直径(mm)；

n_s——砂轮每分钟转速(r/min)。

(2)圆周进给运动及进给速度(v_w)

工件的旋转运动是圆周进给运动。磨削工件外圆处的线速度称为圆周进给速度，可用下式计算：

$$v_w=\frac{\pi d_w n_w}{1000\times 60}(\mathrm{m/s})$$

式中，d_w——工件磨削外圆直径(mm)；

n_w——工件每分钟转速(r/min)。

(3)纵向进给运动及纵向进给量($f_{纵}$)

工作台带动工件所做的直线往复运动是纵向进给运动；工件每转一转时相对砂轮在纵向进给运动方向上的位移称为纵向进给量，用 $f_{纵}$ 表示，单位为 mm/r。

(4)横向进给运动及横向进给量($f_{横}$)

砂轮沿工件径向的移动是横向进给运动。工作台每往复行程(或单行程)一次砂轮相对工件径向移动的距离称为横向进给量，用 $f_{横}$ 表示，其单位是 mm/dstr(mm/str)。横向进给量实际上是砂轮每次切入工件的深度，即磨削深度，也可以用 a_p 表示，其单位为 mm(即每次磨削切入以毫米计的深度)。

5.1.2 磨削加工特点及加工范围

1. *磨削加工特点*

磨削加工与其他切削加工(车削、铣削、刨削)相比较，具有如下特点：

(1)加工精度高、表面粗糙度小

磨削时，砂轮表面上有极多的磨粒进行切削，每个磨粒相当于一把刃口半径很小且很锋利的切削刃，能切下一层很薄的金属。磨床的磨削速度很高，一般 v_s 可达 30～50m/s；磨削深度很小，一般 a_p 为 0.01～0.005mm。经磨削加工的工件一般尺寸公差等级可达 IT5～IT7 级，表面粗糙度 Ra 可达 0.2～0.8μm，精磨后的 Ra 值更小。

(2)加工工件的硬度更高

由于磨粒的硬度很高，磨削不但可以加工钢和铸铁等金属材料，还可以加工硬度很高的工件，特别是经过热处理后的淬火钢工件。但磨削不利于加工硬度很低而塑性很好的有色金属材料，这是因为磨削这些材料时，容易堵塞砂轮，使砂轮失去切削的能力。

(3)磨削温度高

由于磨削速度很高，是一般切削加工的 10～20 倍，所以加工中产生更多的切削热。在砂轮与工件的接触处，瞬间温度高达 1000℃。同时，剧热会使磨屑在空气中发生氧化作用，产生火花。高的磨削温度会烧伤工件的表面，使工件硬度下降，严重时会产生微裂纹，降低工件的表面质量和使用寿命。因此，为了减少磨削受力和改善散热条件，降低切削温度，保证工件表面质量，在磨削时必须使用大量的切削液。加工钢时，切削液采用苏打水和乳化液；加工铸铁等脆性材料时，为防止产生裂纹一般不加切削液，而采用吸尘器除尘，同时也能起到一定的散热作用。

2. 磨削加工的应用范围

磨削加工主要用于零件的内外圆柱面、内外圆锥面、平面及成形表面（如花键、螺纹、齿轮等）的精加工，从而获得较高的尺寸精度和较小的表面粗糙度。常见的几种磨削加工类型如图 5－2 所示。

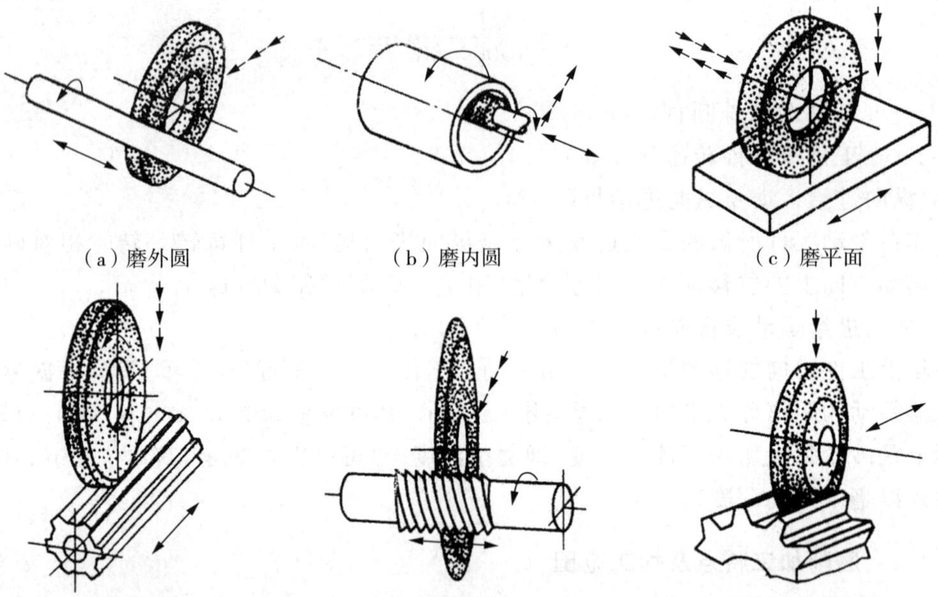

（a）磨外圆　（b）磨内圆　（c）磨平面

（d）磨花键　（e）磨螺纹　（f）磨齿轮齿形

图 5－2　常见的磨削加工类型

【实训操作与思考】

1. 观看实训指导老师实际操作，熟悉磨削外圆必须要有几种运动。

2. 磨削加工为什么加工精度高？又为什么不适用于加工有色金属材料？

任务 5.2　磨床与砂轮

知识目标

了解磨床的种类、型号、组成结构；

了解砂轮特性、组成；

熟悉磨床操作、砂轮安装和修整。

技能目标

能对磨床进行一般维护与保养；

能正确安装砂轮。

任务内容

分组在磨床上进行磨床操作练习。

5.2.1　磨床基本知识

磨床的种类很多，有外圆磨床、内圆磨床、平面磨床、齿轮磨床、螺纹磨床、导轨磨床、无心磨床、工具磨床等。常用的是外圆磨床和平面磨床。

1. 外圆磨床

外圆磨床又分为普通外圆磨床和万能外圆磨床。普通外圆磨床可以磨削外圆柱面、端面及外圆锥面。万能外圆磨床除上述磨削加工范围外，还可以磨削内圆柱面和内圆锥面。

下面以 M1432A 万能外圆磨床为例来进行介绍：

(1)外圆磨床的型号

根据国家标准 GB/T 15375—2008 规定：M——磨床类机床；14——万能外圆磨床；32——最大磨削直径的 1/10，即最大磨削直径为 320mm；A——第一次重大改进。

(2)外圆磨床的组成部分及其作用

外圆磨床主要由床身、工作台、头架、尾架、砂轮架、内圆磨头及砂轮等部分组成，如图 5-3所示。

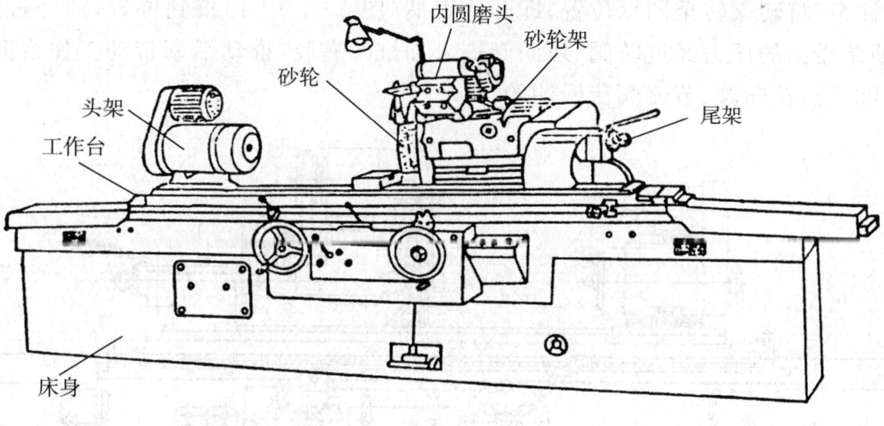

图 5-3　M1432A 万能外圆磨床外观图

头架内装有主轴，可用顶尖或卡盘夹持工件并带动旋转；头架上面装有电动机，动力经头架左侧带传动使主轴转动，改变胶带的连接位置，可使主轴获得 6 种不同的转速。砂轮装在砂轮架的主轴上，由单独的电动机经三角胶带直接带动旋转。砂轮架可沿床身后部的横向导轨前后移动，移动的方式有自动周期进给、快速引进或退出、手动三种，前两种是靠液压传动实现的。工作台有两层，下工作台可在床身导轨上做纵向往复运动，上工作台相对下工作台在水平面内能偏转一定的角度，以便磨削圆锥面。工作台上装有头架和尾架。万能外圆磨床与普通外圆磨床的主要区别是：万能外圆磨床的头架和砂轮架下面都装有转盘，能绕垂直轴线偏转较大的角度，并增加了内圆磨头等附件，因此可以磨削内圆柱面和锥度较大的内外圆锥面。

(3)外圆磨床的液压传动

液压传动具有无级变速、传动平稳、操作简便等优点,因此磨床均采用液压传动。由于液压传动比较复杂,在此仅以图 5-4 为例,简述外圆磨床工作台往复运动的基本原理。

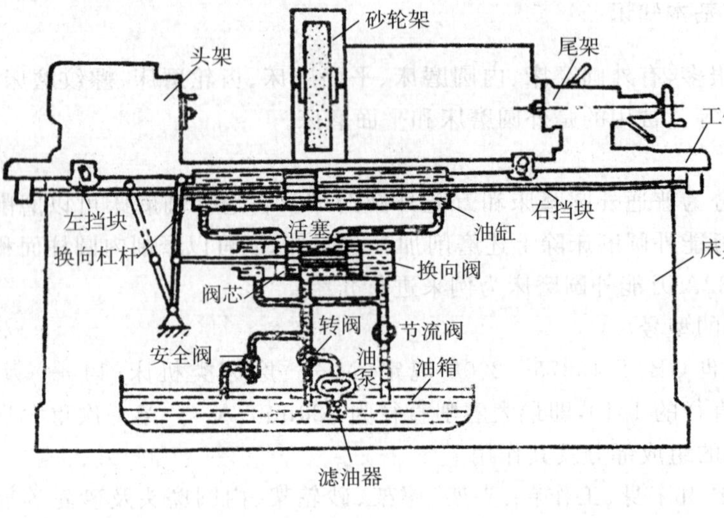

图 5-4 工作台往复运动液压传动示意图

启动油泵,将转阀转至图示位置,即开停手柄(图 5-5 中 1)扳到位置,油经过滤油器吸入油泵,油泵排出的压力经过转阀、换向阀进入油缸的右腔,推动活塞带动工作台向左移动。油缸左腔油经过换向阀、节流阀流回油箱。

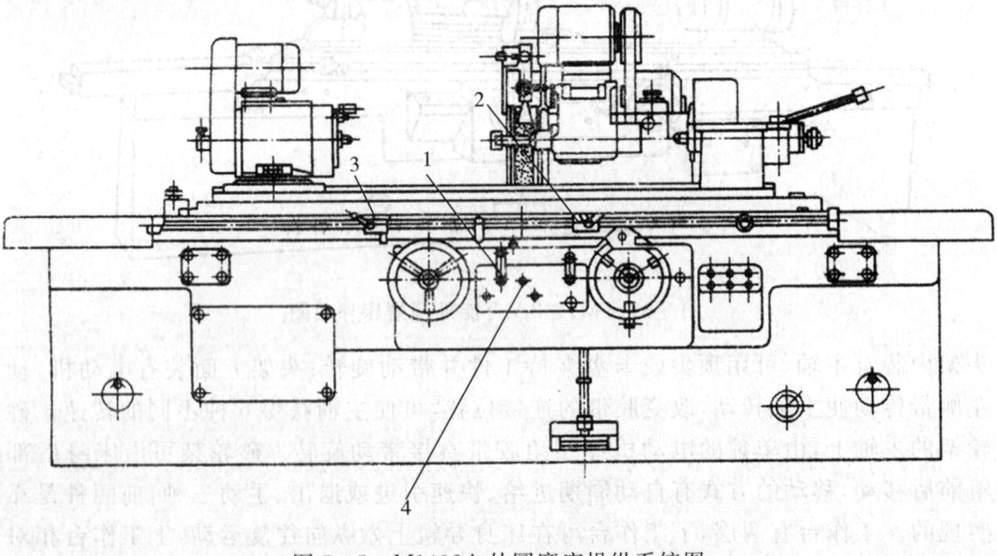

图 5-5 M1432A 外圆磨床操纵系统图

工作台行到左端终点时,固定在工作台侧面上的右挡块(图 5-5 中 2)推动换向杠杆左摆,带动换向阀阀芯左移,其左端面移动到虚线位置时,则油泵排出的压力油经过转阀、换向阀进入油缸的左腔，推动活塞带动工作台右移。油缸右腔油经过换向阀、节流阀流向油箱。

工作台行到右端终点时，左挡块（图5-5中3）推动换向杠杆向右摆动，实现工作台换向。左、右挡块不断推动杠杆摆动，使换向阀阀芯左右移动（即改变了压力油进入油缸左右腔的方向），从而实现了工作台的往复运动。转阀顺时针转动90°（开停手柄扳到停的位置），油泵排出的油经过转阀直接流回油箱，油泵卸荷，工作台停止运动。转动节流阀（速度调节旋钮，图5-5中4），改变了节流阀的流通面积（即改变了压力油进入油缸的流量），从而改变了工作台的运动速度。在磨削过程中，如果因操作失误，使磨削力突然增大时，液压系统的压力也会突然增大，当大于安全阀调定的压力时，安全阀自动开启，油泵排出的油经过安全检查阀直接流回油箱，油泵卸荷，工作台自动停止运动。

2. 平面磨床

平面磨床又分为立轴式和卧轴式两类：立轴式平面磨床用砂轮的端面来磨削平面，卧轴式平面磨床用砂轮的圆周面来磨削平面。图5-6所示是M7120A卧轴矩台式平面磨床。

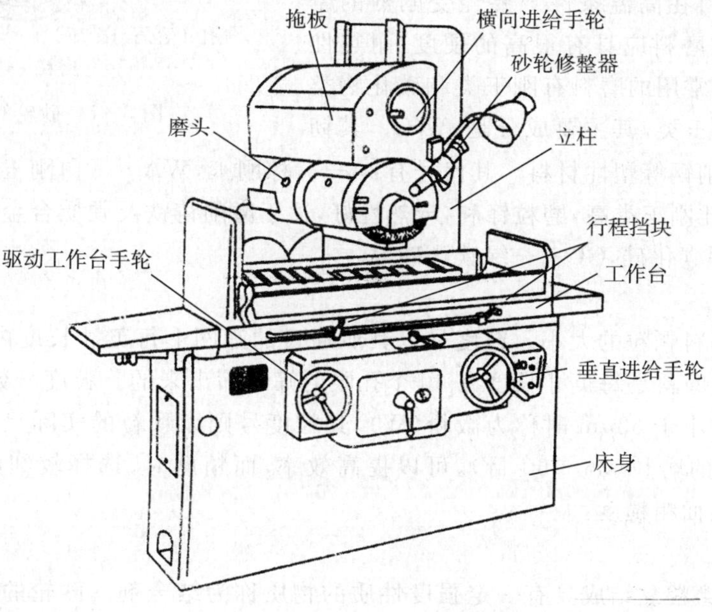

图5-6 M7120A平面磨床

(1)平面磨床的型号

根据国家标准GB/T 15375—2008规定：M——磨床类机床；71——卧轴矩台式平面磨床；20——工作台面宽度为200mm；A——第一次重大改进。

(2)组成部分及作用

M7120A平面磨床主要由床身、工作台、磨头、拖板立柱、砂轮修整器等部分组成。

矩形工作台装在床身的水平纵向导轨上，由液压传动实现工作台的往复运动，也可用手轮操纵，以便进行必要的调整。工作台上装有电磁吸盘，用来装夹工件。

砂轮装在磨头上，由电动机直接驱动旋转。磨头沿拖板的水平导轨可做横向进给运动，可由液压驱动或由手轮操纵。拖板可沿立柱的垂直导轨移动，以调整磨头的高低位置及完成垂直进给运动，这一运动通过转动手轮来实现。

5.2.2 砂轮

1. 砂轮基本知识

砂轮是用于磨削的切削工具，它是由许多细小而坚硬的磨粒用结合剂黏结而成的多孔物体，如图5-7所示。

(1)砂轮的特性

砂轮的特性对工件的加工精度、表面粗糙度和生产率影响很大。砂轮的特性包括磨料、粒度、结合剂、硬度、组织和尺寸等方面。

① 磨料

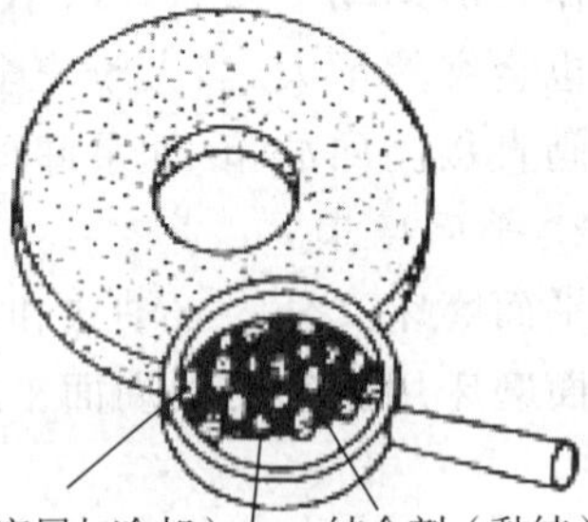

图5-7 砂轮的构造

磨料是砂轮的主要原料，直接担负着切削工作。磨削时，磨料在高温条件下要经受剧烈的摩擦和挤压。所以磨料应具有很高的硬度、耐热性及一定的韧性。常用的磨料有刚玉类和碳化物类两类。其一是刚玉类，其主要成分是Al_2O_3，其韧性好，适用于磨削钢等塑性材料。其代号有：A——棕刚玉，WA——白刚玉等。其二是碳化物类，它的硬度比刚玉类高，磨粒锋利，导热性好，适于磨削铸铁及硬质合金等脆性材料。其代号有：C——黑碳化硅，GC——绿碳化硅等。

② 粒度

粒度是指磨料颗粒的大小。粒度号以其所通过的筛网上每英寸长度内的孔眼数表示，例如粒度60#的磨料是每英寸长度有60个孔眼的筛网筛出来的。粒度号数字越大，颗粒越小。当磨料颗粒小于63μm时称为微粉(W)，其粒度号则以颗粒的实际尺寸表示。一般粗磨时，选择较粗的磨粒(36～60目)，可以提高效率，而精磨时，选择较细的磨粒(60～120目)，可以减小表面粗糙度。

③ 结合剂

砂轮中，将磨粒黏结成具有一定强度性质的物质称为结合剂。砂轮的强度、抗冲击性、耐热性及耐腐蚀性能，主要取决于结合剂性能。

常用的结合剂有：陶瓷结合剂(代号用V表示)、树脂结合剂(B)和橡胶结合剂(R)。

④ 硬度

砂轮的硬度和磨料的硬度是两个不同的概念。砂轮的硬度是指砂轮表面的磨粒在外力作用下脱落的难易程度。容易脱落称为软，反之称为硬。国家标准GB/T 2484—2006《固结磨具 一般要求》规定砂轮硬度用拉丁字母表示，其硬度按递增顺序依次为：A，B，C，D，E，F，G，H，J，K，L，M，N，P，Q，R，S，T，Y。

磨削硬材料时，砂轮的硬度应低些；反之，应高些。成形磨削和精密磨削，硬度应更高些。一般磨削选取硬度为K～R的砂轮。

⑤ 组织

砂轮的组织是指砂轮中磨料、结合剂、气孔三者的体积比例关系。砂轮的组织号数是以磨料所占百分比来确定的。磨料所占体积越大，砂轮的组织愈紧密。砂轮组织号由 0，1，2，…，14 共 15 个号组成，号数愈小，组织愈紧密。组织号为 4～7 的砂轮应用最广，可用于磨削淬火工件及切削工具。0～3 号砂轮用于成形磨削。8～14 号砂轮用于磨削韧性大而硬度低的材料。

⑥ 形状与尺寸

根据机床类型和磨削加工的需要，砂轮制成各种标准形状和尺寸。砂轮的特性一般用代号和数字标注在砂轮上，有的砂轮还标出安全速度。砂轮特性标志及含义举例如下：

p　400×50×203　WA　60　K　5　V　35

- 35（允许的磨削速度 m/s）
- V（结合剂）
- 5（组织号）
- K（硬度）
- 60（粒度）
- WA（磨料）
- 400×50×203（外径×厚度×孔径 mm）
- p（形状）

2. 砂轮的检查、安装、平衡和修整

因为砂轮是在高速运转情况下工作的，所以安装前要通过外观检查和敲击的响声来检查砂轮是否有裂纹，以防高速旋转时砂轮破裂。安装砂轮时，将砂轮松紧合适地套在砂轮主轴上，在砂轮和法兰盘之间垫以 1～2mm 厚的弹性垫圈（皮革或耐油橡胶制成），如图 5-8 所示。

为使砂轮平稳地工作，一般直径大于 125mm 的砂轮都要进行平衡。平衡时将砂轮装在心轴上，再放在平衡架导轨上。如果不平衡，较重的部分总是转在下面，这时可移动法兰盘端面环形槽内的平衡块进行平衡，直到砂轮可以在导轨上任意位置都能静止。这表明砂轮各部分重量均匀，平衡良好。这种方法叫作静平衡，如图 5-9 所示。

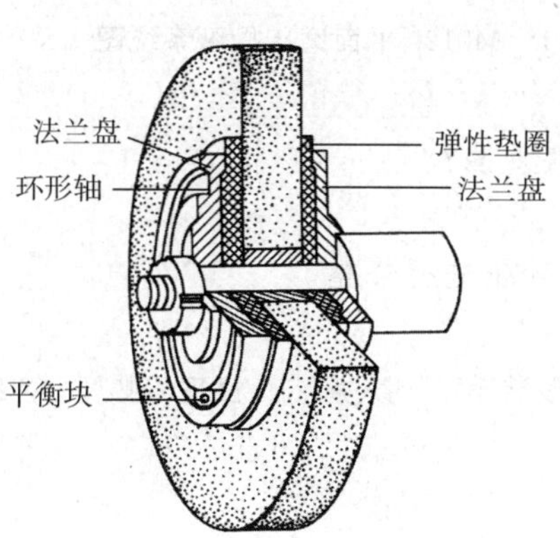

图 5-8　砂轮的安装

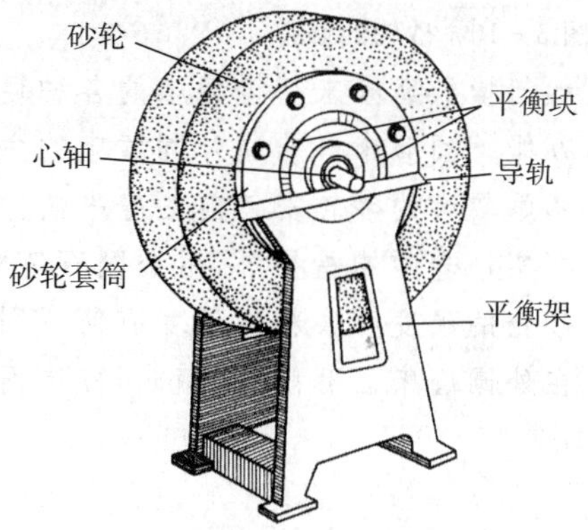

图 5-9　砂轮的平衡

砂轮工作一段时间后，磨粒逐渐变钝，砂轮表面空隙堵塞，砂轮几何形状磨损严重。这时需要对砂轮进行修整，使已磨钝的磨粒脱落，恢复砂轮的切削能力和外形精度。砂轮常用金刚石笔进行修整，如图 5-10 所示。修整时要用大量的冷却液，以防金刚石笔因温度剧升而破裂。

【实训操作与思考】

1. 在实训老师的指导下，对 M1432A 万能外圆磨床进行操纵练习(停车和开车练习，包括砂轮的转动和停止、头架主轴的转动和停止、工作台的往复移动、砂轮架的横向快退或快进、尾架顶尖的运动等)。

2. 在实训老师的指导下，对 M7120 平面磨床(图 5-11)进行操纵练习(停车、开车练习)。

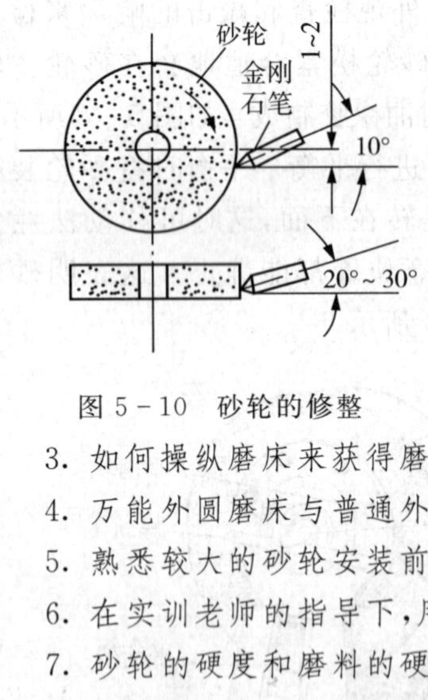

图 5-10　砂轮的修整

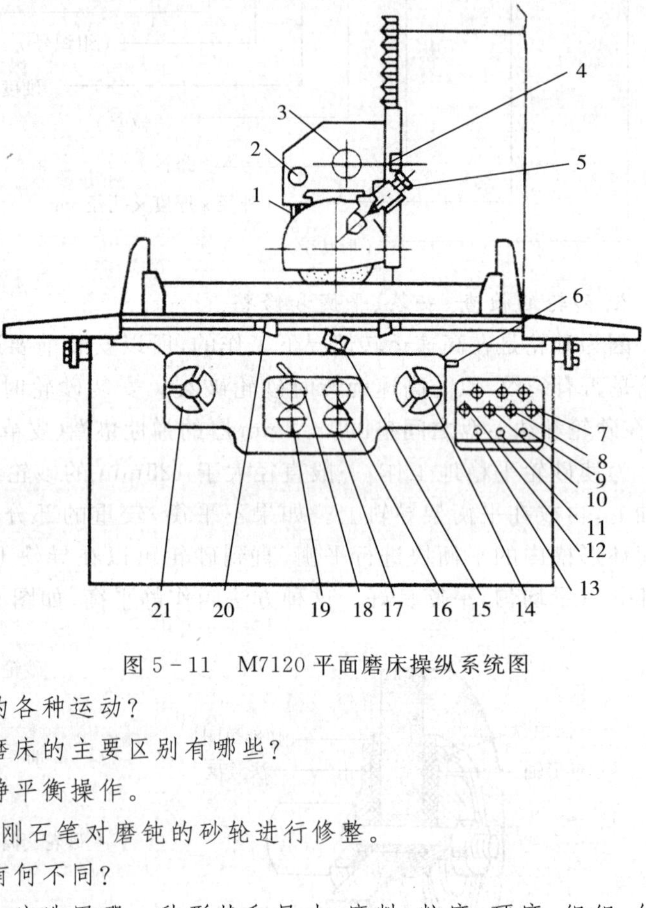

图 5-11　M7120 平面磨床操纵系统图

3. 如何操纵磨床来获得磨床的各种运动？

4. 万能外圆磨床与普通外圆磨床的主要区别有哪些？

5. 熟悉较大的砂轮安装前的静平衡操作。

6. 在实训老师的指导下，用金刚石笔对磨钝的砂轮进行修整。

7. 砂轮的硬度和磨料的硬度有何不同？

8. 在外圆磨床上磨削 45 钢时，应选用哪一种形状和尺寸、磨料、粒度、硬度、组织、结合剂的砂轮？

任务 5.3　磨　平　面

知识目标

了解外圆、内圆磨削加工工艺特点；

了解磨削液的种类及作用；
熟悉平面磨床上工件的装夹方法；
熟悉磨平面的加工方法。

技能目标

掌握工件在磨床上的正确装夹方法；
熟练掌握平面磨削方法。

任务内容

在平板零件上进行平面磨削操作练习。

5.3.1　工件的装夹方法

在平面磨床上，是采用电磁吸盘工作台吸住工件的。电磁吸盘工作台的工作原理如图5－12所示。当线圈中通过直流电时，芯体被磁化，磁力线由芯体经过盖板—工件—盖板—吸盘体而闭合，工件被吸住。绝磁层由铅、铜或巴氏合金等非磁性材料制成，它的作用是使绝大部分磁力线都通过工件再回到吸盘体，以保证工件被牢固地吸在工作台上。

当磨削键、垫圈、薄壁套等尺寸小的零件时，由于工件与工作台接触面积小，吸力弱，容易被磨削力弹出而造成事故。所以装夹这类工件时，还需在工件四周或左右两端用挡铁围住，以防工件移动，如图5－13所示。

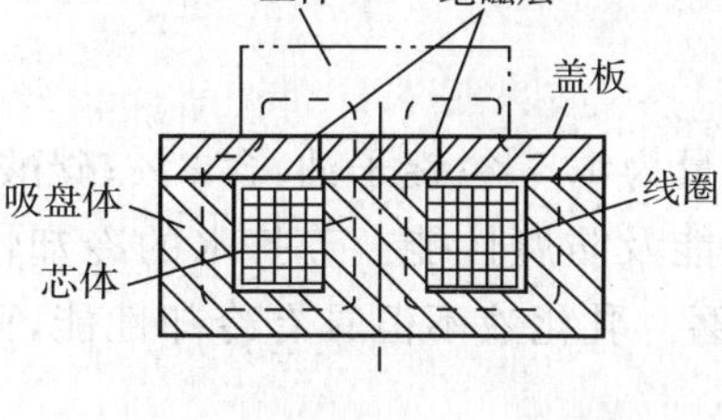

图5－12　电磁吸盘的工作原理图

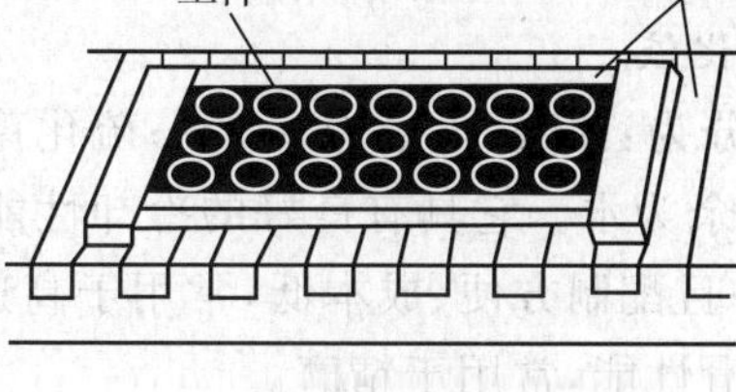

图5－13　用挡铁围住小工件

5.3.2　磨平面方法

磨削平面时，一般是以一个平面为定位基准，磨削另一个平面。如果两个平面都要求磨削并要求平行时，可互为基准反复磨削。常用磨削平面的方法有周磨法和端磨法两种，如图5－14所示。

1. 周磨法

如图5－14(a)所示，用砂轮圆周面磨削工件。周磨法的砂轮与工件的接触面积小，排屑和冷却条件好，工件发热变形小，而且砂轮圆周表面磨削均匀，所以能获得较高的加工质量，但磨削的生产率低，适用于精磨。

2. 端磨法

如图5－14(b)所示，用砂轮端面磨削工件。端磨法的特点与周磨法相反，磨削生产率高，但磨削的精度低，适用于粗磨。

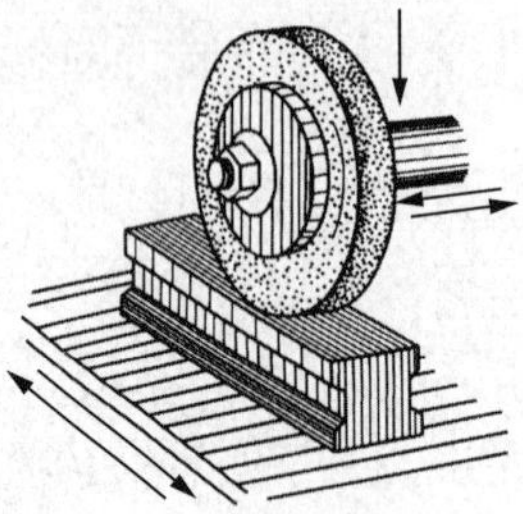

（a）周磨法

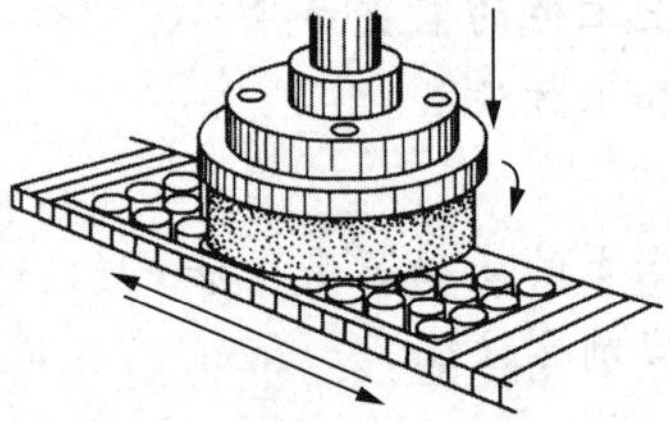

（b）端磨法

图 5-14　磨平面的方法

5.3.3　磨削液

磨削液的主要作用是：降低磨削区的温度，起冷却作用；减少砂轮与工件之间的摩擦，起润滑作用；还能冲走脱落的砂粒和磨屑，防止砂轮堵塞。磨削液的使用对磨削质量有重要影响。

常用的磨削液有苏打水和乳化液二种。

1. 苏打水

其成分为：无水碳酸钠（Na_2CO_3），即纯碱，又名苏打粉，含量为 1%；亚硝酸钠（Na_2NO_2），含量为 0.25%；其余为水。它具有良好的冷却性能、防腐性能及洗涤性能，而且对人体无害，成本低，是应用最广的一种磨削液。

2. 乳化液

其成分为：油酸，含量为 0.5%；硫化蓖麻油，含量为 1.5%；锭子油，含 8%；碳酸钠，含量为 1%；其余为水。它具有良好的冷却性能、润滑性能及防腐性能。苏打水的冷却性能高于乳化液，并且配制方便、成本低，常用于高速强力粗磨。乳化液不但具有冷却性能，而且具有良好的润滑性能，常用于精磨。

【实训操作与思考】

1. 对如图 5-15 所示工件进行平面磨削。

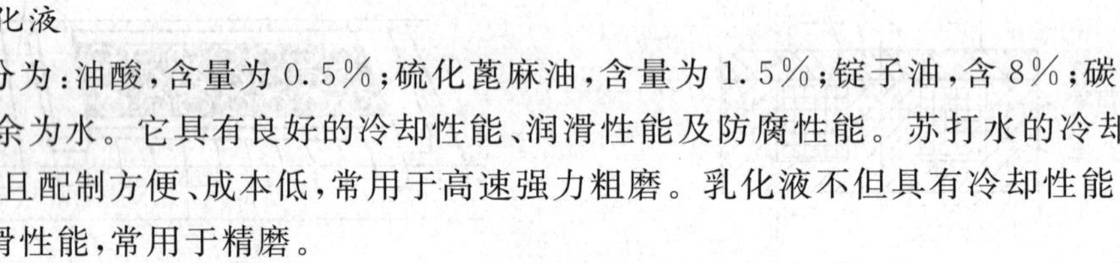

图 5-15　磨平面工件图(材料:45 钢)

2. 常用磨削平面的方法有几种？各有何优缺点？
3. 磨削液的主要作用是什么？常用磨削液有几种？如何应用？
4. 磨削平面时的操作要点是什么？

任务5.4　磨外圆与磨内圆

知识目标

了解磨削外圆、磨削内圆的加工工艺特点；

了解磨削外圆、磨削内圆时的工件装夹方法；

熟悉磨削外圆、磨削内圆的操作方法。

技能目标

掌握工件在内、外圆磨床上的正确装夹方法；

熟练掌握内圆、外圆的磨削方法。

任务内容

分组进行磨削内圆、磨削外圆操作练习。

5.4.1　磨外圆

1. 工件的装夹方法

在外圆磨床上磨削外圆表面常用的装夹方法有三种。

(1)顶尖装夹

轴类零件常用双顶尖装夹。其装夹方法与车削中所用的方法基本相同。但磨床所用的顶尖都是不随工件转动的，这样可以提高定位精度，避免由于顶尖转动而带来误差。尾顶尖是靠弹簧推力顶紧工件的，可以自动控制松紧度。顶尖装夹工件如图5-16所示。

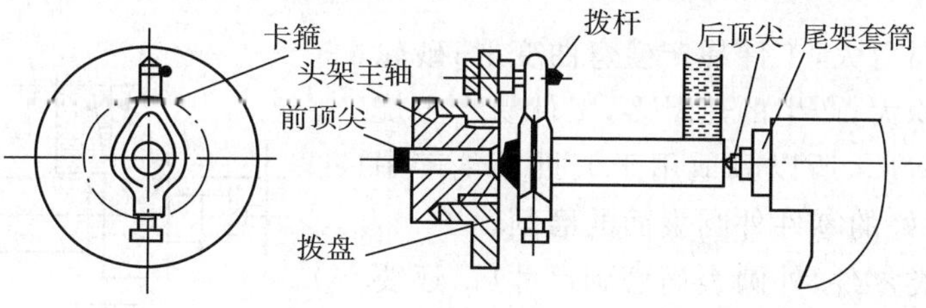

图5-16　双顶尖装夹工件

磨削前，要修研工件中心孔，以提高定位精度。一般是用如图5-17(a)所示四棱硬质合金顶尖在车床上修研，研亮即可。当定位精度要求较高时，可选用油石顶尖或铸铁顶尖进行修研，如图5-17(b)所示。

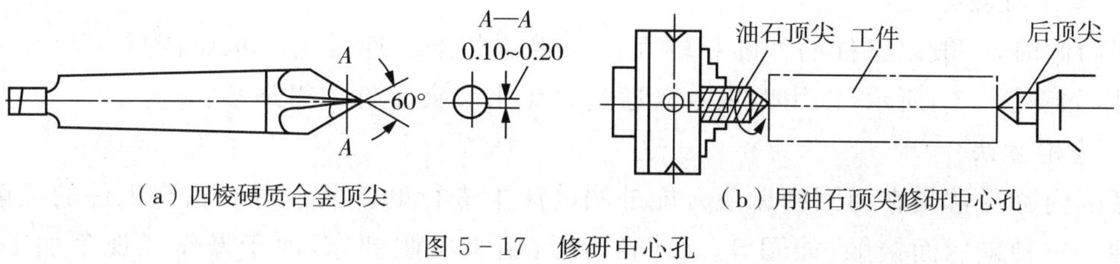

(a) 四棱硬质合金顶尖　　(b) 用油石顶尖修研中心孔

图5-17　修研中心孔

(2)卡盘装夹

磨削短工件的外圆时用三爪或四爪卡盘装夹。其装夹方法与车床上的装夹方法基本相同。用四爪卡盘装夹工件时,要用百分表找正。

(3)心轴装夹

盘套类空心工件常以内孔定位进行磨削。其装夹方法与车床上装夹基本相同,但磨削用的心轴精度要求更高些。

2. 磨削方法

在外圆磨床上,磨削外圆的常用方法有纵磨法和横磨法。

(1)纵磨法

磨削外圆时,工件转动并随工作台纵向往复移动,每次纵向行程终了(或双行程终了)时,砂轮做一次横向进给(磨削深度)。当工件磨到接近最后尺寸时,可做几次无横向进给的光磨行程,直到火花消失为止,如图 5-18 所示。

纵磨法的磨削精度高,表面粗糙度 Ra 值小,适应性好,广泛用于单件、小批量生产中。

(2)横磨法

磨削外圆时,工件不做纵向进给运动,砂轮以缓慢的速度连续或间断地向工件做横向进给运动,直至磨去全部余量为止,如图 5-19 所示。

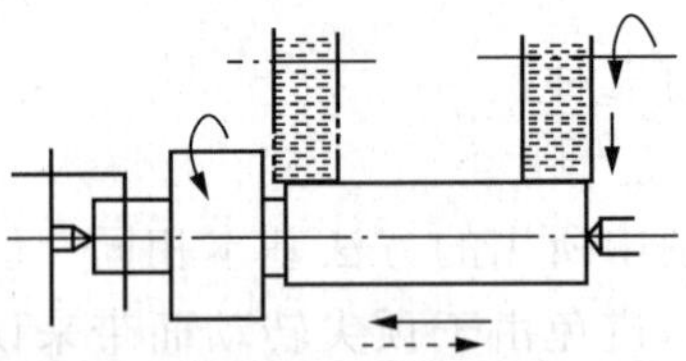

图 5-18 纵磨法

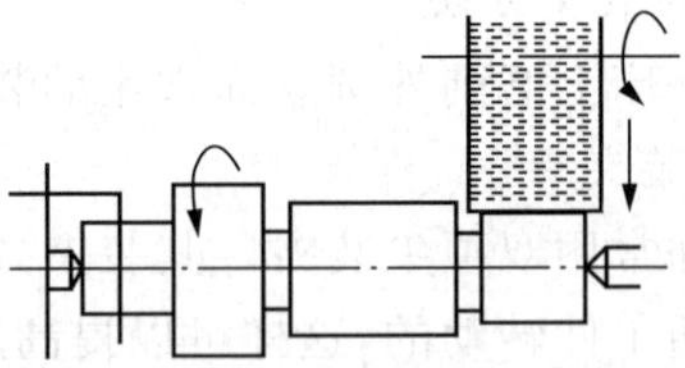

图 5-19 横磨法

横磨法的径向力大,工件易产生弯曲变形;砂轮与工件的接触面积大,产生的热量多,工件易产生烧伤现象,但生产率高。所以只适用于大批量生产中精度要求低、刚性好的零件外圆表面的磨削。

对于阶梯轴类零件,外圆表面磨到尺寸后,还要磨削轴肩端面,只需用手摇动纵向移动手柄,使工件的轴肩端面靠向砂轮,磨平即可,如图 5-20 所示。

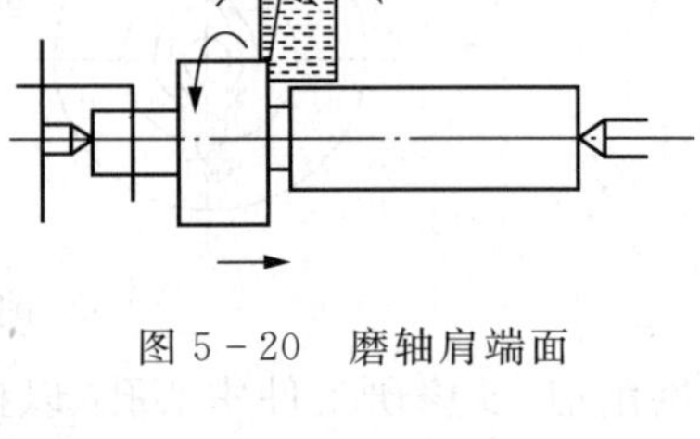

图 5-20 磨轴肩端面

5.4.2 磨内圆

1. 工件的装夹

磨内圆时,一般以工件的外圆和端面作为定位基准。通常用三爪或四爪卡盘等夹具装夹工件,如图 5-21 所示,以用四爪卡盘通过找正来装夹工件用得最多。

2. 磨削方法

磨削内圆通常是在内圆磨床或万能外圆磨床上进行的。磨削时砂轮与工件的接触方式有两种。一种是后面接触,如图 5-22(a)所示,用于内圆磨床,便于操作者观察加工表面。

另一种是前面接触，如图 5-22(b)所示，用于万能外圆磨床，便于自动进给。

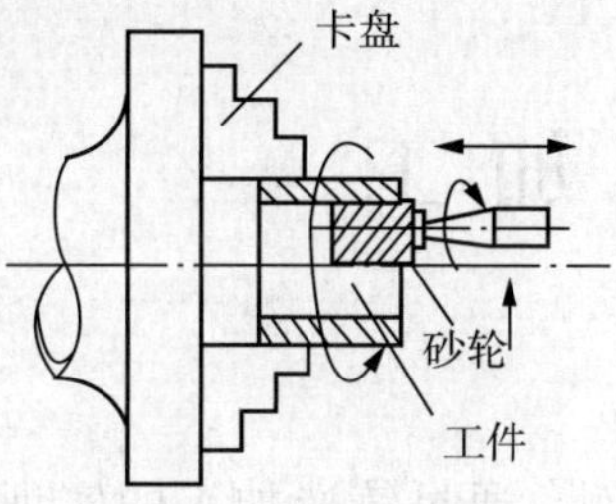

图 5-21　卡盘装夹工件

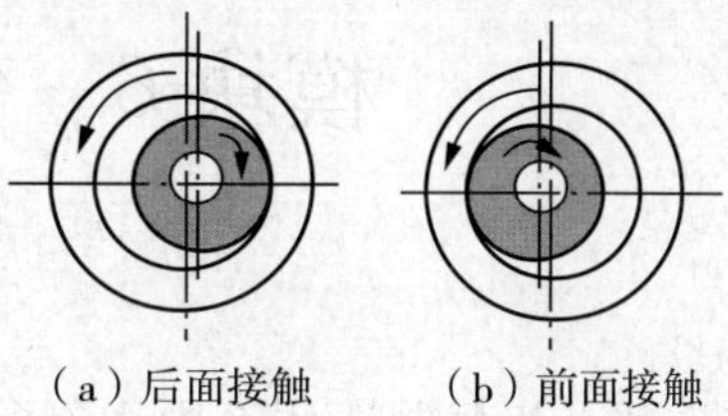

图 5-22　砂轮和工件的接触方式

【实训操作与思考】

1. 在外圆磨床上，对图 5-23 所示的工件进行磨削（磨削步骤：磨削外圆—磨削右端外圆—磨削右端轴肩—磨削左端外圆—磨削左端轴肩）。

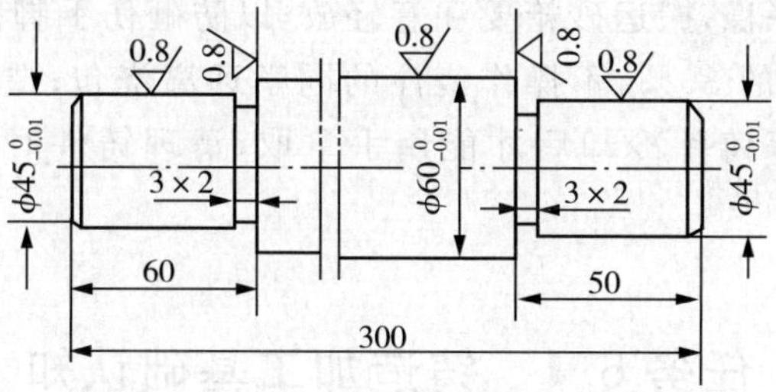

图 5-23　磨外圆工件图(材料:45 钢)

2. 为什么磨外圆时工件和砂轮的转向相同？磨削内圆时工件与砂轮的转向相反？

模块6 铸造加工

铸造加工在整个机械制造体系中占有很大的比例。通过铸造加工的实训操作，可以让学生了解铸造生产的工艺过程及其特点和应用；熟悉砂型铸造的主要造型方法的工艺过程、特点与应用，并能够进行独立操作；分清砂型铸造的零件、模样和铸件的主要区别；掌握型砂、芯砂等造型材料的性能、组成及其制备过程；了解冲天炉的构造特点、冲天炉的炉料及铸铁的熔炼和浇注，参加浇注作业，并会分析一般铸件的常见外观缺陷产生的原因。

在本工种操作过程中，一定要严格注意以下安全措施：操作前，操作者要穿戴好防护用品；操作时，砂箱堆放要平稳，搬运砂箱要注意轻放，以防砸伤手脚；浇包内的金属液不可过满，一般不超过浇包容量的80%，不操作浇注的同学远离浇包；造型(芯)时不可用嘴吹型(芯)砂。操作完后，要等铸件冷却后才能用手拿取，清理铸件时，要注意周围环境，以防伤人。

任务6.1 铸造加工基础认知

知识目标

了解铸造特点及应用；

了解砂型的组成；

熟悉砂型铸造的工艺过程。

技能目标

掌握砂型铸造的工艺过程；

能正确完成造型、造芯等操作。

任务内容

完成普通压盖铸件的造型、造芯等操作练习。

6.1.1 铸造加工基本知识

首先制造铸型，再熔炼金属并将熔融金属浇入铸型，凝固后获得一定形状和性能铸件的成形方法称为铸造。其特点是金属在液态下成形。铸件一般作为零件的毛坯，要经过切削加工后才能成为零件。但若采用精密铸造方法或对零件的精度要求不高时，铸件也可不经切削加工而直接使用。

通常用于铸造的金属有铸铁、铸钢和铸造有色金属，其中以铸铁应用最广。

由于铸造时金属处在液态下成形，因此可用铸造方法制造形状复杂，特别是具有复杂内腔的铸件，如箱体、气缸体、机座、机床床身等。铸件的质量可以从几克到百吨以上。铸件的成本低，一般不需要昂贵的设备，原材料来源广、价格低，可利用废机件和金属切屑。

铸造也存在一定缺点。铸件的力学性能较低，所以铸件较笨重，从而增加了机器的质量。铸造的工序多，铸件质量不稳定，废品率较高。

铸造生产的方法很多，主要分为砂型铸造和特种铸造两类。砂型铸造是用型砂压实成铸型的铸造方法。除砂型铸造外，其他的铸造方法称为特种铸造，如金属型铸造、压力铸造、离心铸造、熔模铸造等。砂型铸造具有较大的灵活性，对不同的生产规模，不同的铸造合金都能适用，因此应用最为广泛。

6.1.2　砂型铸造工艺

1. 砂型铸造的工艺过程

砂型铸造的主要工序为制造模样和芯盒、制备型砂及芯砂、造型、造芯、合型、熔化金属及浇注、铸件凝固后开型落砂、表面清理和质量检验。大型铸件的铸型型芯，在合型前还需烘干。图6-1所示为普通压盖铸件的生产过程。

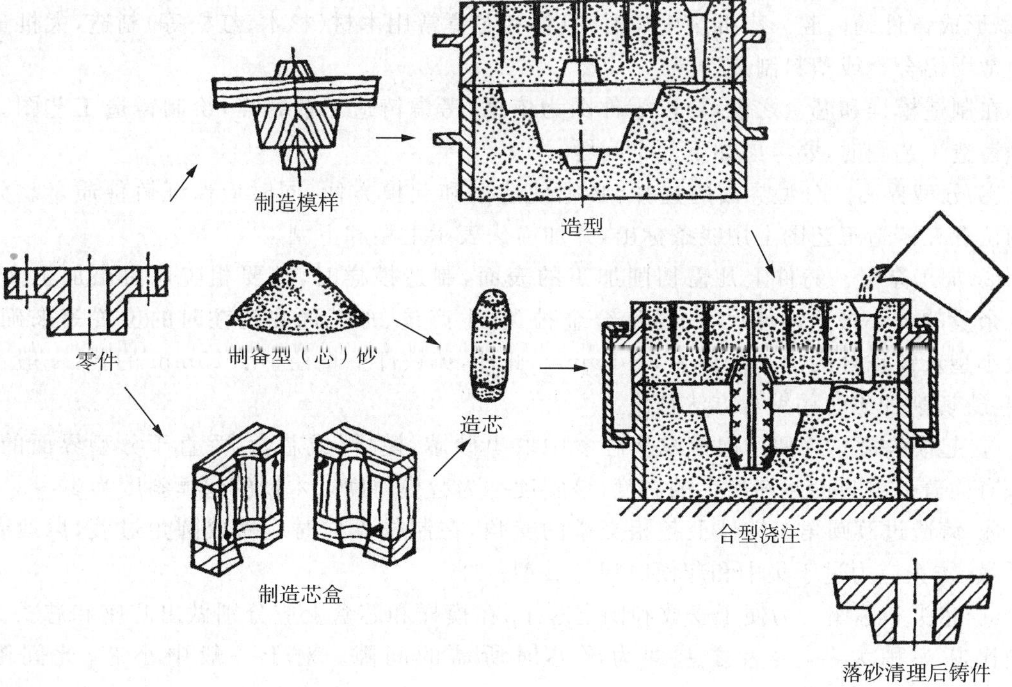

图6-1　普通压盖铸件的生产流程

2. 砂型组成

图6-2所示为合型后的砂型。型砂被舂紧在上、下砂箱之中，连同砂箱一起，称作上砂型和下砂型。砂型中取出模样后留下的空腔称为型腔。上下砂型间的结合面称为分型面。使用芯（芯子）的目的是为了获得铸件的内孔，芯的外伸部分称为芯头，用以定位和支承芯

子。铸型中专为放置芯子芯头的空腔称为芯座。

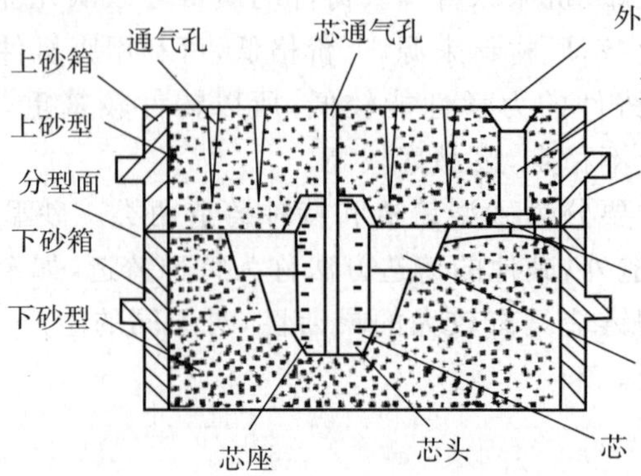

图 6-2 砂型

金属液从外浇口浇入，经直浇道、横浇道、内浇道而流入型腔。型砂及型腔中的气体由通气孔排出，而被高温金属液包围后芯中产生的气体则由芯通气孔排出。

3. 模样和芯盒

模样和芯盒是造型和造芯用的模具。模样用来造型，以形成铸件的外形，芯盒用来造芯，以形成铸件的内腔。小批量生产时，模样和芯盒常用木材（杉木、红松等）制造，大批量生产中常用铝合金或塑料制造。

在制造模样和芯盒之前，要以零件图为依据，考虑铸造工艺特点，绘制铸造工艺图。在绘制铸造工艺图时，要考虑如下几个问题：

① 分型界面。分型界面的选择，必须使造型和起模方便，同时应保证铸件质量。分型面的位置在铸造工艺图上用线条标出，并加箭头表示上型和下型。

② 加工余量。铸件上凡需切削加工的表面，制造模样时，都要相应地留出加工余量。加工余量的大小根据铸件尺寸、铸造合金种类、生产量、加工面在浇注时的位置等来确定。一般小型灰铸铁件的加工余量为 3～5mm。此外，铸铁件上直径小于 25mm 的孔，一般不予铸出，待切削加工时用钻孔方法钻出。

③ 起模斜度。为便于起模或从芯盒中取出砂芯，模样（或芯盒）垂直于分型界面的壁，应该有向着分型界面逐渐增大的斜度，该斜度称为起模斜度。木模的起模斜度为 1°～3°。

④ 铸造过渡圆角。铸件上各相交壁的交角，在制作模样时应做成圆角过渡，以改善铸件质量，防止应力过于集中和起模时损坏砂型。

⑤ 芯头和芯座。为便于安放和固定芯子，在模样和芯盒上应分别做出芯座和芯头。芯座应比芯头稍大些，两者之差即为下芯时所需的间隙。对于一般中小芯，此间隙约为0.25～1.5mm。

⑥ 收缩预留余量。液态金属在砂型里凝固时要收缩，为了补偿铸件收缩，模样比铸件图样尺寸增大的数值，称为收缩预留余量。收缩余量主要根据合金的线收缩率来确定。各种合金的线收缩率如下：灰铸铁约为 1.0%，铸钢约为 2.0%，铜、铝合金约为 1.5%。例如，某一灰铸铁件的长度为 100mm，线收缩率为 1.0%，则收缩余量为 1mm，模样长度为 101mm。

制造模样时，应采用已考虑了收缩率的缩尺来进行度量，以简化制模时尺寸的折算。缩尺是按照合金的线收缩率放大而做成的，如收缩率为1.0%的缩尺上1mm代表实际尺寸1.01mm。常用的缩尺有1.0%、1.5%和2.0%等规格。

【实训操作与思考】

1. 试述铸造生产的特点、优缺点及应用。
2. 试述砂型铸造的工艺过程及砂型的组成。
3. 模样、铸件和零件三者在形状与尺寸上有何区别？能否用铸件代替模样来造型？

任务6.2　型砂和芯砂

知识目标

了解型砂和芯砂的主要性能；

熟悉型砂和芯砂的组成；

掌握型砂和芯砂的制备方法。

技能目标

熟练掌握型砂和芯砂的制备方法。

任务内容

按配比要求，进行配制型砂和芯砂操作练习。

砂型和芯分别是用型砂和芯砂制造的。型(芯)砂是由原砂、黏结剂、水和附加物按一定比例混合制成。黏结剂种类很多，有黏土、水玻璃、桐油、合脂等，应用最广的是价廉而产量丰富的黏土。用黏土作为黏结剂的型(芯)砂称为黏土砂。用水玻璃、桐油、合脂等作黏结剂的型(芯)砂则分别称为水玻璃砂、油砂、合脂砂等。图6-3所示为黏土砂结构示意图。

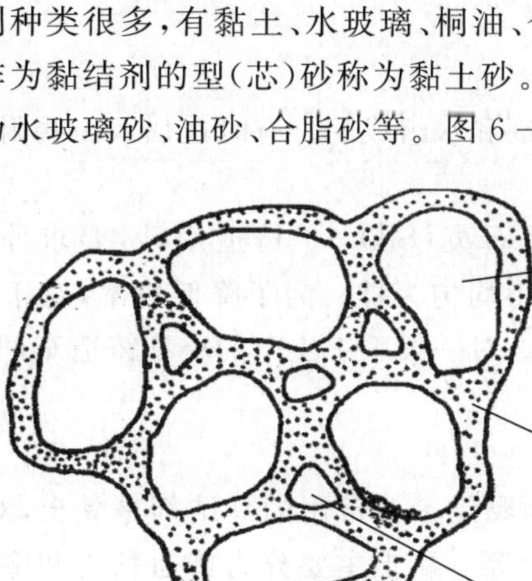

图6-3　黏土砂结构示意图

型砂和芯砂的成分和性能对铸件的质量有很大的影响，因此对型(芯)砂的质量要进行控制。

6.2.1 型砂和芯砂应具备的主要性能

1. 强度

型砂和芯砂抵抗外力破坏的能力称为强度。型(芯)砂强度过低,易造成塌箱、冲砂和砂眼等缺陷;强度过高,则易使型(芯)砂透气性和退让性变坏。型(芯)砂的强度随黏土含量和砂型紧实度的增加而增加。砂的粒度愈细,强度愈高。含水量对型(芯)砂的强度也有很大影响,含水过多或过少均使强度变低。

2. 透气性

紧实的型砂和芯砂允许气体透过的能力称为透气性。透气性不好,易在铸件内部形成气孔等缺陷。砂的颗粒粗大、均匀、圆润度高,黏土含量少,砂舂得紧实度低,均可使型砂和芯砂透气性提高。含水量过少时,砂粒表面黏土膜不光滑,透气性不高;含水量过多,空隙被堵塞,也使透气性降低。

3. 耐火性

型砂和芯砂在液态金属作用下,不软化、不熔融的性能称为耐火性。耐火性差,型(芯)砂将黏在铸件表面,产生黏砂,使铸件清理和切削加工困难。砂中二氧化硅含量高而杂质少时,其耐火性好。圆形和大颗粒砂比多角形和细小颗粒的砂耐火性好。

4. 退让性

铸件在冷却收缩时型砂和芯砂是否易被压缩的性能称为退让性。退让性差,阻碍铸件的收缩,造成较大的内应力,容易导致铸件变形,甚至开裂。浇注后,型砂的高温强度愈低,其退让性愈好。

由于芯在浇注时完全被高温液体金属所包围,因此,芯砂对上述性能的要求比型砂更高。此外,还要求芯砂的吸湿性要小,发气量要少以及落砂性要好等。

6.2.2 型砂和芯砂的组成

通常型(芯)砂是由原砂、黏结剂和水组成的。有时也加入一些附加物,如煤粉、木屑等。

1. 原砂

原砂即新砂,它的主要成分是石英(SiO_2)。铸造用砂,要求原砂中二氧化硅含量为85%~97%。砂的颗粒以圆形、大小均匀为佳。为了降低成本,对于已用过的旧砂,经过适当处理后,还可以掺在新砂中使用。对一般手工生产的小型铸造车间,往往只将旧砂过筛一次去除砂团、铁钉、木片等杂物。

2. 黏结剂

能使砂粒相互黏结的物质称为黏结剂。常用的黏结剂是黏土,对型(芯)砂有特殊性能要求时还可以用水玻璃、桐油、合脂等。黏土主要分为普通黏土和膨润土两类。湿型(造型后砂型不烘干)型砂普遍采用黏结性能较好的膨润土,而干型(造型后将砂型烘干)型砂多用普通黏土。

3. 附加物

为了改善型(芯)砂性能而加入的物质称为附加物。例如,在型砂中加入煤粉可防止铸件黏砂,使铸件表面光洁;加入木屑,可改善铸型和芯的退让性和透气性。

4. 水

水可使黏土和原砂混成一体，并具有一定的强度和透气性。水分过多，易使型砂湿度过大，强度低，造型时易黏模，使造型操作困难；水分过少，型砂则干而脆，造型和起模困难。因此，水分要适当，当黏土和水分的重量比为 3∶1 时，强度达最大值。

5. 扑料和涂料

为防止铸件表面黏砂，并使铸件表面光滑，常在铸型型腔表面覆盖一层耐火材料。通常在铸件的湿型表面，扑撒一层石墨粉或滑石粉；铸钢件的湿型表面，扑撒石英粉加黏土。

6.2.3 型砂和芯砂的制备

1. 型砂和芯砂常用的配比

型(芯)砂组成物需按一定的比例配制，以保证一定的性能。型(芯)砂有多种配比方案，下举两例，仅供参考。

例1 小型铸铁件湿型型砂的配比：新砂 10%～20%，旧砂 80%～90%；另加膨润土 2%～3%，煤粉 2%～3%，水 4%～5%。

例2 铸铁中小件芯砂的配比：新砂 40%，旧砂 60%；另加黏土 5%～7%，纸浆 2%～3%，水 7.5%～8.5%。

在同一砂型内，与液态金属接触的面层型砂比背部砂要求高，因此型砂又有面砂和背砂（又称填充砂）之分。

2. 型砂和芯砂的制备

型(芯)砂的性能不仅取决于其配比，还与配砂的工艺操作有关。混碾愈均匀，型(芯)砂的性能愈好。型(芯)砂的混制工作在混砂机中进行，目前工厂常用的是辗轮式混砂机，如图 6-4 所示。混砂工艺是：按比例将新砂、旧砂、黏土、煤粉等加入混砂机中先干混 2～3 分钟，混拌均匀后再加水或液体黏结剂（水玻璃、桐油等）湿混 10 分钟左右，即可出砂。混制好的型砂应堆放 2～4 小时，使水分分布得更均匀，这一过程叫调匀。型砂在使用前还需进行松散处理，使砂块松开，空隙增加。

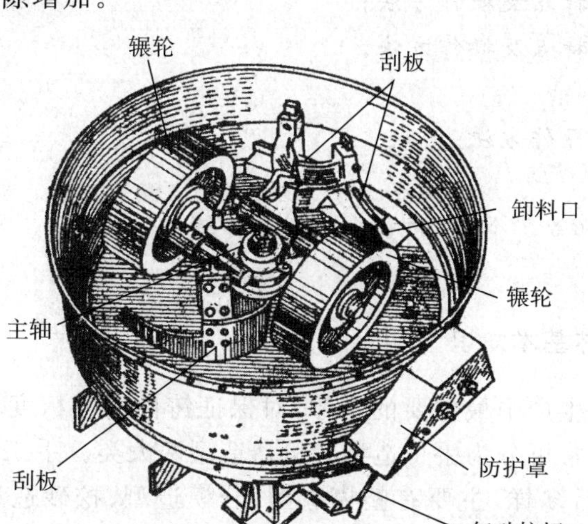

图 6-4 辗轮式混砂机

型(芯)砂的性能用型砂性能试验仪检测,单件、小批量生产时,可用手捏检验法,如图6-5所示。当型砂湿度适当时,可用手捏成团,手放开后不松散,手上不黏砂,往上一抛就散开,此时的型砂湿度即可满足要求。

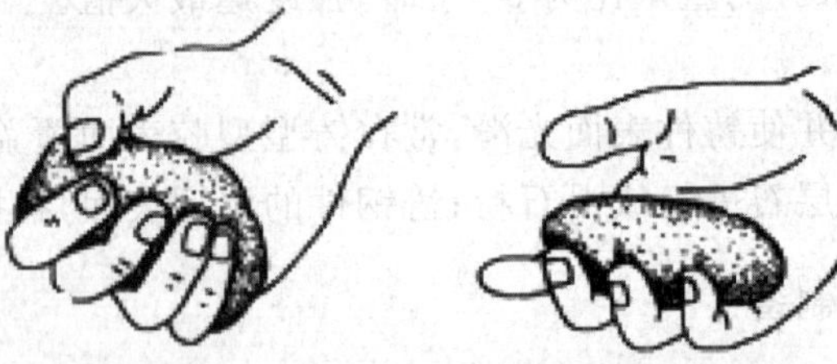

图 6-5 手捏检验法

【实训操作与思考】

1. 在实训老师的指导下,按规定的配比配制黏土砂。

2. 型砂中加入的木屑、煤粉起什么作用?

3. 型砂反复使用后,为什么性能会降低?再次使用旧砂有什么意义?如何用简易办法判断型砂性能是否符合要求?

任务 6.3 常见的造型及造芯

知识目标

了解造型和造芯基本知识;

熟悉分模造型工艺特点及操作方法;

掌握整模造型工艺特点及操作方法。

技能目标

熟练掌握整模造型操作方法。

任务内容

分组进行一般铸件(带1个芯)的整模造型操作练习。

6.3.1 造型和造芯基本知识

造型和造芯是铸造生产中最主要的工序,对保证铸件尺寸精度和提高铸件质量有着重要的影响。造型方法通常可分为手工造型和机器造型两大类。手工造型主要用于单件或小批量生产,手工造型灵活多样,主要有整模造型、分模造型、挖砂造型、假箱造型、刮板造型等。机器造型主要用于大批量生产。

在此我们仅介绍整模造型和分模造型。

6.3.2 整模造型和造芯

1. 整模造型

(1)砂箱及造型工具

手工造型常用的砂箱和造型工具如图6-6所示。砂箱常用铝合金或灰铸铁制成,它的作用是在造型、运输和浇注时支承砂型,防止砂型变形或损坏。底板用于放置模样。舂砂锤的尖头用于舂砂,平头用于打紧砂箱顶部的砂。手风箱(又称皮老虎)用于吹去模样上的型砂及散落在型腔中在散砂。墁刀(砂刀)用于修平及挖沟槽。秋叶(圆勺、压勺)用于修凹的曲面。砂钩(提钩)用于修深而窄的底面或侧面和勾出砂型中的散砂。

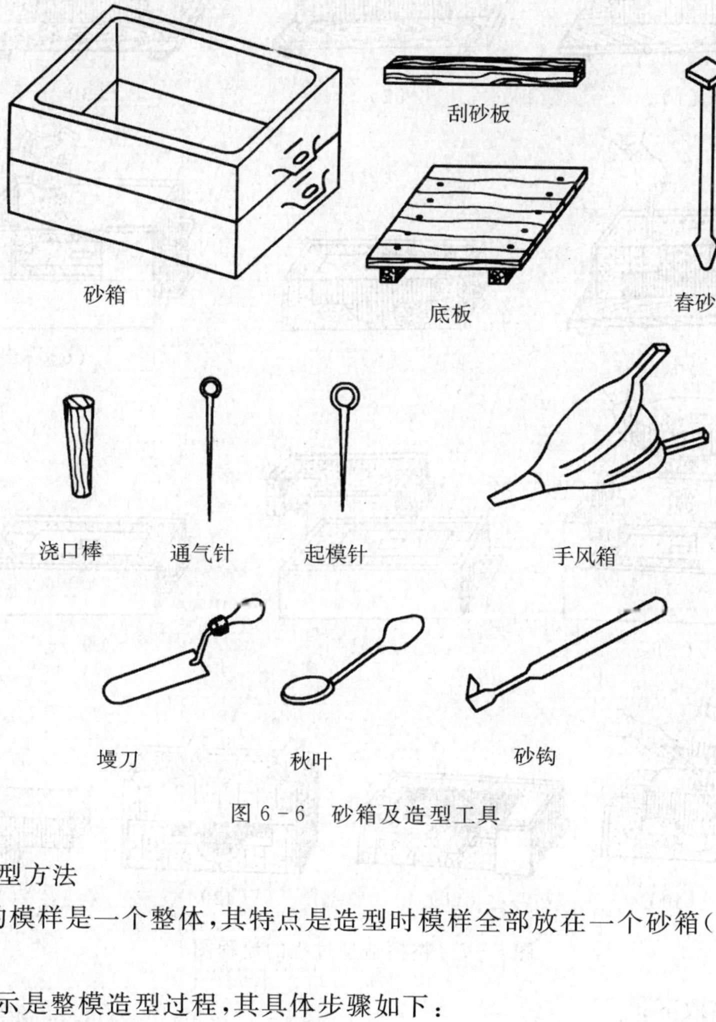

图6-6 砂箱及造型工具

(2)整模造型方法

整模造型的模样是一个整体,其特点是造型时模样全部放在一个砂箱(下箱)内,分型面为平面。

图6-7所示是整模造型过程,其具体步骤如下:

① 把模样放在底板上;

② 放好下砂箱,撒上厚度20mm左右的面砂,再加填充砂;

③ 均匀捣实每层型砂,刮去多余型砂;

④ 扎通气孔;

⑤ 翻转下砂箱，用墁刀修光分型面；

⑥ 套上上砂箱，撒分型砂；

⑦ 放浇口棒，加填充砂，并使其紧实，刮多余型砂，扎通气孔，拔出浇口棒，在直浇道上部挖出如图 6－7 中(12)所示型芯，划合型线；

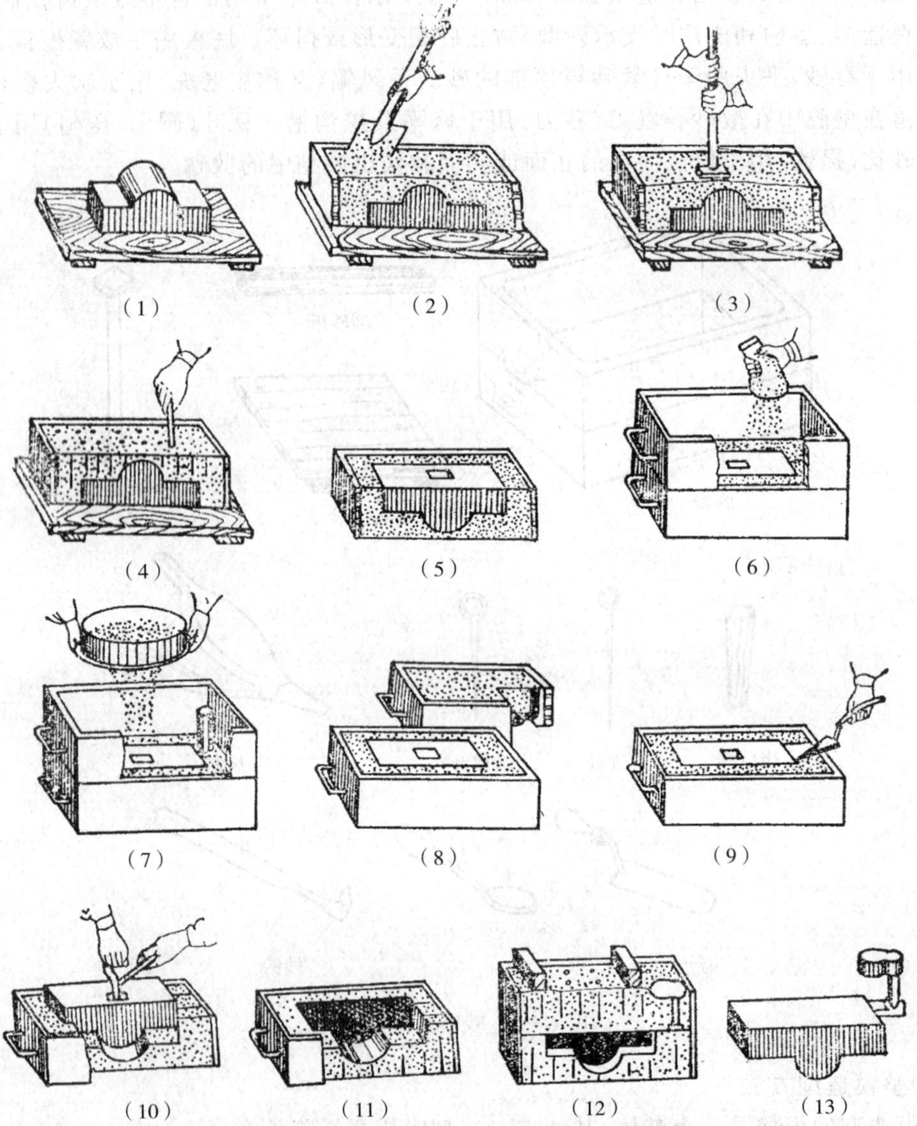

图 6－7　整模造型过程的流程图

⑧ 把上砂箱取下；

⑨ 在下砂箱上挖出内浇道，用毛笔沾水把模样边缘润湿；

⑩ 用起模针起出模样；

⑪ 修型，吹去多余砂粒，撒石墨粉；

⑫ 合型，紧固上、下砂型，或放上压铁；

⑬ 通过浇注，凝固冷却，待落砂后，得到带浇注系统的铸件。

整模造型操作简便，铸件不会由于上、下砂型错位而产生错型缺陷，形状、尺寸较准确。整模造型适用于最大截面靠一端且为平面的铸件，如压盖、齿轮坯、轴承座等。

(3)浇注系统

浇注时为了将金属液引入型腔而在铸型中开出的通道，称为浇注系统。浇注系统的作用是：保证金属液平稳、连续、均匀地流入型腔，避免冲坏铸型；防止熔渣、砂粒或其他杂质进入型腔；调节铸件的凝固程序或补给铸件在冷凝收缩时所需要的液态金属。一般浇注系统由四个部分组成，如图 6-8 所示。但是，并不是每个铸件都具有这四个部分，如一些简单的小铸件，有时只有直浇道而无横浇道。

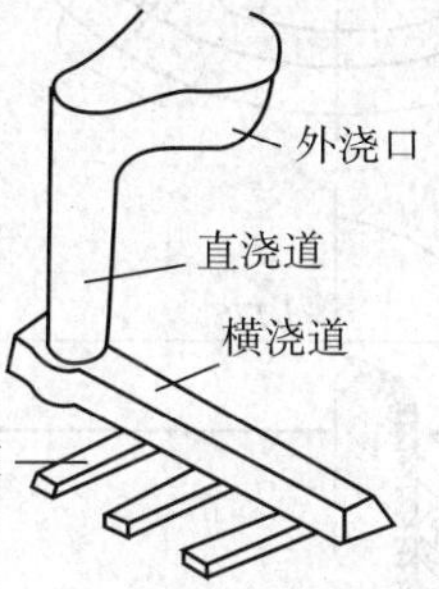

(a) 带盆形外浇口的浇注系统

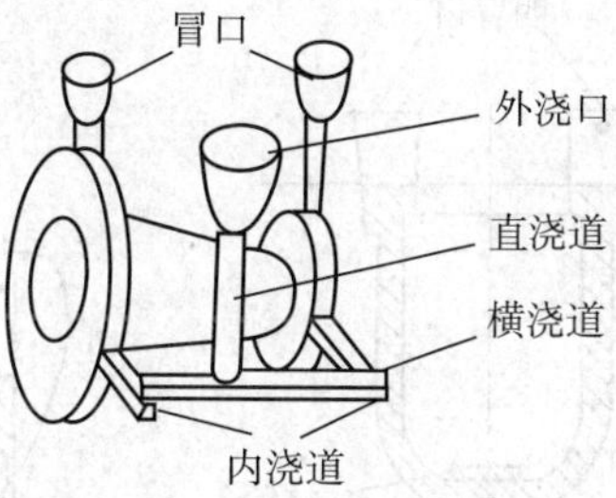

(b) 带漏斗形外浇口的浇注系统

图 6-8 浇注系统的组成

外浇口(又称浇口杯)的作用是承受从浇包倒出来的金属液，减轻金属液对铸型的冲击和分离熔渣，因此，浇注时应随时一直保持充满状态，不得断流。对大、中型铸件常用盆形外浇口，如图 6-8(a)所示；对小型铸件常用漏斗形外浇口，如图 6-8(b)所示。

直浇道是外浇口下面的一段圆锥形(上大下小)的垂直通道。它可用来调节金属液流入铸型的速度，并产生一定的压力。直浇道愈高，金属液流入铸型的速度愈快，对型腔内金属液的压力愈大，愈容易充满型腔的细薄部分。

横浇道是开设在直浇道下方、内浇道上方的水平通道，其截面形状多为梯形。它能进一步起挡渣作用，同时可减缓金属液流动的速度，使其平稳地通过内浇道进入型腔。为了起到挡渣作用，浇注过程中横浇道应该始终被充满。

内浇道是把金属液直接引入型腔的通道，常设置在下箱的分型面上，其截面形状多为扁梯形或三角形。内浇道的作用是控制金属液流入型腔的速度和方向，调节铸件各部分的冷却速度。为避免金属液直接冲击芯子或型腔，内浇道不能正对芯子或型壁。

(4)冒口与冷铁

对于大铸件或收缩率大的合金铸件，凝固时收缩大，如不采取措施，在最后凝固的地方(一般是铸件的厚壁部分)，会形成缩孔和缩松。为使铸件在凝固的最后阶段能及时地得到金属液而增设的补缩部分称为冒口。冒口的大小、形状应保证其在铸型中最后凝固，这样才能保证由铸件至冒口的凝固顺序。冒口有明冒口和暗冒口两种，如图 6-9 所示。明冒口如图 6-9(a)所示，位置一般设在铸件的最高部位，其顶面敞露在铸型外面，它除了起补缩作用外，还有排气和集渣作用，此外，还可以通过它观察到金属液是否充满了型腔。

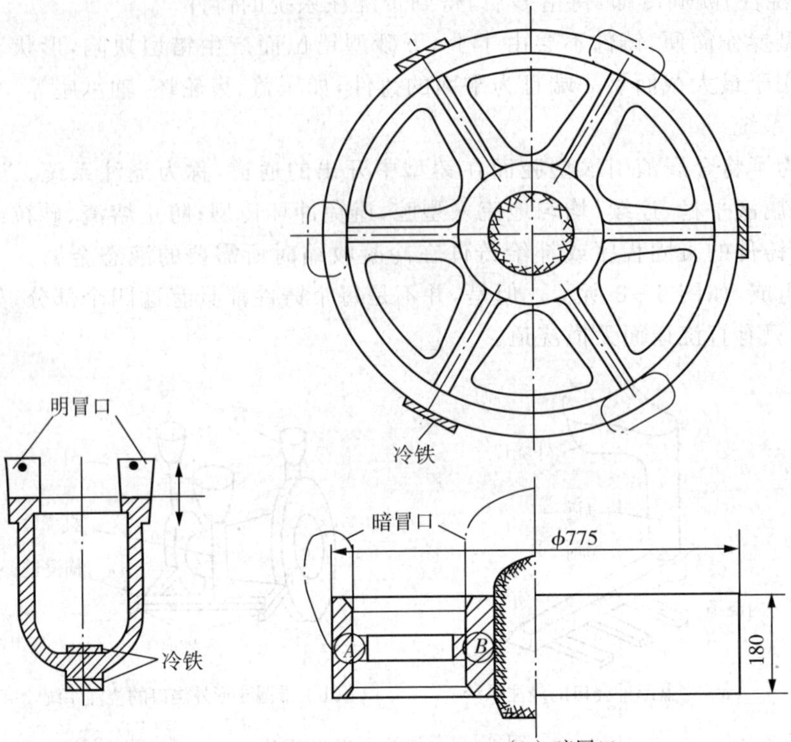

（a）明冒口与冷铁　　　　（b）暗冒口

图 6-9　冒口与冷铁

位于铸件下部的厚截面很难用冒口补缩，这种情况下可在厚截面处安放冷铁，由于冷铁处的金属液冷却速度较快，使得厚截面处实现了自下而上的凝固顺序。冷铁通常用钢或铸铁制成。暗冒口被埋在铸型中，由于其散热较慢，故补缩效果比明冒口好。一般情况下，铸钢件常用暗冒口，如图 6-9(b)所示，图中 A、B 为厚截面处。

2. 造芯

(1)芯的用途及要求

芯的主要作用是形成铸件的内腔。芯在浇注过程中受到高温金属液的冲击，浇注后大部分被金属液包围，因此要求芯具有高的强度、耐火性、透气性和退让性，并便于清理。除应配制符合要求的芯砂外，在造芯过程中还应采取下列措施，以满足上述性能要求。

① 在芯中放芯骨，提高强度。小芯子的芯骨用铁丝、铁钉制成，中、大芯子的芯骨用铸铁浇注成骨架。

② 在芯中开设通气孔，提高排气能力。通气孔应贯穿芯子内部，并从芯头引出。对形状简单的芯子，大多用通气针扎出通气孔；对形状复杂的芯子(如弯曲芯)可在芯中埋放蜡线，如图 6-10(a)所示，以便在烘干时蜡线熔化或燃烧后形成通气孔；在制作大芯子时，为了使气体便于排出和改善退让性，可在芯的内部填放焦炭，如图 6-10(b)所示，以减少砂层厚度，增加孔隙。

③ 在芯表面刷涂耐火性材料，铸铁件用芯一般以石墨粉作涂料。

④ 将芯烘干，提高芯的耐火强度和透气性。烘干温度与材料的成分有关，其中黏土芯为250～350℃，油砂芯为 180～240℃。

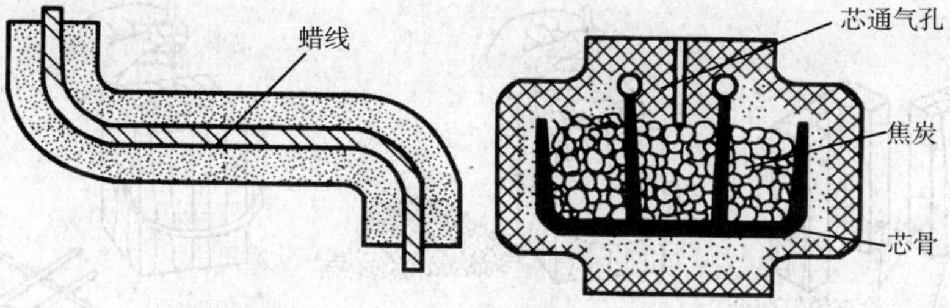

（a）用蜡线做通气孔　　（b）用焦炭通气

图6-10 芯的通气

(2)制作方法

在单件、小批量生产中，大多用手工造芯。在成批、大量生产中，广泛采用机器造芯。手工造芯可用芯盒也可用刮板。手工芯盒如图6-11(a)所示。这种造芯方法，应用最为普遍。其造芯过程如图6-12所示。

为降低芯的制造成本，在制造形状简单、尺寸较大的芯时，可采用手工刮板造芯，如图6-11(b)所示。造成芯时，在底板上放置导向刮板，它可沿着导板移动，将多余的砂从预先紧实的芯坯上刮去。两个制好的半芯经烘干后再胶合成整体。

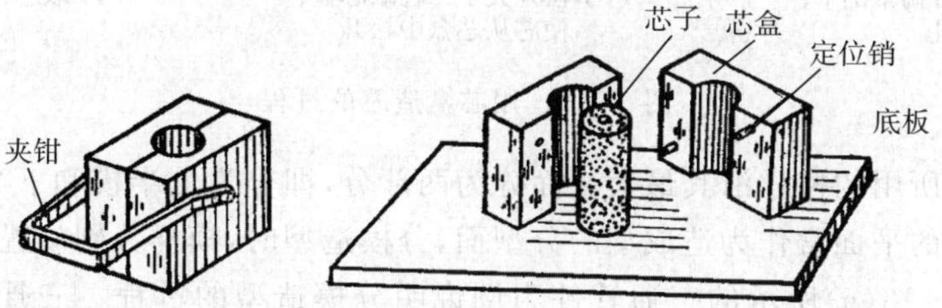

（a）芯盒造芯

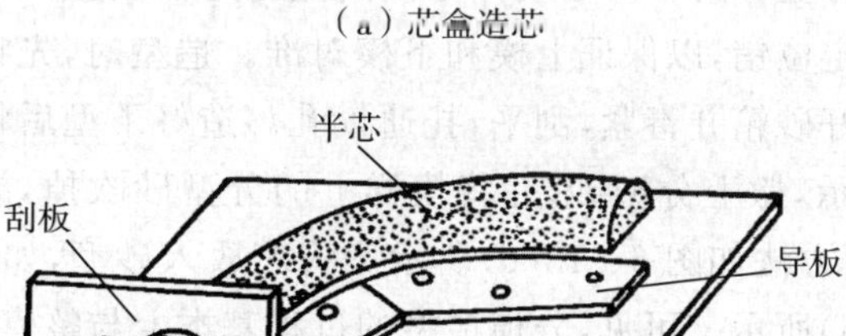

（b）刮板造芯

图6-11 手工造芯简图

6.3.3 分模造型

当铸件用整模造型不方便或不能取出模样时，常采用分模造型方法。例如圆柱体、管子等铸件，由于截面形状为圆形，如仍采用整模造型就不能直接起出模样，对于这些铸件，一般采用分模造型。

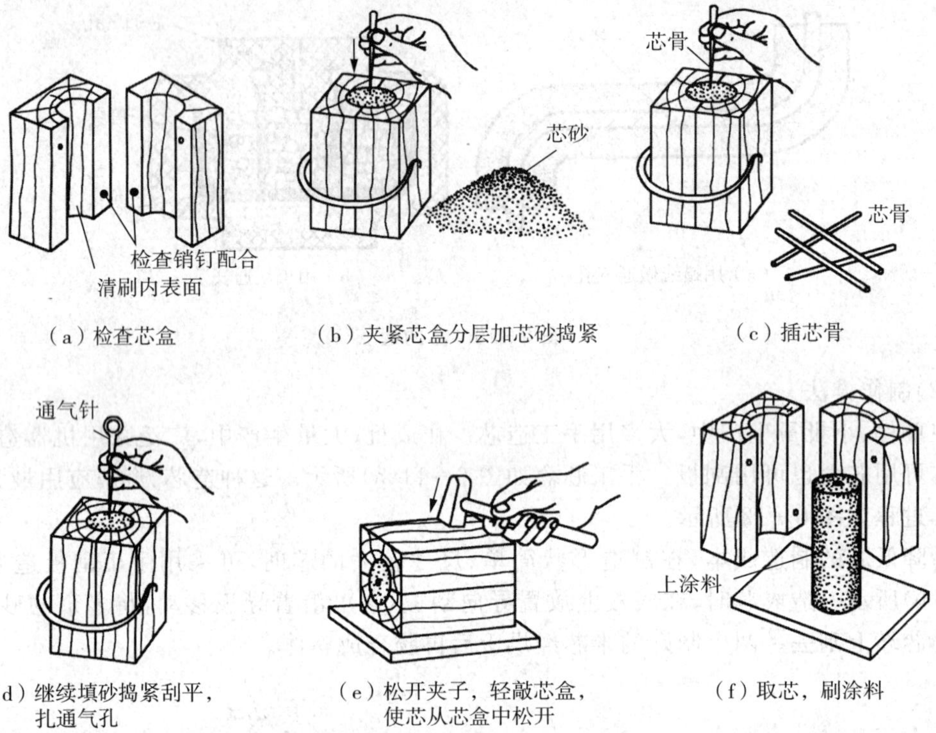

图 6－12　用芯盒造芯的过程

分模造型时所用的模样沿其最大截面分为两部分，即分为上半模和下半模，并用销钉定位。模样上分开的平面常作为造成型的分型面，分模造型时，模样分别放置在上、下砂箱内。

下面以图 6－13(a)所示的三通管件为例说明分模造型的过程。三通管件的模样如图 6－13(b)所示，对称地分为上下两半。在模样分模面上有定位装置，下半模分模面上的为定位孔，上半模分模面上的为定位销，以保证上模和下模对准。造型时，先将底板和模清理干净，将下半模放在底板上，套放好砂箱并舂紧，刮平，扎通气孔。造好下型后将其翻转，在下半模上放好半模，如图 6－13(c)所示，撒上分型砂，并将模样上的分型砂吹掉，放浇口棒，造上型。上型造好后，开箱，起模。起模方法如图 6－13(d)所示。将芯放入砂型，如图 6－13(e)所示将上型合到下型上，如图 6－13(f)所示。可见，分模造型的过程基本上与整模造型相同。

分模造型时，型腔分别处在上型和下型时，起模和修型均较方便，但合型时要注意使上、下型准确定位，否则铸件会产生错型缺陷。

分模造型的分模面总是开在模样外形的最大截面处，一般为平面，但也可以根据铸件形状开成曲面、阶梯等。

【实训操作与思考】

1. 在实训老师讲解后，能够独立完成中等复杂件（带 1～2 个芯）的整模造型。要求能正确使用造型工具，合理选择分型面、设置浇注系统，以及具有一定的修型能力。

2. 绘图说明浇注系统的组成及其作用。如浇注系统不正确，会产生什么缺陷？

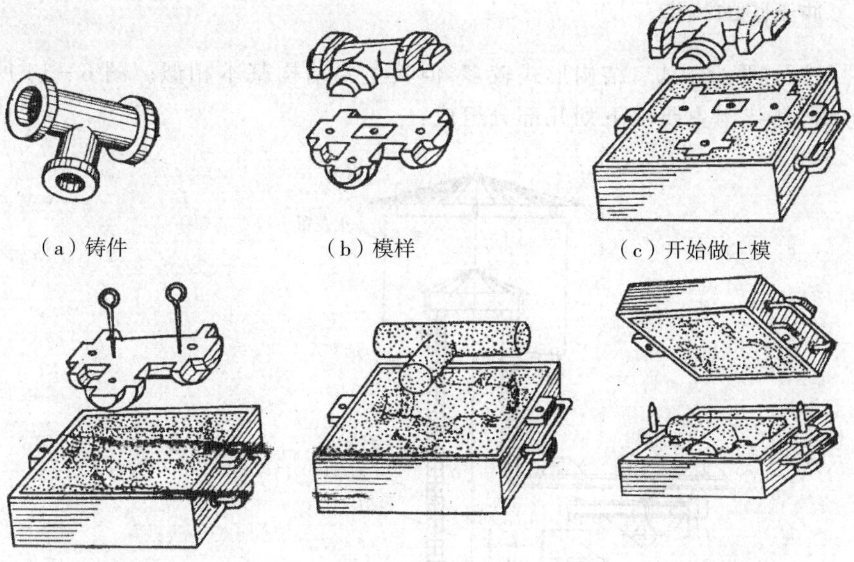

（a）铸件　（b）模样　（c）开始做上模

（d）起模　（e）放芯　（f）合芯

图 6-13　分模造型

3. 常用哪些方法来加强芯的通气性？各在什么情况下应用？
4. 叙述整模造型工艺过程。
5. 分模造型适合于何种形状的铸件？
6. 铸件采用分模造型时，模样应从何处分开？

任务 6.4　铸铁的熔炼与浇注

知识目标

了解铸造冲天炉的构造、炉料组成；

熟悉熔炼加工的工艺参数；

熟悉铸铁浇注的操作方法。

技能目标

能够完成熔炼、浇注、落砂等操作。

任务内容

分组进行炉料加料、炉前操作及浇注操作练习。

铸铁的熔炼是获得高质量铸件的一个重要环节，其目的得到一定成分和温度的铁水。铸铁熔炼应满足铁水温度高、铁水化学成分符合要求、生产率高和燃料消耗少等条件。铸铁熔炼的设备有冲天炉、反射炉、电弧炉和工频炉等。目前使用较多的是冲天炉，其优点是结构简单、操作方便、成本低，而且能连续生产。

6.4.1 冲天炉的构造

冲天炉是圆柱形竖式炉，结构形式较多，但其主要结构基本相似。图 6-14 所示为冲天炉结构示意图，其结构主要由下列几部分组成：

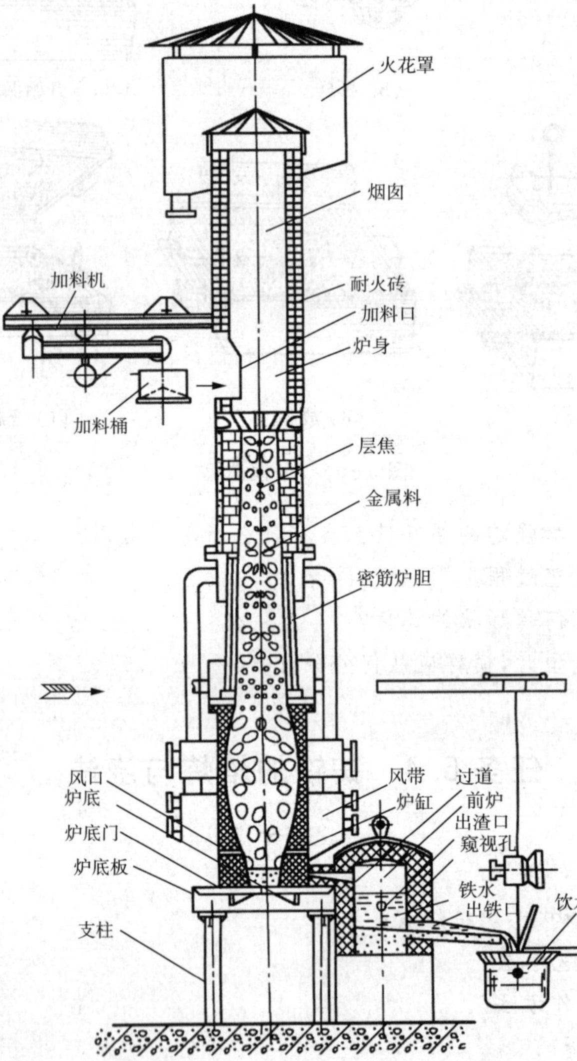

图 6-14 冲天炉结构示意图

1. 炉底

整个冲天炉装在炉底板上，炉底板用四根支柱支承，炉底板上装有两扇可以开闭的炉底门，在开炉前，将炉底门关闭，上面用型砂等材料舂实，结成炉底。熔炼结束后，打开炉底门，便可清除炉废料和修炉。

2. 炉体

炉体包括炉身和炉缸；从底排风口至加料口为炉身。炉体外壳由钢板焊成，内砌耐火砖。由鼓风机鼓出的冷风经过密筋炉胆(热风装置)转变为热风,再经风带、风口进入炉内,以供焦炭充分燃烧用。沿炉高度方向有若干排风口,最下面一排(底排)为主风口,其他各排为辅助风口。

3. 烟囱

从加料口到炉顶为烟囱。烟囱顶部设有火花罩,用来收集火红的焦炭颗粒和烟尘。

4. 前炉

前炉通过过道与炉缸相连,上面有出渣口、出铁口、窥视孔。前炉的主要作用是贮存铁水,使铁水的成分和温度更加均匀。前炉中铁水由出铁口放出,熔渣则从出铁口侧面上方的出渣口放出。

5. 加料装置

加料装置由加料机和加料桶组成,其作用是将炉料按一定的配比和分量,按次序分批从加料口投入炉内。冲天炉大小以每小时能熔炼出的铁水的质量来表示,常用的冲天炉规格为1.5～10t/h。

6.4.2 冲天炉炉料

冲天炉炉料是由金属炉料、燃料和熔剂三部分组成。

1. 金属炉料

由高炉生铁(即生铁锭)、回炉铁(浇冒口、废铸件等)、废钢及铁合金(硅铁、锰铁等)按比例配制而成。高炉生铁是主要的金属炉料;用回炉铁可降低铸件成本;加入废钢可降低铁水的含碳量;铁合金用来调整铁水的化学成分或配制合金铸铁。

2. 燃料

常用的燃料是焦炭。焦炭的燃烧为铸铁熔炼提供热量,其要求是焦炭中碳的含量要高,挥发物、灰分、硫含量等要低。焦炭燃烧的情况直接影响铁水的温度和成分。每批炉料中金属炉料和焦炭的质量比称为铁焦比,一般为10∶1。

3. 熔剂

熔剂主要起造渣作用。金属炉料中的氧化物、焦炭中的灰分等相互作用会形成熔点高、黏度大的熔渣,如不及时排除,会黏附在焦炭上,影响焦炭的燃烧。加入熔剂后,可降低熔渣的熔点并使熔渣稀释,以利于熔渣与铁水分离,从出渣口排出。常用的熔剂有石灰石($CaCO_3$)和萤石(CaF_2),熔剂的加入量为金属炉料质量的3%～4%。

6.4.3 冲天炉的熔炼原理

冲天炉熔炼过程中,炉料下降,高温炉气上升,炉料与高温炉气相互接触就产生了燃料燃烧、金属熔料预热、熔化、铁水过热、硅锰烧损等各种变化。由于这些变化都与炉气的温度、性质有关,故必须讨论底焦的燃烧和炉气成分、温度的变化。

1. 炉内燃烧情况和炉气成分、温度的变化

从风口进入炉内的氧气与底焦发生完全燃烧后产生大量的热,其反应为

$$C+O_2 \longrightarrow CO_2+Q$$

式中，Q代表热量。在高温炉气与剩余的氧气一起上升的过程中，氧气继续与焦炭发生燃烧反应，致使炉气中的二氧化碳越来越多，而氧越来越少，直到耗尽。由于这一反应放出大量的热，使上升着的炉气温度迅速升高。从底排风口到氧完全耗尽为止的区域称为氧化区，如图 6－15 所示。

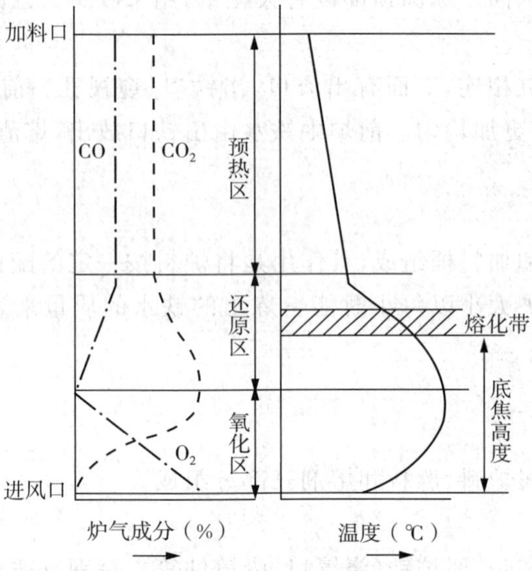

图 6－15　炉气成分和温度的变化

在含有大量二氧化碳的高温炉气继续上升的过程中，遇到红热的焦炭，会发生还原反应，并吸收热量，其反应为

$$CO_2 + C \longrightarrow 2CO - Q$$

式中，Q代表热量。反应的结果是使炉气中的二氧化碳减少，一氧化碳增多，炉温下降。当炉温降到 1000℃左右时，二氧化碳的还原反应停止。从氧化区上部至还原反应停止的区域，称为还原区。

炉气再继续上升，二氧化碳与一氧化碳含量不再变化。但炉气却会预热炉料，使炉温继续下降，在加料口处的炉温约为 300～500℃。从还原区顶部至加料口之间的区域，称为预热区。

从以上变化可知，焦炭消耗得多，并不一定炉温就高，关键在于焦炭的热量是否得到充分的利用。

分析加料口处炉气的成分，就可以判断炉内燃烧情况是否良好。假如炉气中一氧化碳含量很高，则说明有相当多的焦炭消耗在吸热的还原反应中，炉温就会较低。

2. 底焦的要求

为了使金属炉料能在合适的高度进行熔化，从炉底到风口以上一定距离的地方，全部填入焦炭，以支承上面的炉料。这一部分焦炭称为底焦。底排风口中心线到底焦层表面之间的高度称为底焦高度。

在底焦上面一段狭长的地带，叫作熔化带。金属炉料就在这里熔化。熔化后铁水往下滴落，被过热到较高的温度。

底焦高度是否适当，对冲天炉熔炼是十分重要的。若底焦过高，当金属炉料降到底焦面上时，温度还不够，不能熔化。要等到过量部分底焦燃烧掉，金属炉料继续下降后，才能熔化。这样既浪费了底焦，又使熔化速度降低。若底焦过低，虽然金属炉料能较快地熔化，但因过热的路程短，铁水温度较低。当底焦很低时，还可能使金属炉料在氧化区内进行熔化，使铁水发生剧烈的氧化，严重影响铁水的质量。

在实际操作中判断底焦高度是否适当，可根据鼓风后铁水滴落的时间来判断。一般以鼓风6～7分钟后，从风口中能看到铁水滴下来，较为适当。如铁水滴落的时间较长，说明底焦过高；铁水滴落的时间过短，而且铁水温度低，说明底焦过低。

3. 炉料下降时的变化

炉料在下降过程中经预热而逐渐被加热。当温度达1200℃左右时，开始熔化成铁水滴。铁水滴在底焦层内继续下落时，又被进一步加热(这种在金属熔点以上的加热，称为过热)。过热后的铁水达到较高的温度(1600℃左右)，然后经炉缸、过道进入前炉。在熔化和过热阶段，铁、硅、锰均被烧损一部分，所生成的氧化物及其他杂质与石灰石分解后的产物CaO相结合，形成熔点较低、流动性较好的熔渣，浮在铁水上，然后排出炉外。金属炉料经冲天炉熔炼后，其化学成分发生了变化，一般含碳量为3%～3.4%，硅烧损为10%～15%，锰烧损为20%～25%。生产中可根据以上数据及所要生产的铸铁的牌号进行配料。

6.4.4　浇注

将熔融金属从浇包注入铸型的操作，称为浇注。浇注是铸造生产的一个重要环节，为保证铸件质量、提高生产率和保障工作安全，应严格遵守浇注操作规程。

1. 浇包

用来盛放、输送和烧注熔融金属用的容器称为浇包。常用的浇包如图6-16所示。手提浇包容量为15～20kg；抬包容量为25～100kg，由2～6人抬着浇注；容量更大的浇包用吊运，称为吊包。浇包的外壳用钢板制成，内衬为耐火材料。

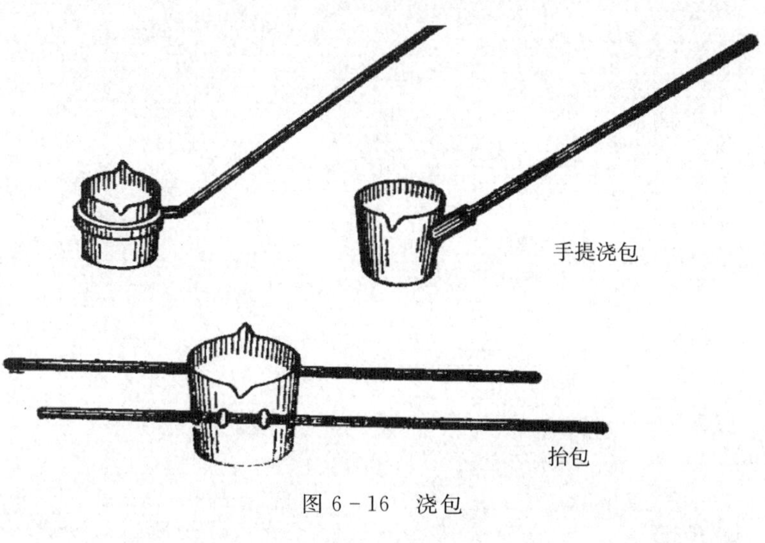

图6-16　浇包

2. 烧注工艺

浇注时要控制好浇注温度和浇注速度。

(1)浇注温度

浇注温度过高，则铁水含气量大，液体收缩大，对型砂的热作用剧烈，容易产生气孔、缩孔、缩松、黏砂等缺陷。浇注温度过低，会产生冷隔、皮下气孔、浇不透等缺陷。浇注温度与合金种类、铸件大小和壁厚等有关。一般中小型灰铸铁件的浇注温度为1260～1350℃，形状复杂和壁薄的铸件的浇注温度为1320～1400℃。

(2)浇注速度

单位时间内浇入铸型中的金属液重量称为浇注速度。浇注速度应适中，太慢会充不满型腔，铸件容易产生冷隔和浇不足等缺陷；太快会冲刷铸型，且使铸型中气体来不及逸出，在铸件中产生气孔，以及造成冲砂、抬箱、跑火等缺陷。浇注速度应根据铸件形状和壁厚确定，对于形状复杂和壁薄的铸件，浇注速度应快些。

【实训操作与思考】

1. 在实训老师的指导下，完成加料、炉前操作，安全地进行浇注工作。
2. 浇注温度过高和过低，有什么不良影响？
3. 浇注速度的快慢对铸件有何影响？浇注时断流会产生什么缺陷？
4. 什么叫底焦？底焦高度正确与否对熔炼过程有何作用？

模块7 锻造加工

通过本工种的实训操作，可以让学生了解锻造加工生产的工艺过程、特点及应用；掌握锻造加工生产所用设备（空气锤、冲床）和工具的构造、工作原理和正确使用方法；了解锻造前坯料的加热方法及常见加热缺陷；熟悉自由锻造的基本工序并能进行锻造加工操作。

在本工种的实训过程中一定要注意以下安全措施：操作前要穿戴好工作服，对所使用的工具进行检查，如锤柄、锤头、砧头及其他工具是否有损伤和裂纹，并随时检查锤柄和锤头是否有松动；操作时，操作者不要用眼睛盯着加热部位以免强光热刺伤眼睛；手钳或其他工具的柄部应置于身体和旁侧，不可正对人体；手锻时，严禁戴手套打大锤；打锤者应站在与掌钳者成90°角的位置，抡锤前应观察周围有无障碍物或行人；切割操作时，在料头飞出方向不准站人，操作到快要切断时应轻打；机锻时，严禁用锤头空击下砥铁，不准锻打过烧或已冷的工件，锻件及垫铁等必须放正、放平，以防飞出伤人。

任务7.1 锻造加工基础认知

知识目标

了解锻造加工的工艺特点；

熟悉锻造坯料加热工艺及方法；

熟悉锻造加热设备的性能。

技能目标

掌握锻造坯料的加热方法；

能够对锻造坯料的加热缺陷采取防止措施。

任务内容

分组对锻造坯料进行加热操作练习。

7.1.1 锻造加工基本知识

锻造加工是对坯料施加外力，使其产生塑性变形，改变尺寸、形状并改善性能，以获得毛坯或零件的加工方法，也称锻压加工。

用于锻压的金属应具有良好的塑性，以便在锻压加工时能产生较大的塑性变形而不破坏。常用的金属材料中，钢、铝、铜等塑性良好，可以锻压；铸铁塑性很差，不能锻压。

按照成形方式的不同，锻造可分为自由锻造和模型锻造两类。自由锻造按其设备和操作方式又可分为手工自由锻和机器自由锻。中小型锻件常以圆钢、方钢为原材料，锻造前要把原材料用剪切、锯切等立法切成所需要的长度。锻造是在加热状态下进行。

金属材料经过锻造后，其内部组织更加致密、均匀，强度及冲击韧性都有所提高。所以，承受重载及冲击的重要零件，多以锻件为毛坯。冲压件具有强度大、刚度高等结构优点。锻压加工是机械制造中的重要加工方法。

7.1.2 坯料加热

1. 坯料加热的目的和要求

锻造前要对金属坯料加热，目的在于提高其塑性和降低其变形抗力，亦即提高其可锻造性。

加热过程中，金属表面被氧化而形成氧化皮，不仅造成金属损耗，而且在锻造时易被压入锻件表面，影响表面质量。钢的加热温度愈高，加热时间愈长，则氧化皮愈多。因此，对坯料加热的要求是，在保证坯料均匀热透的前提下，用最短的时间将坯料加热到所需的温度，以减少金属的氧化和降低燃料的消耗。

2. 锻造温度范围

锻造是在一定的温度范围内进行的。锻造时允许加热到的最高温度，称为始锻温度。允许的最低锻造温度，称为终锻温度。锻件由始锻温度到终锻温度的温度范围称为锻造温度范围。几种常用金属材料的锻造温度范围如表 7－1 所示。

表 7－1 常用金属材料的锻造温度范围

种　类	始锻温度(℃)	终锻温度(℃)
低碳钢	1200～1250	800
中碳钢	1150～1200	800
合金结构钢	1100～1150	850
铝合金	450～500	350～380
铜合金	800～900	650～700

锻造时金属的温度可用仪表来测量，但实际生产中，锻工一般都用观察金属坯料火色的方法来判断。碳钢的加热温度与火色的关系如表 7－2 所示。

表 7－2 碳钢加热温度与火色的关系

温度(℃)	1300	1200	1000	900	800	700	600
火色	浅黄	淡黄	深黄	淡红	樱红	暗红	赤褐

7.1.3 加热方法与加热设备

金属坯料的加热，按所采用的热源，可分为火焰加热与电加热两大类。

1. 火焰加热

火焰加热是指采用烟煤、焦炭、重油、柴油、煤气作燃料燃烧,利用所产生的含有大量热能的高温火焰将金属加热的方法。

(1)手锻炉

锻工实习操作常使用手锻炉,它由炉膛、烟罩、风门、风管等组成,如图 7-1 所示。常用的燃料为烟煤。手锻炉具有结构简单、操作容易等优点,但其生产率低,加热质量不高。

(2)重油炉和煤气炉

室式重油炉的结构及其工作原理如图 7-2 所示。重油与具有一定压力的空气分别由两个管道送入喷嘴,压缩空气从喷嘴喷出时,所造成的负压能将重油带出,在喷嘴口附近混合雾化后,喷入炉膛进行燃烧。调节重油及空气流量,便可调节炉膛的燃烧温度。

煤气炉的构造与重油炉基本相同,主要的区别在于喷嘴的结构不同。

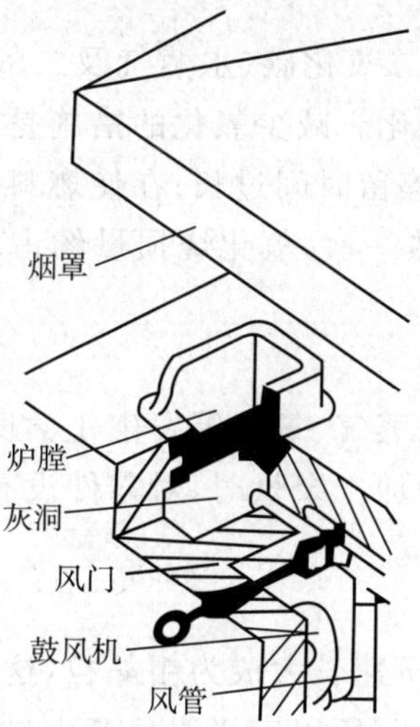

图 7-1 手锻炉

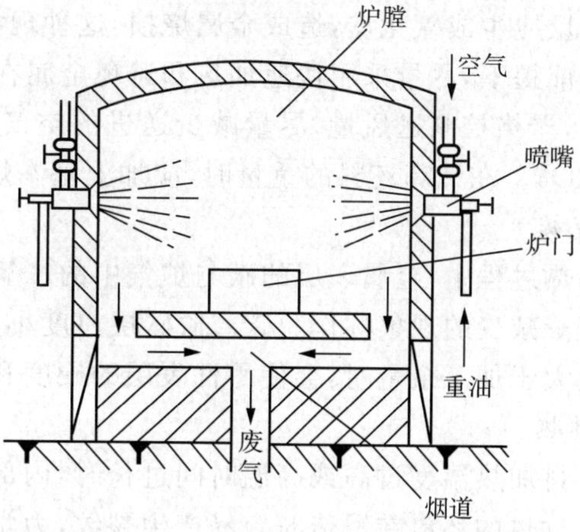

图 7-2 室式重油炉的结构示意图

2. 电加热

电加热通过把电能转变为热能来加热金属坯料,是先进的加热方法。电加热方式主要有电阻加热、接触加热和感应加热,如图 7-3 所示。

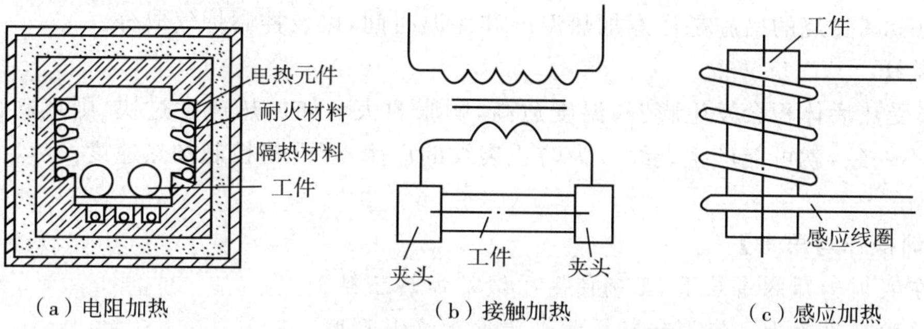

图 7-3 电加热

电阻加热是利用电阻通过把电能转变为热能来加热金属的。加热炉子通常做成箱形。其特点是结构简单,炉内气温容易控制,升温慢,温度控制准确。电阻加热主要用于有色金属、耐热合金和高合金钢等的加热。

接触加热是利用变压器产生的大电流通过金属坯料,坯料因自身的电阻热而得到加热。其优点是加热速度快,热效率高,金属烧损少,加热温度不受限制。热触加热适用于棒料的加热。

感应加热是用交变电流通过感应线圈而产生变磁场,使置于线圈中的坯料内部产生交变涡流而升温加热。感应加热设备复杂,但加热速度快,质量好,温度控制准确,便于和锻压设备组成生产线以实现机械化、自动化,适用于现代化生产。

7.1.4 加热缺陷及其防止措施

1. 氧化

在高温下,坯料的表层金属与炉中的氧化性气体(氧、二氧化碳、水蒸气及二氧化硫等)进行化学反应生成氧化皮,造成金属烧损,这种现象称为氧化。减少氧化的措施是在保证加热质量的前提下,尽量采用快速加热和避免金属在高温下停留时间过长;在使燃料完全燃烧的条件下,严格控制送风量,尽量减少送进的空气。每加热一次,氧化烧损量约占坯料重量的 2%～3%。在计算坯料的重量时,应加上基本烧损量。

2. 脱碳

在加热过程中,金属表层的碳与炉气中的二氧化碳、水蒸气、氧气等发生化学反应,引起表层含碳量减少的现象称作脱碳。脱碳层厚度小于锻件的加工余量时,对零件没有危害;脱碳层厚度大于加工余量时,会使零件表层的硬度和强度降低。

3. 过热

当坯料加热温度过高或高温时间过长时,内部晶粒会迅速长大成为粗晶粒,这种现象称为过热。过热的坯料在锻造时容易产生裂纹,力学性能变坏,所以应当避免产生过热。锻后如发现晶粒粗大,可进行热处理使之细化。

4. 过烧

加热温度超过始锻温度过多,到接近金属的熔化温度,容易造成晶粒边界氧化及熔化,使晶粒之间失去结合力,一经锻打便会碎裂,这种现象称为过烧。碳钢发生过烧时,由于晶界被氧化,会射出耀眼的白炽色火花。过烧缺陷是无法挽救的,故加热时不允许有过烧现象。避免金属过烧的措施是注意加热温度和保温时间,以及控制炉气成分。

5. 裂纹

金属受热后体积会发生膨胀,温度愈高,膨胀愈大。如加热速度过快,则坯料内外温差大,膨胀不一致,就可能产生裂纹。为防止裂纹的产生,要严格控制加热速度。

【实训操作与思考】

1. 在实训老师的指导下,正确使用手锻炉加热坯料。
2. 熟悉用火色大致鉴别碳钢的始锻温度和终锻温度。
3. 判断加热时坯料缺陷的种类,并能采取相应防止措施。

任务7.2 手工自由锻

知识目标

了解手工锻工具；

熟悉手工自由锻的基本工序及操作方法。

技能目标

掌握手工自由锻的基本操作方法。

任务内容

分组进行M18螺栓坯料手工自由锻操作练习。

7.2.1 手工自由锻基本知识

1. 手工锻工具

手工锻工具按其用途可分为支持工具(如铁砧)、打击工具(大锤、手锤)、成形工具(如冲子、平锤、摔锤等)及夹持工具(手钳)等。常用的几种工具如下：

(1)铁砧

铁砧由铸钢或铸铁制成，其形式有羊角砧、双角砧、球面砧和花砧等，如图7-4所示。

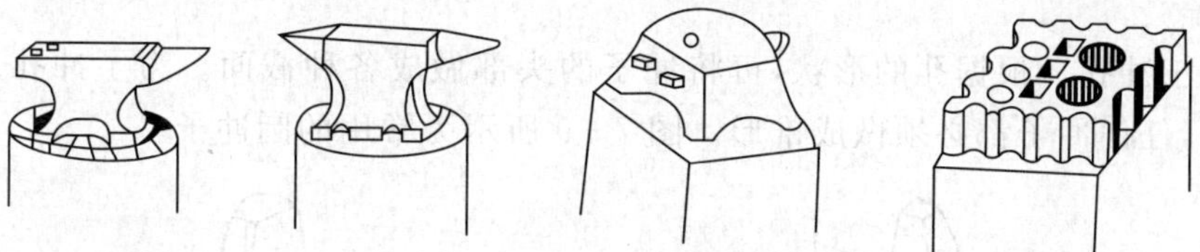

(a)羊角砧　(b)双角砧　(c)球面砧　(d)花砧

图7-4 铁砧

(2)大锤

大锤分为直头、横头和平头三种，如图7-5所示。

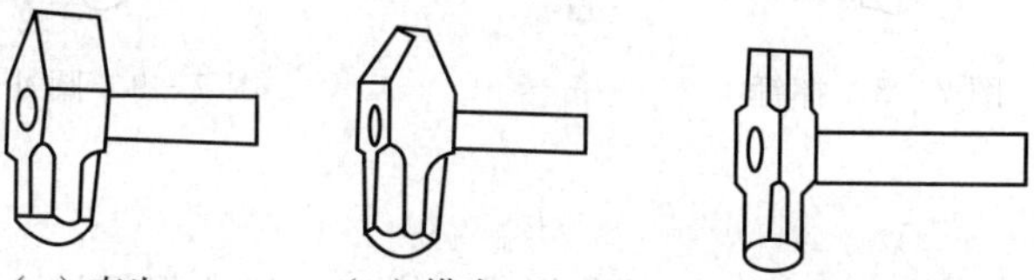

(a)直头　(b)横头　(c)平头

图7-5 大锤

(3)手锤

手锤有圆头、直头和横头三种，如图7-6所示，其中圆头用得最多。在手工锻操作时，左手握钳，用以夹持、移动和翻转工件；右手握手锤，用以完成锻打，包括控制落点和锻打的轻重程度，以及做变形量很小的锻打。

(a) 圆　　(b) 直头　　(c) 横头

图 7-6　手锤

(4)平锤

平锤主要用于修整锻件的平面，按锤面形状可分为方锤、窄平锤和小平锤三种，如图 7-7 所示。

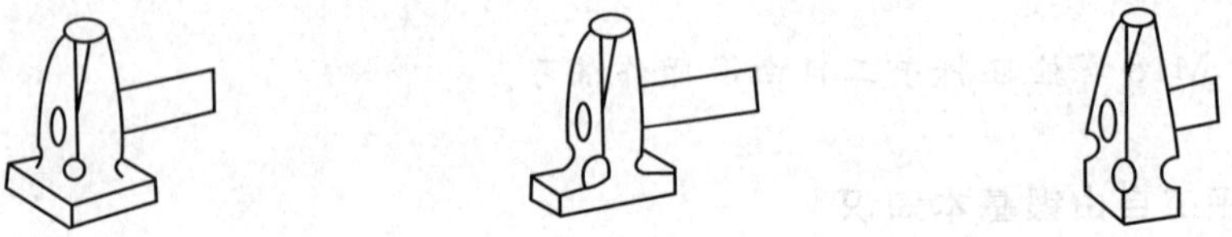

(a) 方平锤　　(b) 窄平锤　　(c) 小平锤

图 7-7　平锤

(5)摔锤

摔锤用于摔圆和修光锻件的外圆面，它分为上、下两个部分，如图 7-8 所示。上摔锤装有木柄，供握持用；下摔锤带有方形尾部，用以插入砧面上的方孔内固定。

(6)冲子

冲子用于冲孔。根据孔的形状，可将冲子的头部做成各种截面。为了冲孔后便于从孔内取出冲子，任何冲子都必须做成锥形。图 7-9 所示为常用的圆冲子。

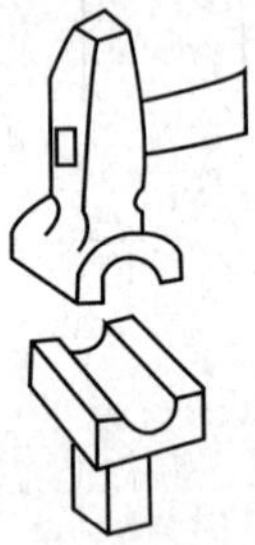

图 7-8　摔锤

图 7-9　圆冲子

(7)手钳

手钳用于夹持工件，由钳口和钳把两部分组成。钳口的样式根据被夹持的工件形状而定，要求两者形状吻合，夹持牢靠。常用的手钳如图 7-10 所示。夹持工件时，用左手拇指和虎口处夹住手钳的一个钳把，用其余四指控制另一钳把，不要将手指放在钳把之间，以防夹伤手指。

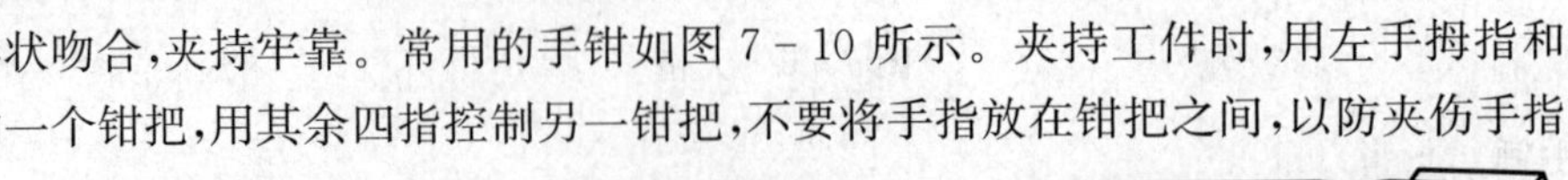

(a) 圆口钳　　(b) 方口钳　　(c) 扁口钳

图 7-10　手钳

7.2.2　手工自由锻的基本工序及操作

自由锻的基本工序有镦粗、拔长、冲孔、弯曲、扭转、错移、切割等，通常前三种工序应用最多。

1. 镦粗

镦粗是使坯料横截面积增大而高度减小的锻造工序。根据坯料的镦粗范围和所在部位的不同，镦粗可分为全镦粗和局部镦粗两种形式。手工锻造的镦粗方法如图 7-11 所示。

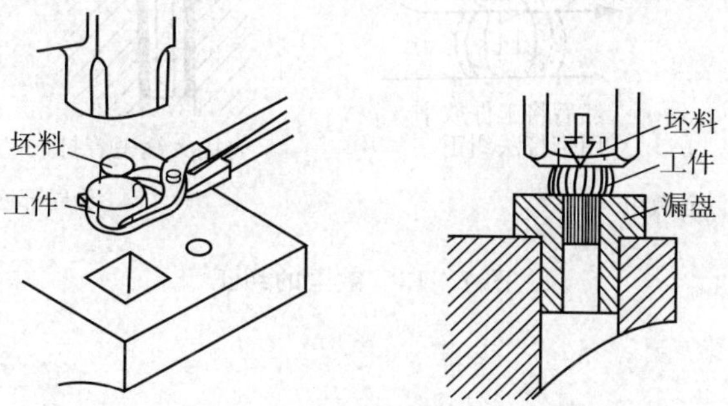

图 7-11　镦粗

镦粗常用来锻造齿轮坯、凸缘、圆盘等高度小、截面积大的锻件；在锻造环、套筒等空心类锻件时，镦粗作为冲孔前的预备工序，可减小冲孔深度；镦粗也可作为提高锻件力学性能的预备工序。

镦粗的规则、操作方法及注意事项：

(1)镦粗部分的原始高度与直径之比应小于 2.5，否则会镦弯。镦弯后应将工件放平，轻轻锤击矫正。

(2)镦粗前应使坯料的端面平整，并与轴线垂直，以免镦歪。坯料镦粗部分的加热必须均匀，否则镦粗时变形不均匀，镦粗后工件将呈畸形。

(3)镦粗时锻打力要重而且正。如果锻打力正但不够重，工件会锻成细腰形，若不及时纠正，会锻出夹层；如果锻打力重但不正，工件就会镦歪，若不及时纠正，就会镦偏。图 7-12 所示为镦粗时的正确操作和用力不当所产生的现象。

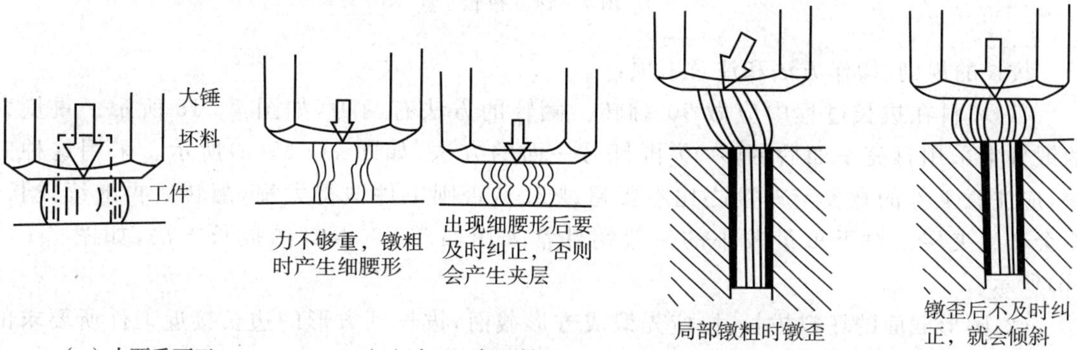

(a) 力要重而正　(b) 力正，但不够重　(c) 力重，但不正

图 7-12　镦粗时锻打力要重而且正

工件镦歪后应及时纠正，其方法见图 7－13。

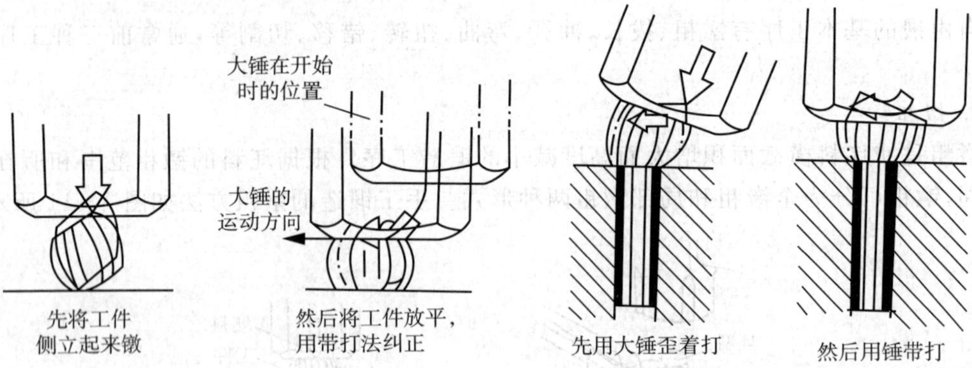

（a）全镦粗　　（b）局部镦粗

图 7－13　镦歪的纠正

2. 拔长

拔长是使坯料的横截面积减小而长度增加的锻造工序，如图 7－14(a)所示。拔长用于锻制轴类和杆类锻件。如果是锻制空心轴、套筒等锻件，坯料应先镦粗、冲孔，再套上心轴进行拔长，如图 7－14(b)所示。

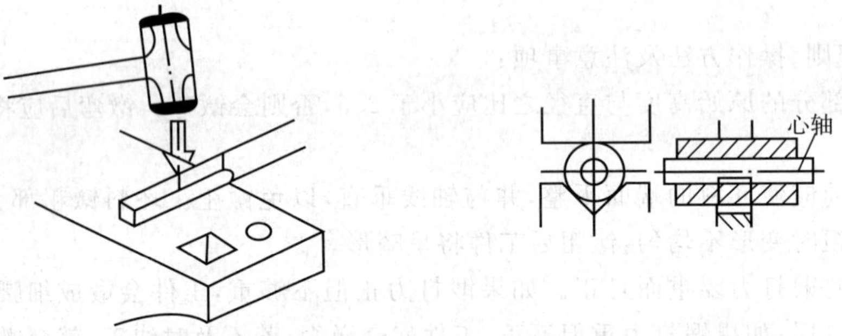

（a）拔长　　（b）心轴拔长

图 7－14　拔长

拔长的规则、操作方法和注意事项：

(1)坯料在拔长过程中应做 90°翻转。翻转的方法有两种，如图 7－15 所示。重量大的锻件常采用打完一面后翻转 90°再打另一面的方法，如图 7－15(a)所示。采用这种方法，应注意工件的宽度与厚度之比不要超过 2.5，否则工件锻得太扁，翻转后再继续拔长，将会产生夹层。对于重量较小的一般钢件常采用回转 90°锻打的拔长方法，如图 7－15(b)所示。

(2)圆形截面的坯料拔长时，应先锻成方形截面，拔长到方形的边长接近工件所要求的直径时，再将截面从方形锻成八角形，最后倒棱滚打成圆形，如图 7－16 所示。这样拔长的效率较高又能避免引起中心裂纹。

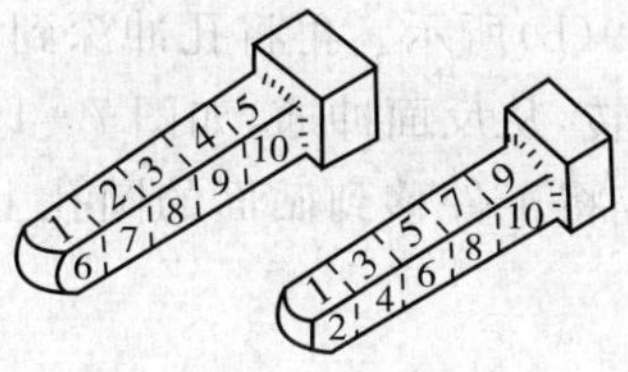

图 7-15　拔长时翻转坯料的方法

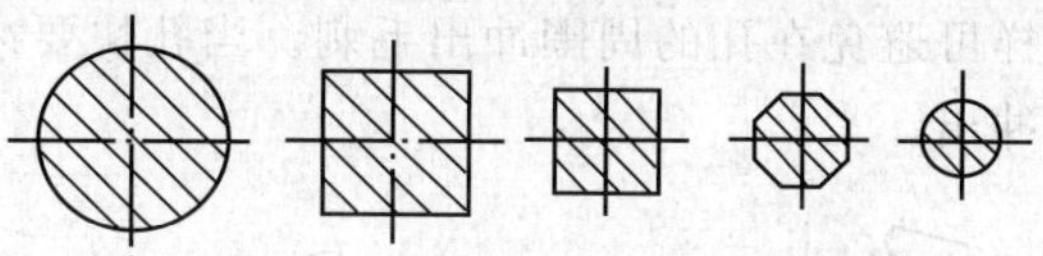

图 7-16　圆形坯料的拔长方法

(3)拔长时，工件要放平，并使侧面与砧面垂直，锻打要准，力的方向要垂直，以免将截面锻打成菱形，如图 7-17 所示。

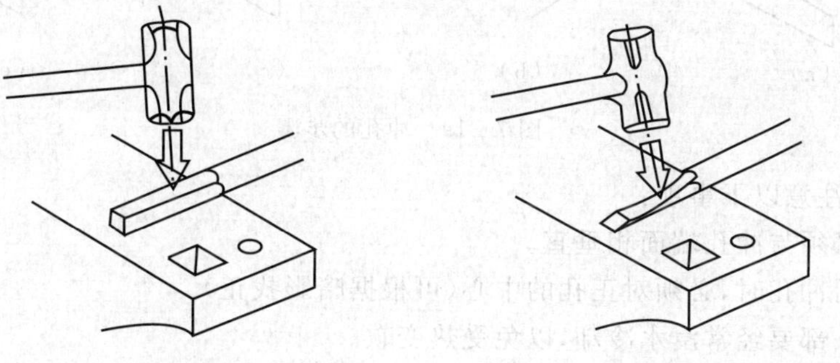

（a）正确　　（b）错误

图 7-17　拔长

(4)拔长后，由于表面不平整，必须进行修光。平面修光用平锤，圆柱面修光用摔锤，如图 7-18 所示。

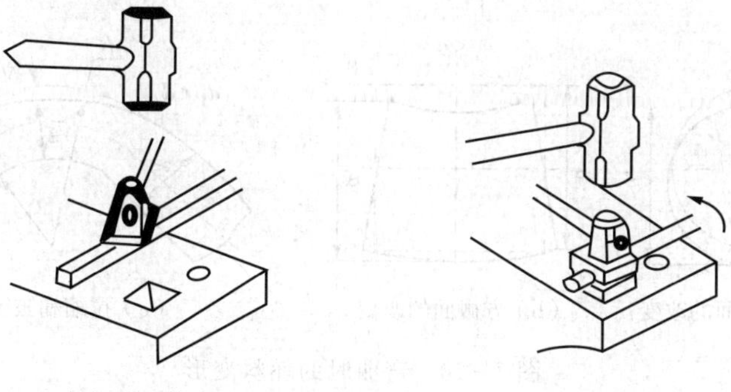

（a）平面修光　　（b）圆柱面修光

图 7-18　修光

3. 冲孔

冲孔是在坯料上锻出通孔或不通孔的锻造工序。冲孔前一般需先将坯料镦粗，以减小冲孔深度和使端面平整。由于冲孔时锻件的局部变形量很大，为了提高塑性，防止冲裂和损坏冲子，应将坯料加热到允许的最高温度，而且使其均匀热透。

冲通孔的步骤如图 7-19 所示。为了保证冲出孔的位置准确，需先进行试冲，即在孔的位置上轻轻冲出孔的痕迹，如图 7-19(a)所示，如果位置不准确，可做修正。然后冲出浅坑，并在坑内撒些煤末，以便冲子容易从深坑中拔出，如图 7－19(b)所示。再将孔冲深到工件厚度约 2/3 的深度，如图 7－19(c)所示，拔出冲子。将工件翻转，从反面冲通，如图 7－19(d)所示。这样可避免在孔的周围冲出毛刺。当孔快要冲通时，应将工件移到砧面的圆孔上，以便将余料冲出。

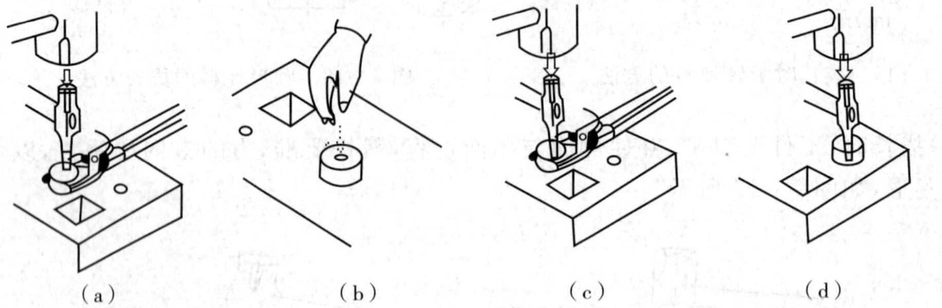

图 7－19　冲孔的步骤

冲孔时应注意以下事项：

(1)冲子必须与冲孔端面相垂直。

(2)翻转后冲孔时，必须对正孔的中心(可根据暗影找正)。

(3)冲子头部要经常浸水冷却，以免受热变软。

4. 弯曲

弯曲是将坯料弯成一定形状的锻造工序，常用于锻造吊钩、链等锻件。弯曲时一般要将坯料需要弯曲的部分加热。坯料弯曲时，其弯曲部分的截面形状会走样，并且截面积会减小，如图 7－20(a)、(b)所示。此外，由于弯曲区外层金属受拉，可能会产生裂纹；而内层金属受压则会形成皱纹，如图 7－20(c)所示。

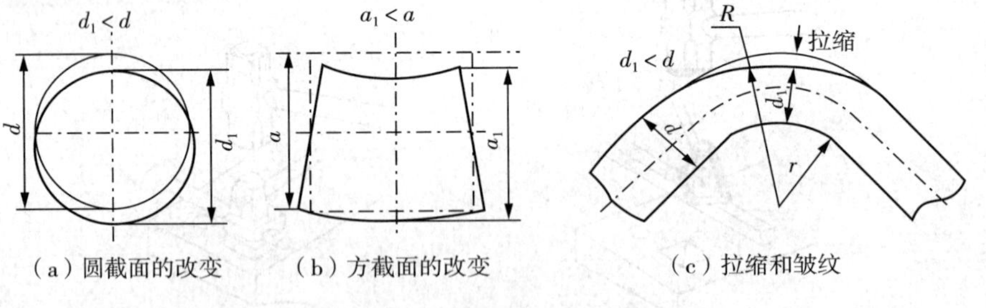

图 7－20　弯曲时的坯料变形

为了消除上述缺陷，可在弯曲前将弯曲部分进行局部镦粗，并修出凸肩，如图 7－21 所示。

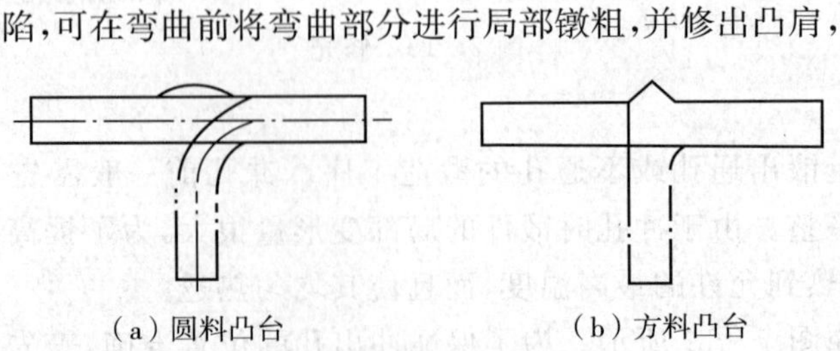

图 7－21　弯曲前进行局部墩粗

弯曲的方法很多，最简单的弯曲方法是在铁砧的边角上进行弯曲操作，图 7－22 列举了几种在铁砧上弯曲的方法。

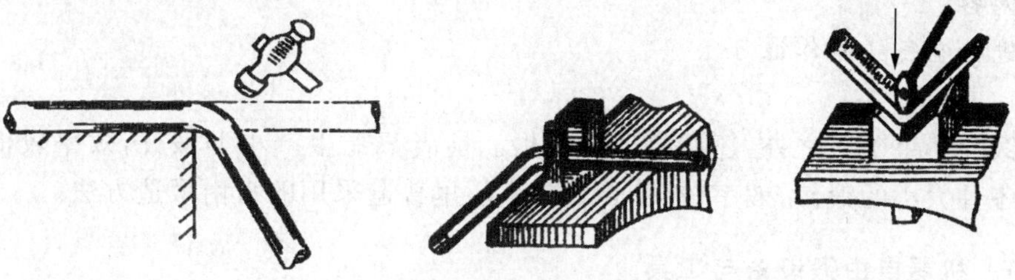

图 7－22　在铁砧上的几种弯曲方法

5. 扭转

使坯料的一部分相对于另一部分旋转一定角度的锻造工序称为扭转，如图 7－23 所示。扭转时，金属变形剧烈，所以要求受扭部分应加热到始锻温度，而且均匀热透。受扭曲变形部分表面必须光滑，面与面的相交处应过渡均匀。扭转后注意缓慢冷却，以防出现扭裂现象。

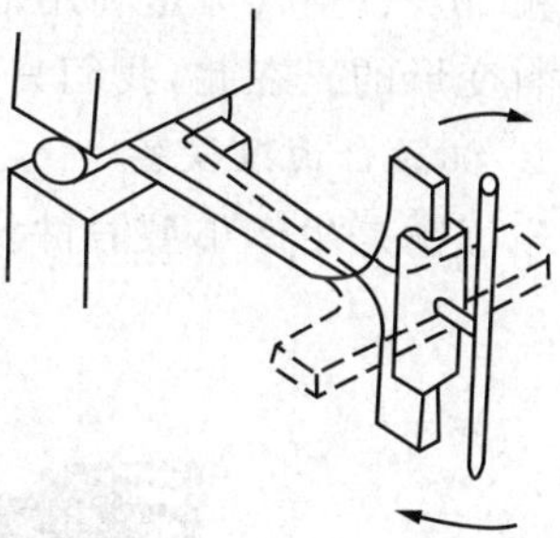

图 7－22　扭转

6. 错移

使坯料的一部分相对于另一部分平移错开一定距离的锻造工序称为错移，如图 7－24 所示。错移时，先在错移部位压肩，然后锻打，最后整形。一般错移多用于曲轴锻打。

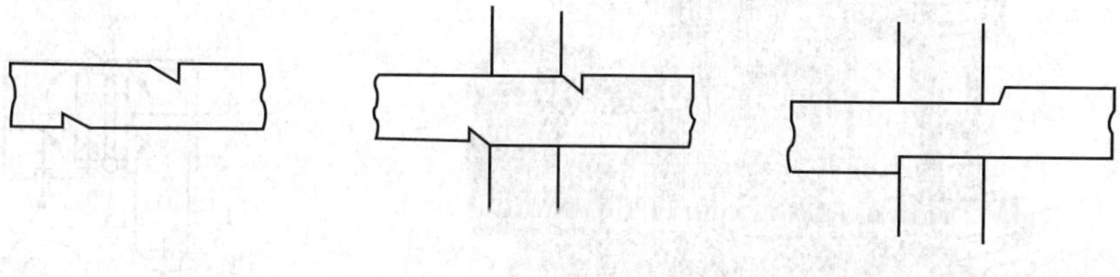

图 7－24　错移

【实训操作与思考】

1. 锻造对材料有哪些要求？
2. 手工自由锻的基本工序有哪些？各工序在操作过程中应注意哪些问题？

任务 7.3　机器自由锻

知识目标

了解机器自由锻的设备及工具；

熟悉空气锤的结构及操作。

技能目标

掌握机器自由锻设备的基本操作方法。

任务内容

分组进行空气锤操作练习。

自由锻除了手工锻之外，还有机器自由锻。前者只能生产小型锻件，效率较低；而后者可以生产各种大小的锻件，效率较高，是目前工厂里普遍采用的自由锻造方法。

7.3.1 机器自由锻设备与工具

机器自由锻是在设备上进行锻造的，常用的设备有：空气锤、蒸汽-空气锤及水压机等。空气锤、蒸汽-空气锤是利用落下部分的冲击能量对坯料进行锻造的，而水压机是用静压力使坯料变形的。在此，我们只介绍空气锤。

1. 机器自由锻设备——空气锤

空气锤是生产小型锻件及锻造胎模的常用设备，其外形如图 7-25 所示。

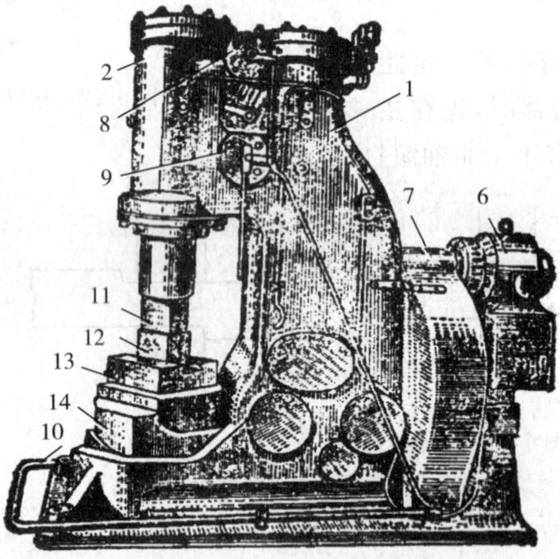

(a)

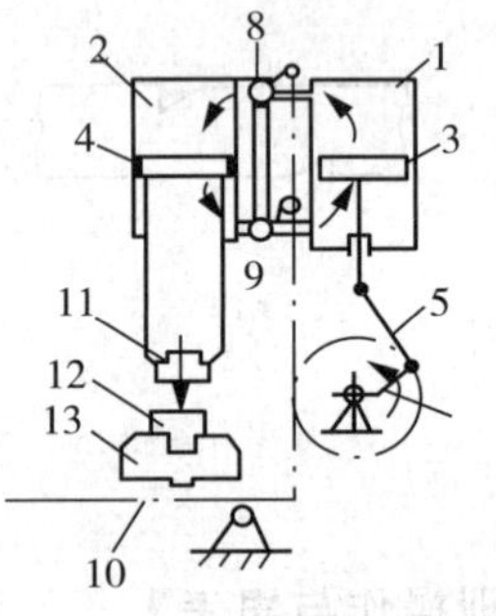

(b)

图 7-25 空气锤及其原理图

(1)构成

空气锤由锤身、压缩缸、工作缸、传动机构、落下部分及砧座等部分组成。锤身和压缩缸、工作缸铸成一体；传动机构包括带轮、齿轮、减速装置、曲柄和连杆；操纵机构包括手柄、连接杠杆、上旋阀、下旋阀，在下旋阀中还装有一个只允许空气单向流动的逆止阀；落下部分包括工作活塞、锤头和上砧铁；砧座部分包括下砧铁、砧垫和砧座。

(2)工作原理及基本动作

电动机通过带传动机构带动压缩缸内的压缩活塞做往复运动，使压缩活塞的上部或下部交替地产生压缩空气。压缩空气进入工作缸的上腔或下腔，工作活塞便在空气的压力的作用下做往复运动，并带动锤头、上砧铁锻打工件，如图7-25(b)所示。

通过手柄或踏杆，操纵上、下旋阀，可以使空气锤完成以下动作：

① 上悬。压缩缸及工作缸的上部分都经上旋阀与大气相通，压缩缸及工作缸的下部分与大气隔绝。当压缩活塞下行时，压缩空气经下悬阀，冲开逆止阀，进入工作缸的下部，使锤头上升。当压缩活塞上行时，压缩空气经上悬阀，排入大气，由于逆止阀的单向作用，可防止工作缸内的压缩空气倒流，使锤头保持在上悬的位置。此时，可以在锤上进行各种辅助工作，如检查锻件尺寸、清除氧化皮等。

②下压。压缩缸上部和工作缸下部与大气相通，压缩缸下部和工作缸上部与大气隔绝。当压缩活塞下行时，压缩空气通过下旋阀冲开逆止阀，转弯向上，由上旋阀进入工作缸的上部，作用在工作活塞上，连同落下部分的自重，将工件压住。当压缩活塞上行时，上部气体排入大气，由于逆止阀的单向作用，使工作活塞仍保持有足够的压力，此时，可以对工件进行弯曲、扭转等操作。

③ 连续锻打。压缩缸与工作缸经上、下旋阀连通，并全部与大气隔绝。当压缩活塞往复运动时，压缩空气交替地压入工作缸的上下部，使锤头相应地做出往复运动(此时逆止阀不可起作用)，进行连续锻打。

④ 单次锻打。将踏杆踩下后立即抬起，或将手柄由上旋位置推到连续锻打位置，再快速退回到上悬位置，使锤头完成单次锻打。

⑤ 空转。压缩缸和工作缸的上、下部分经旋阀与大气相通，锤的落下部分靠自重停在下砧铁上，这时尽管压缩活塞上下运动，但锻锤不工作。

2. 机器自由锻的基本工具

机器自由锻的基本工具如图7-26所示。

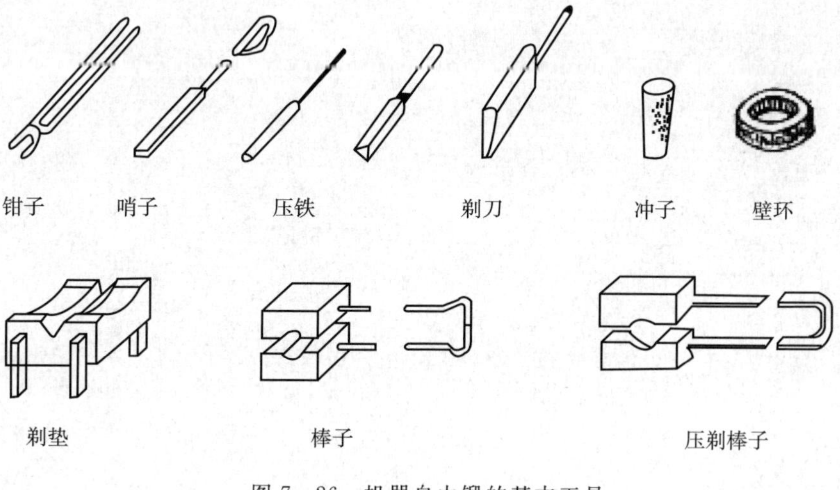

图7-26　机器自由锻的基本工具

7.3.2　机器自由锻的基本操作

机器自由锻的基本操作有镦粗、拔长、冲孔、弯曲、扭转、错移、切割等，这些操作工序可以参考手工自由锻。

【实训操作与思考】

1. 空气锤由几部分组成？各部分的作用是什么？
2. 镦粗、拔长、冲孔等工序，各适合加工哪类工件？
3. 空气锤可以完成哪些动作？怎样实现上悬、下压和连续打击等动作？

模块8　焊　　工

焊接加工在机械制造中起着非常重要的作用，对机械相关专业的人员来说，有必要对该工种进行一定的了解和掌握。通过焊接加工的实训，可以让学生了解手工电弧焊和气焊所用设备的结构、工作原理及使用方法；认识焊接与气割生产的工艺过程、特点与应用；初步掌握手工电弧焊的焊条直径及组成，焊接电流和焊接速度对焊缝质量的影响，常见的焊接接头型式，坡口、焊缝的空间位置，以及手工电弧焊的操作方法；对焊接件的常见缺陷和变形应会分析其产生的原因。

在焊工实训过程中，一定要注意以下安全措施：操作前应检查电焊机是否接地，电缆、焊钳绝缘是否完好；操作时必须戴好手套和面罩，系好套袜等防护用具，穿绝缘胶鞋或站在绝缘底板上，以防止触电、电弧光和烫伤；刚焊好的工件要用手钳夹持。敲渣时应注意焊渣飞出的方向，以防伤人。在操作过程中不得空烧电焊机，若发现电焊机或线路发热烫手时，应立即停止工作。操作完毕或检查电焊机及电路系统时必须拉闸。气焊、气割操作时，还应注意氧气瓶不得撞击或高温烘晒，不得沾上油脂或其他易燃物品；乙炔瓶和氧气瓶要隔开一定距离放置，在其附近严禁烟火。

任务8.1　手工电弧焊

知识目标

了解焊接的工艺特点；

熟悉手工电弧焊的设备、工具和焊接工艺；

掌握手工电弧焊的操作方法。

技能目标

掌握手工电弧焊的基本操作方法；

能合理选用焊接设备的技术参数对工件进行手工电弧焊加工。

任务内容

分组进行V形坡口的平焊操作练习。

8.1.1　焊接基本知识

焊接是将两个分离的金属体，在相互接触处进行局部加热、加压，或既加热又加压，使之成为一个整体的加工方法。

焊接是不可拆卸的连接方法。在焊接被广泛应用以前，主要是用铆接来连接金属结构件,如图 8－1(a)所示。焊接与铆接相比,具有节省金属,生产率高,致密性好,便于机械化、自动化操作等优点。故在工业生产中,大量铆接件已被焊接件所取代,如图 8－1(b)所示。焊接已成为制造金属结构和机器零件的一种基本工艺方法。例如,我国生产的高架吊车、万吨级远洋货轮、重型汽车车身等都大量使用焊接。有些大型机床如大型立式车床的床身,也常利用钢件焊接。此外,焊接还可用来修补铸、锻件的缺陷及磨损的机器零件。

焊接时,经受加热熔化随后冷却凝固的金属部位,称为焊缝。被焊接的金属体,称为母材(或称母体金属)。两个金属体连接处,称为焊接接头,它由焊缝及焊缝附近的一段受热影响的区域组成,如图 8－2 所示。

焊接方法方法种类很多,常用的有电弧焊和气焊等。

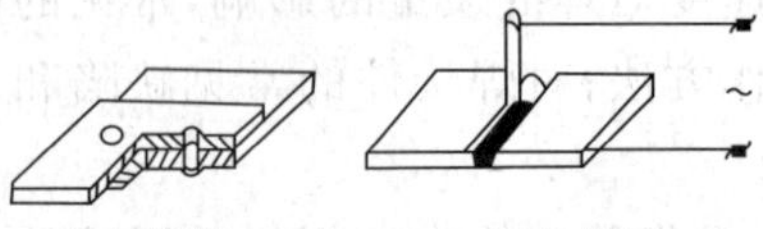

(a) 铆接 (b) 焊接

图 8－1 铆接和焊接

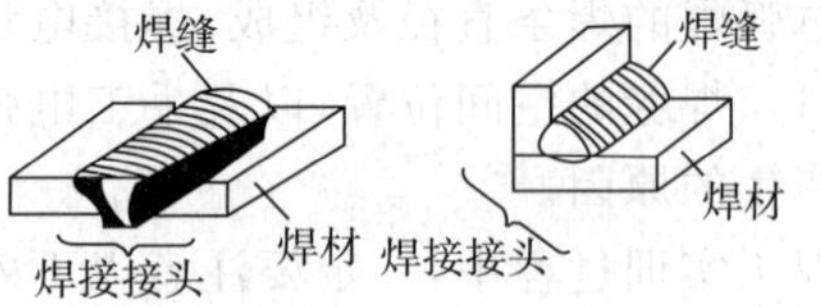

图 8－2 焊缝、母材和焊接接头示意图

8.1.2 手工电弧焊基础知识

手工电弧焊是利用在焊条与焊件之间产生的电弧热量,将焊条和焊件熔化后成为一体,从而获得牢固连接的一种手工操作的焊接方法。

1. 焊接过程与焊接电弧

手工电弧焊的焊接过程如图 8－3 所示。焊接前,先将工件和焊钳通过导线分别接到电焊机的两极上,并用焊钳夹持焊条;焊接时,先将焊条与工件瞬时接触,造成短路。然后迅速稍微提起焊条,并使焊条与工件保持很小的距离,这时,在焊条与工件之间便产生了电弧。电弧热将工件接头处和焊条熔化,形成一个熔池。随着焊条沿焊接方向向前移动,新的熔池不断产生,原先的熔池则不断地冷却、凝固,形成焊缝,从而使分离的工件连成整体。

焊接电弧是在焊条与工件之间的气体介质中产生的长时间而剧烈的放电现象。焊接电弧由阴极区、弧柱区和阳极区三部分组成,如图 8－4 所示。

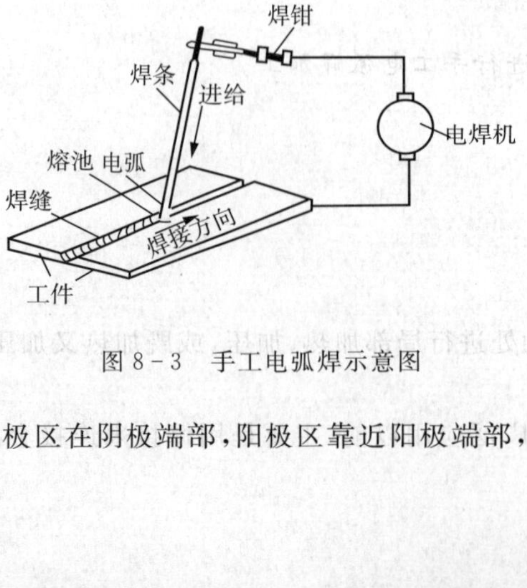

图 8－3 手工电弧焊示意图

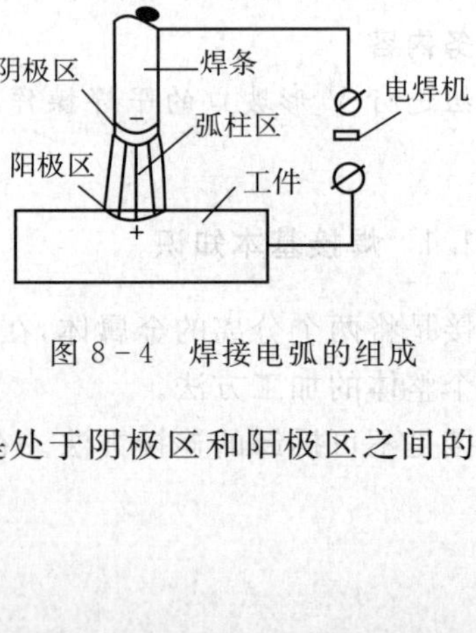

图 8－4 焊接电弧的组成

阴极区在阴极端部,阳极区靠近阳极端部,弧柱区是处于阴极区和阳极区之间的气体空间区域，其长度相当于整个电弧长度。用钢焊条焊接钢材料时，阴极区的温度可达2400K，产生的热量约占电弧总热量的36%；阳极区的温度可达2600K，产生的热量约占电弧总热量的43%；弧柱区的中心温度最高，可达6000～8000K，热量约占总热量的21%。

由于焊接过程中正极与负极上的热量不同，所以用直流电进行焊接时，有正接和反接两种接线方法。当工件接正极，焊条接负极时称正接法，这时电弧中的热量大部分集中在工件上，这种接法多用于焊接较厚的工件；若工件接负极，焊条接正极则称反接法，用于焊接较薄的钢制工件和有色金属件等。而在使用交流电进行焊接时，由于电弧极性瞬时交替变化，在焊条与工件上的热量和温度分布是相等的，不存在正接或反接问题。

2. 电弧焊的设备和工具

手工电弧焊的主要设备是电焊机。按输入电源的种类不同，电焊机分为交流和直流两大类。

(1)交流电焊机

交流电焊机中供给焊接电弧的电流是交流电。它实际上是一个符合焊接要求的降压变压器(如图8-5所示)。其输出电压与普通变压器的输出电压不同，随输出电流(负载)的变化而变化。空载(不焊接)时，电焊机的电压为60～80V，既能满足顺利引弧的需要，对人身也比较安全。引弧以后，电压会自动下降到电弧正常工作需要的20～30V。当引弧开始时，焊条与工件接触形成短路，电焊机的电压会自动降到趋近于零，从而使短路电流不致过大。它还可根据焊接的需要，调节电流的大小。调节电流一般分两级。一级是粗调，通过改变线圈抽头的接法来实现电流的大范围调节；另一级是细调，通过旋转调节手柄改变电焊机内可动铁芯或可动线圈的位置使电流调到焊接所需的数值。交流电焊机的优点是结构简单、价格便宜、使用可靠、维修方便、工作噪声小；缺点是焊接时电弧不够稳定。

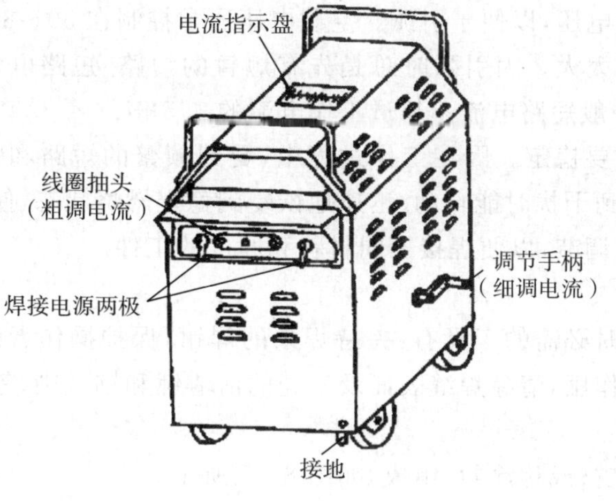

图8-5 交流电焊机

(2)直流电焊机

直流电焊机中供给焊接电弧的电流是直流电。它包含交流电动机、直流发电机等构件(如图8-6所示)。交流电动机带动直流发电机旋转，发出满足焊接要求的直流电。直流焊机的空载电压为50～80V，工作电压为30V左右，电流调节也分为粗调和细调两级。直流电焊机的特点是能够得到稳定的直流电，因此引弧容易，电弧稳定，焊接质量较好。但是其结构复杂，价格比交流电焊机贵得多，维修较困难，使用时噪声大。在焊接质量要求高或焊接薄碳钢件、有色金属、铸铁和特殊钢件时，宜采用直流电焊机。

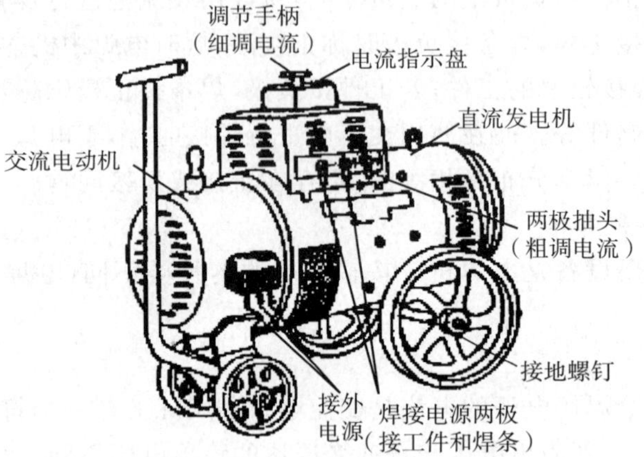

图 8-6　直流电焊机

目前应用最广泛的是硅整流电焊机，它是一种新型的直流电焊机。其结构相当于在交流电焊机上加上整流器(由大功率的硅整流元件组成)，从而把交流电变成直流电。它既弥补了交流电焊机电极稳定性不好的缺点，又比一般直流电焊机的结构简单，维修更容易，噪声更小。

(3)对手工电弧焊焊机的基本要求

为了便于起弧，保证焊接过程中电弧的稳定性，在手工电弧焊中电焊机应满足以下基本要求：

① 有较高的空载电压，以便于引弧。空载电压通常控制在 50～80V，以保证工作安全。

② 短路电流不能太大。因引弧时总是先有短暂的短路，短路电流过大，会引起电焊机的过载，甚至损坏。一般短路电流不超过工作电流的 1.5 倍。

③ 焊接过程电弧要稳定。因在工作过程中，受到频繁的短路和弧长变化的干扰，所以要求电弧机在弧长受到干扰时能自动、迅速地恢复到稳定燃烧状态，使焊接过程稳定。

④ 焊接电流可以调节，以便焊接不同材料和厚度的工件。

3. 手工电弧焊工具

进行手工电弧焊时必需的工具有：夹持焊条的焊钳，保护操作者眼睛免于灼伤的面罩，保护皮肤的手套和工作服，清除焊缝表面及渣壳的清渣锤和钢丝刷，等等。

(1)焊条

焊条由焊芯和药皮(或称涂料)组成，如图 8-7 所示。

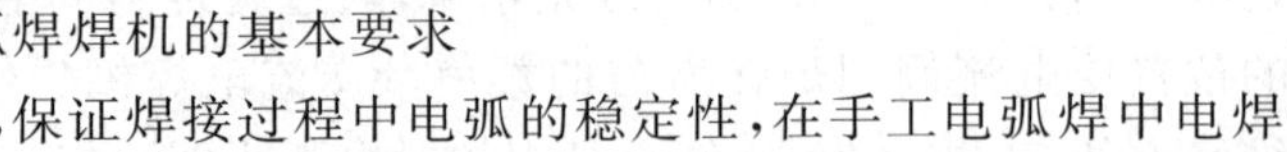

图 8-7　焊条

焊芯是一根具有一定直径和长度的金属丝。焊接时焊芯的作用:一是作为导电电极,产生电弧;二是熔化后作为填充金属,与熔化的母材一起形成焊缝。焊芯的化学成分将直接影响焊缝质量,所以焊芯是由炼钢厂专门冶炼的。我国目前常用的碳素结构钢焊条焊芯牌号为 H08,H08A("A"表示优质品),平均含碳量为 0.08%。

涂在焊芯外面的药皮,是由各种矿物质(大理石、萤石)、有机物(纤维素、淀粉等)、铁合金(锰铁、硅铁)等碾成粉状,用水玻璃黏结而成的。药皮的主要作用是:使电弧容易引燃并稳定燃烧;形成大量气体和熔渣从而保护熔池金属不被氧化;添加合金元素,提高焊缝力学性能。

焊条的直径用焊芯直径来表示,常用的直径为 2.0～6.0mm。焊条长度一般为 350～450mm。

焊条按用途的不同可分为结构钢焊条、耐热钢焊条、不锈钢焊条、铸铁焊条、铜及铜合金焊条、铝及铝合金焊条等。由于焊条药皮类型的不同,有些焊条交流、直流电源都可应用,有些焊条则只能用直流电源不能用交流电源。

焊接结构钢的焊条,其牌号表示方法是以汉字拼音的首字母加上三位数字来表示的。例如 J422(结 422),"J"代表结构钢焊条的"结"字;后面的两位数字"42"为焊缝金属的抗拉强不小于 420MPa;最后一位数字"2"代表钛钙型药皮,焊接电源交流、直流均适用。

8.1.3 手工电弧焊工艺

手弧焊工艺主要包括焊接接头形式、焊缝的空间位置和焊接规范。

1. 焊接接头形式

根据工件厚度和工作条件的不同,需采用不同的焊接接头形式。常用的有对接、搭接、角接、T 字接等,如图 8-8 所示。

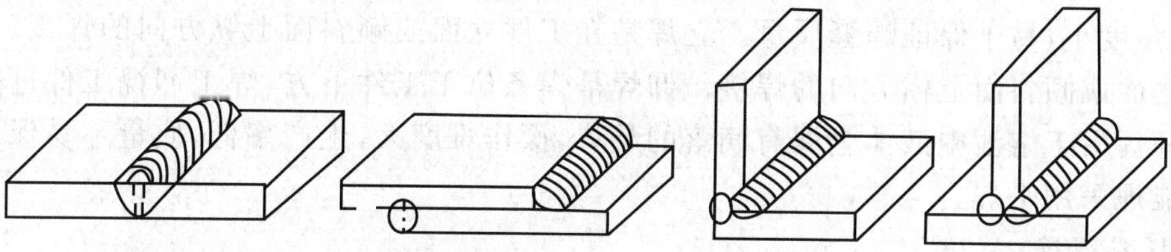

(a) 对接　(b) 搭接　(c) 角接　(d) T字接

图 8-8　焊接接头形式

对接接头是各种焊接结构中应用最广的一种接头形式。当工件较薄时,只要在工件接口处留出一定的间隙,就能保证焊透。工件厚度大于 6mm 时,为了保证焊透,焊接前需要把工件的接口边缘加工成一定的形状,这种形状称为坡口。对接接头常见的坡口形状如图 8-9 所示。V 形坡口加工方便。X 形坡口,由于焊缝两面对称,焊接应力和变形小;当工件厚度相同时,较 V 形坡口节省焊条。U 形坡口,容易焊透,工件变形小,用于焊接锅炉、高压容器等重要厚壁构件。但 X 形和 U 形坡口加工比较费时间。

2. 焊缝的空间位置

按焊缝所在空间的位置不同,可分为平焊、立焊、横焊和仰焊,如图 8-10 所示。

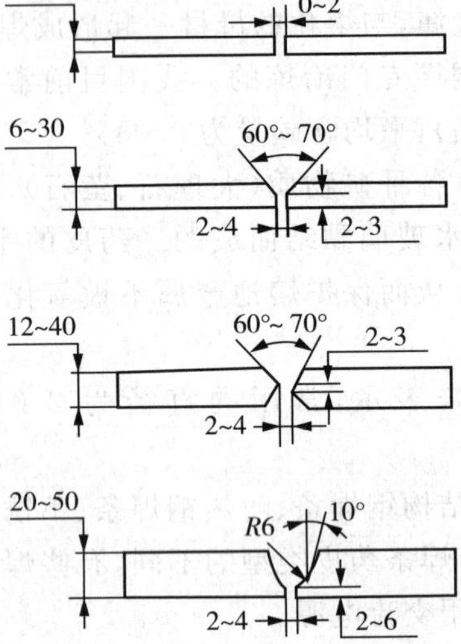

图 8-9　对接接头的坡口

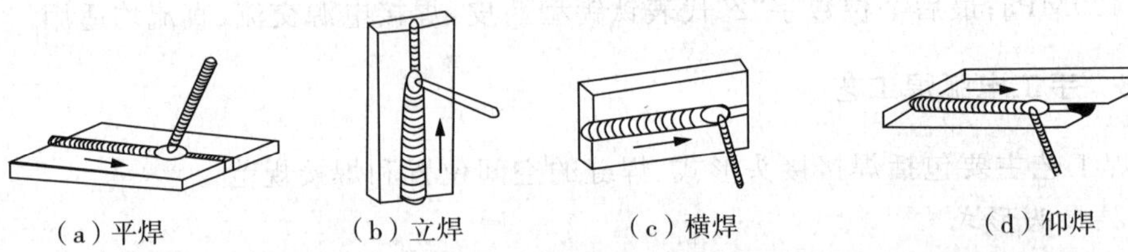

图 8-10　焊缝的空间位置

平焊是将工件水平放置，或在与水平面倾斜角度不大的位置上进行焊接。平焊操作方便，劳动强度小，易于保证焊缝质量。立焊是在工件立面或倾斜面上纵方向的焊接。横焊是在工件立面或倾斜面上横方向的焊接。仰焊是焊条位于工件下方，焊工仰视工件进行焊接。立焊和仰焊由于熔池中液体金属有滴落的趋势，操作难度大，生产率低，质量不易保证，所以应尽可能地采用平焊。

3. 焊接规范

焊接规范包括选择合适的焊条直径、焊接电流、焊接速度和电弧长度。焊接规范是影响焊接质量和生产率的重要因素。

焊条直径主要取决于被焊工件的厚度。工件厚，则应选用较粗的焊条。平焊低碳钢时，焊条直径可按表 8-1 选取。

表 8-1　焊条直径的选择

焊件厚度(mm)	2	3	4～5	6～12	>12
焊条直径(mm)	2	3.2	3.2～4	4～5	5～6

焊接电流根据焊条直径选取。平焊低碳钢时，焊接电流和焊条直径的关系为：

$$I=(30\sim60)d$$

式中，I——焊接电流(A)；

d——焊条直径(mm)。

上式求得的焊接电流只是一个大概的数值，实际操作时，还要根据工件厚度、焊条种类、气候条件等因素，通过试焊来调节焊接电流大小。

焊接速度是指焊条沿焊接方向移动的速度。焊接时，焊接速度的快慢由焊工凭经验来掌握，不作规定。初学时，要注意避免速度太快。操作熟练后，在保证焊透的情况下，应尽可能加快焊接速度，以提高生产率。

电弧长度是指焊条芯端部与熔池之间的距离。电弧过长时，燃烧不稳定，并且容易产生缺陷。因此，操作时须采用短电弧。一般要求电弧长度不超过焊条直径。

8.1.4　手工电弧焊操作技术

1. 起弧

起弧就是使焊条和工件之间产生稳定的电弧。起弧时，将焊条端部和工件表面接触，形成短路，然后迅速将焊条提起 2～3mm，电弧即引燃。

起弧方法有敲击法和划擦法两种，如图 8－11 所示。敲击法是将焊条垂直地触及工件表面后立即提起。划擦法类似于擦火柴，焊条在工件表面划一下即可。

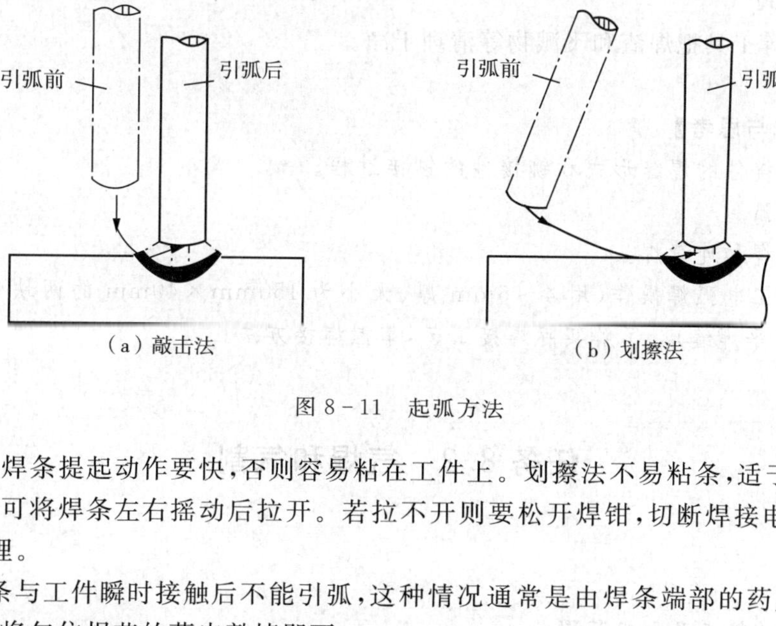

图 8－11　起弧方法

起弧时，焊条提起动作要快，否则容易粘在工件上。划擦法不易粘条，适于初学者采用。如发生粘条，可将焊条左右摇动后拉开。若拉不开则要松开焊钳，切断焊接电路，待焊条稍冷后再做处理。

有时焊条与工件瞬时接触后不能引弧，这种情况通常是由焊条端部的药皮妨碍了导电引起的，只要将包住焊芯的药皮敲掉即可。

焊条与工件瞬时接触后，提起不能太高，否则电弧会燃而复灭。

2. 运条

焊接时，焊条有三种基本运动(如图 8－12 所示)：一是焊条向下送进，送进的速度应等于焊条的熔化速度，以使弧长维持不变；二是焊条沿焊接方向向前运动，其速度也就是焊接速度；三是横向摆动，焊条以一定的运动轨道周期地向焊缝左右摆动，以获得宽度均匀一致的焊缝。

3. 焊条的收尾

焊缝结尾时，为了不出现尾坑，焊条应停止向前移动，而朝一个方向旋转，自下而上地慢慢拉断电弧，以保证结尾处成形良好。

4. 焊前的点焊固定

为了固定两件的相对位置，焊接前要进行定位焊，通常称为点焊固定，如图 8－13 所示。如工件较长，可每隔 200mm 左右，点焊一个焊点。

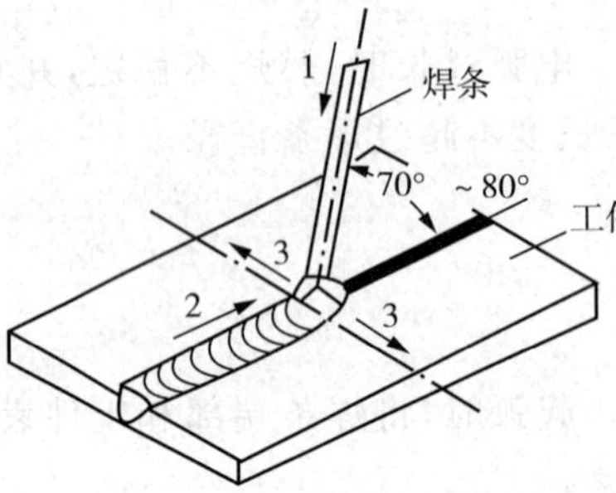

图 8－12　焊条的运动

1—向下送进；2—沿焊接方向移动；3—横向摆动

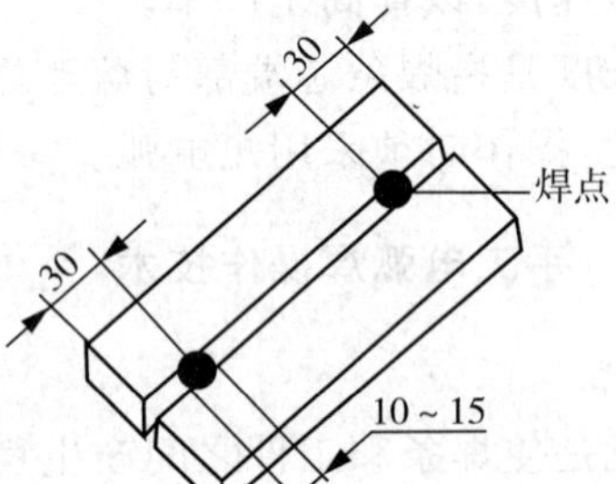

图 8－13　焊前点焊定位

5. 焊后清理

用钢丝刷等工具把焊渣和飞溅物等清理干净。

【实训操作与思考】

1. 了解焊接件的焊缝形式和铆接件的铆接过程。
2. 练习起弧。
3. 练习点焊和连续焊。
4. 练习手工电弧焊操作(用 4～6mm 厚、大小为 150mm×40mm 的两块钢板，焊一条 150mm 的对接平焊缝)。了解实际焊接工艺，掌握焊接方法。

任务 8.2　气焊和气割

知识目标

了解气焊的特点及加工范围；

熟悉气焊设备及其主要技术参数的调整；

掌握气焊火焰种类及使用范围。

技能目标

熟练掌握气焊的基本操作方法。

任务内容

分组在 2mm 厚 45 号钢板进行平对接气焊操作练习。

8.2.1　气焊基本知识

1. 气焊

气焊是利用可燃性气体和氧气混合燃烧产生的火焰，来加热熔融工件与焊丝进行焊接加工的，如图 8－14 所示。

气焊时通常使用的可燃气体是乙炔（C_2H_2），氧气是气焊中的助燃气体。乙炔用纯氧助燃，能大大提高火焰的温度。乙炔和氧气在焊炬（也称为焊枪）中混合均匀后，从焊嘴喷出燃烧，将工件和焊丝熔化而形成熔池，冷却后便形成焊缝。

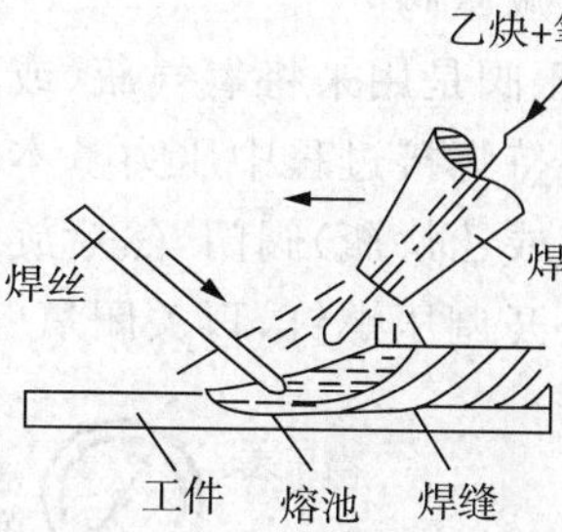

图 8－14　气焊示意图

气焊的主要优点是设备简单，操作灵活方便，不受电源限制。可是气焊火焰的温度比电弧焊温度低（最高约为 3150℃），热量比较分散，生产率低，工件变形严重，所以其应用不如电弧焊广泛。

气焊主要用于焊接厚度在 3mm 以下的薄钢板，铜、铝等有色金属及其合金，以及铸铁的补焊等。此外，野外作业也常使用气焊。

2. 气焊设备及工具

气焊所用设备及管路系统连接如图 8－15 所示。

(1)乙炔瓶

乙炔瓶是贮存溶解乙炔的装置，如图 8－16 所示。瓶内装有浸满丙酮的多孔填充物，丙酮对乙炔有良好的溶解能力，可使乙炔稳定而安全地贮存在瓶中。瓶中上部装有瓶阀，可以用套筒扳手启闭。使用时，溶入丙酮中的乙炔，不断逸出，压力降低。乙炔用完之后，可供再次灌气使用。乙炔瓶的表面涂成白色，并用红漆喷写“乙炔”标记。

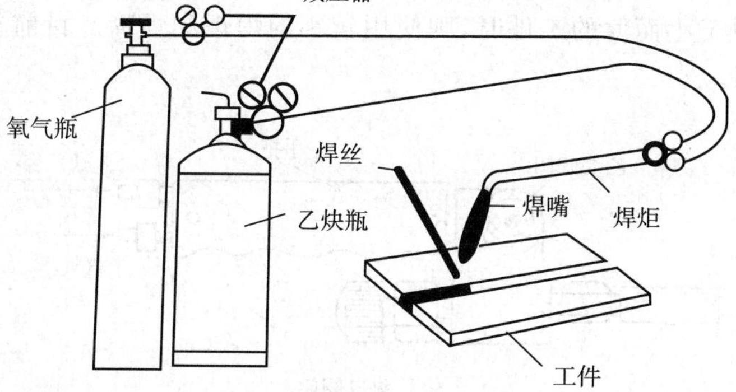

图 8－15　气焊设备连接示意图

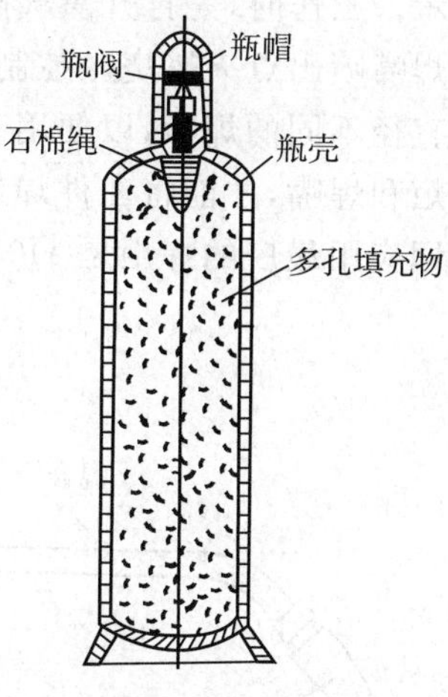

图 8－16　乙炔瓶

(2)氧气瓶

氧气瓶是贮运高压氧气的容器,容积为40L,贮氧的最大压力为14.7MPa(150kgf/cm^2)。氧气瓶外表漆成天蓝色,并用黑漆喷写"氧气"标记。氧气的助燃作用很大,如果在高压下遇到油脂,就会有自燃爆炸的危险。所以,应正确地保管和使用氧气瓶:放置氧气瓶必须平稳可靠,不与其他气瓶混放在一起;气焊工作场地和其他火源要距氧气瓶至少5m以上;禁止撞击氧气瓶,也不要让它沾染油脂;等等。

(3)减压阀

减压阀是用来将氧气瓶(或乙炔瓶)中的高压氧气(或乙炔),降低到焊炬需要的工作压力,并保持焊接过程中压力基本稳定的仪表,如图8-17所示。使用减压阀时,先缓慢松开氧气瓶(或乙炔瓶)阀门,然后旋转减压阀调压手柄,待压力达到所需压力时为止。停止工作时,先松开调压螺钉,再关闭氧气(或乙炔瓶)阀门。

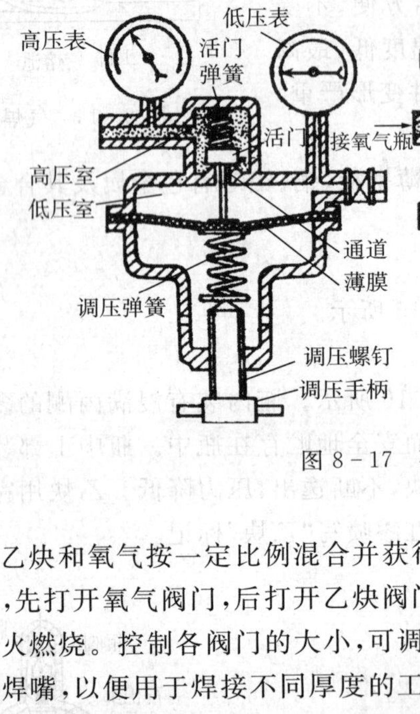

图8-17 减压阀

(4)焊炬

焊炬是使乙炔和氧气按一定比例混合并获得气焊火焰的工具。焊炬的外形如图8-18所示。工作时,先打开氧气阀门,后打开乙炔阀门,两种气体便在焊炬的混合管内均匀混合,从焊嘴喷出点火燃烧。控制各阀门的大小,可调节氧气和乙炔的不同比例。一般焊炬备有5种直径不同的焊嘴,以便用于焊接不同厚度的工件。当焊接较厚的工件时,一般选用较大的焊炬和焊嘴,才能将工件焊透。而对于小而薄的工件时,则使用较小的焊炬和焊嘴。目前在我国应用最广的焊炬是H01型焊炬。

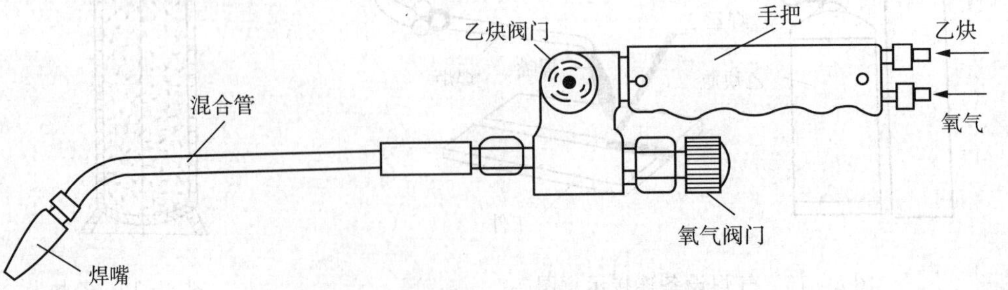

图8-18 焊炬

(5)焊丝和焊剂

① 焊丝。气焊时焊丝被熔化并填充到焊缝中,因此,焊丝质量对焊接的性能有很大影响。焊接不同金属时,应采用相应的焊丝。焊丝的直径主要根据工件厚度来选择。

② 焊剂。焊剂的作用是去除焊缝表面的氧化物和保护熔池金属。在气焊低碳钢时因火焰本身已具有相当的保护作用,可不用焊剂。在气焊铸铁、有色金属及合金钢时,则需要用相应的焊剂。常用的焊剂型号有:CJ101(用于焊接不锈钢、耐热钢,俗称不锈钢焊粉);CJ201(用于铸铁);CJ301[用于铜合金、铸铁的焊剂,其主要成分是硼酸(H_3BO_3)、硼砂($Na_2B_4O_7$)及碳酸钠(Na_2CO_3)]。

3. 气焊火焰

气焊操作时,调节焊炬的氧气阀门和乙炔阀门,可以改变氧气和乙炔的混合比例而得到三种不同的气焊火焰:中性焰、碳化焰和氧化焰,见图 8-19。

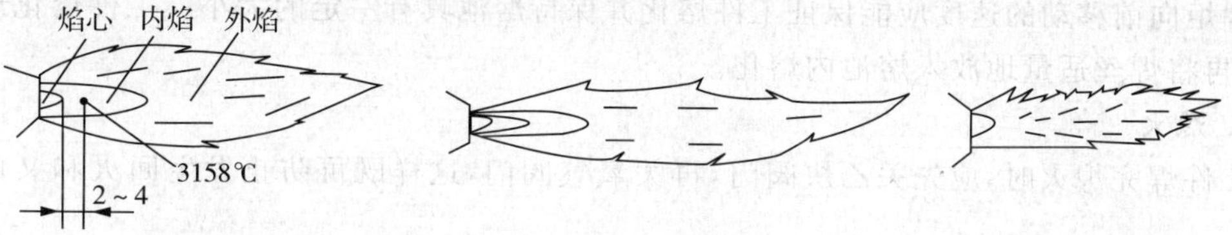

(a) 中性焰　　(b) 碳化焰　　(c) 氧化焰

图 8-19　气焊火焰

(1)中性焰

当氧气和乙炔的体积比为 1～1.2 时,产生的火焰为中性焰,又称正常焰。它由焰心、内焰和外焰组成。靠近喷嘴处为焰心,呈白亮色;其次为内焰,呈蓝紫色;最外外焰,呈橘红色。火焰的最高温度产生在焰心前端约 2～4mm 处的内焰区,可达 3150℃,焊接时应以此区来加热工件和焊丝。中性焰用于焊接低碳钢、中碳钢、紫铜和铝合金等材料,是应用最广的一种气焊火焰。

(2)碳化焰

当氧气和乙炔的体积比小于 1 时,则得到碳化焰。由于氧气较少,燃烧不完全,整个火焰比中性焰长,火焰中含乙炔比例越高,火焰也越长。当乙炔过多时,还会冒黑烟(碳粒)。碳化焰用于焊接高碳钢、铸铁和硬质合金等材料。焊接其他材料时,会使焊缝金属碳分增加,变得硬而脆。

(3)氧化焰

当氧气和乙炔的体积比大于 1.2 时,则得到氧化焰。由于氧气较多,燃烧剧烈,火焰明显缩短,焰心呈锥形,内焰几乎消失,并有较强的咝咝声。氧化焰易使金属氧化,故用途不广,仅用于焊接黄铜,以防止锌在高温时蒸发。

8.2.2　气焊基本操作方法

气焊的基本操作有点火、调节火焰、焊接和熄火等。

1. 点火

点火时,先把氧气阀门略微打开,以吹掉气路中的残留杂物,然后打开乙炔阀门,点燃火焰。这时的火焰是碳化焰。若有放炮声或者火焰点燃后即熄灭，应减少氧气或放掉不纯的乙炔，再行点火。

2. 调节火焰

火焰点燃后，逐渐开大氧气阀门，将碳化焰调整成中性焰。

3. 平焊焊接

气焊时，右手握焊炬，左手拿焊丝。在焊接开始时，为了尽快地加热和熔化工件形成熔池，焊炬倾角应大些，接近垂直于工件，如图 8－20 所示。正常焊接时，焊炬倾角一般保持在 40°到 50°之间。焊接结束时，则应将倾角减小些，以便更好地填满弧坑和避免焊穿。

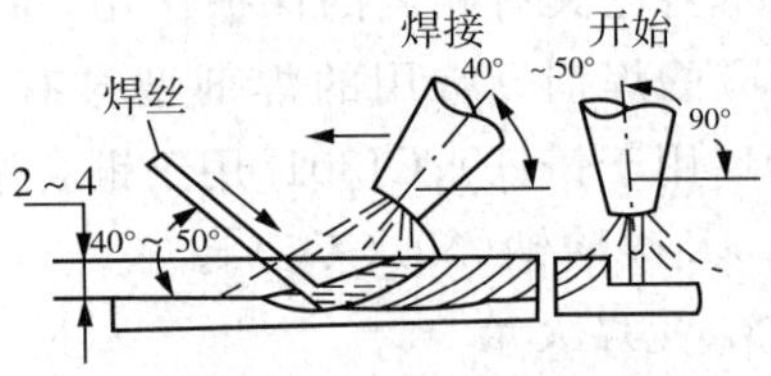

图 8－20　焊炬倾角

焊炬向前移动的速度应能保证工件熔化并保持熔池具有一定的大小。工件熔化形成熔池后，再将焊丝适量地放入熔池内熔化。

4. 熄火

工件焊完熄火时，应先关乙炔阀门，再关氧气阀门，这样既可防止发生回火和又可减少烟尘。

8.2.3　气割

气割是根据高温的金属能在纯氧中燃烧的原理进行的。气割时先用火焰将金属预热到燃点，再用高压氧使金属燃烧，并将燃烧所生成的氧化物熔渣吹走，形成切口，如图 8－21 所示。它与气焊是本质不同的过程，气焊是熔化金属，而气割是金属在纯氧中燃烧。金属燃烧时放出大量的热，又预热待切割的部分，所以切割的过程实际上就是“预热—燃烧—去渣”重复进行的过程。

根据气割原理，被切割的金属应具备下列条件：

(1)金属的燃点应低于其熔点，否则金属先熔化，而使切口凹凸不平；

(2)燃烧生成的金属氧化物的熔点应低于金属本身的熔点，以便氧化物熔化后被吹掉；

(3)金属燃烧时应放出足够的热量，以加热下一层待切割的金属，有利于切割过程继续进行；

(4)金属热导性要低，否则热量散失，不利于预热。

满足上述条件的金属材料有低碳钢、中碳钢和低合金钢，而高碳钢、高合金钢、铸铁以及铜、铝等有色金属及其合金，均难以进行气割。

气割时，用割炬代替焊炬，其余设备与气焊相同。割炬的构造，如图 8－22 所示。

割炬与焊炬比较，增加了输送切割氧气的管道和阀门。割嘴的结构与焊嘴也不相同。割嘴的出口有两条通道，周围的一圈是乙炔与氧的混合气体出口，中间的通道为切割氧的出口，两者互不相通。与其他切割方法相比较，气割最大的优点是灵活方便，适应性强。它可在任意位置和任意方向切割任意形状和任意厚度的工件。气割设备简单，操作方便，生产率高，切口质量也相当好，但其对金属材料的适用范围有一定的限制。由于低碳钢和低合金钢是应用最广的材料，所以气割应用非常普遍。

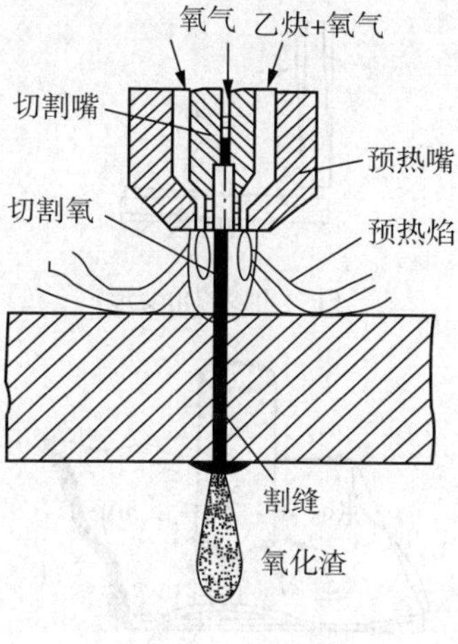

图 8-21 气割

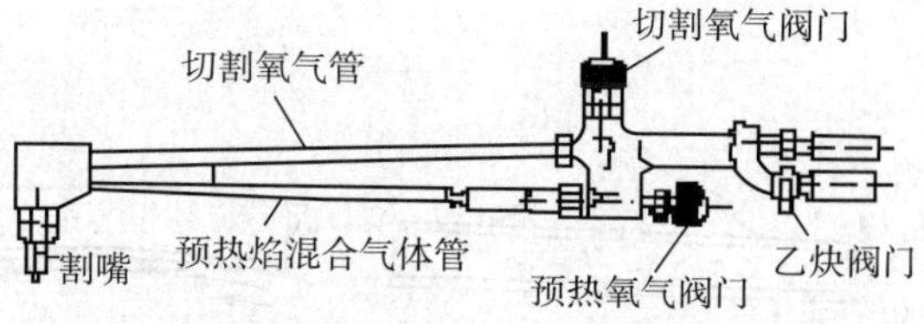

图 8-22 割炬

8.2.4 常见焊接缺陷和焊接变形

1. 焊接缺陷

在焊接生产过程中，由于材料（焊件材料、焊条、焊剂等）选择不当，焊前准备工作（清理、装配、焊条烘干、工件预热等）做得不好，焊接规范不合适或操作方法不正确等原因，焊缝有时会产生缺陷。常见的焊接缺陷，如图 8-23 所示。其中裂纹、未焊透、夹渣等缺陷会严重降低焊缝的承载能力。重要的工件必须通过焊后检验来发现和消除这些缺陷。

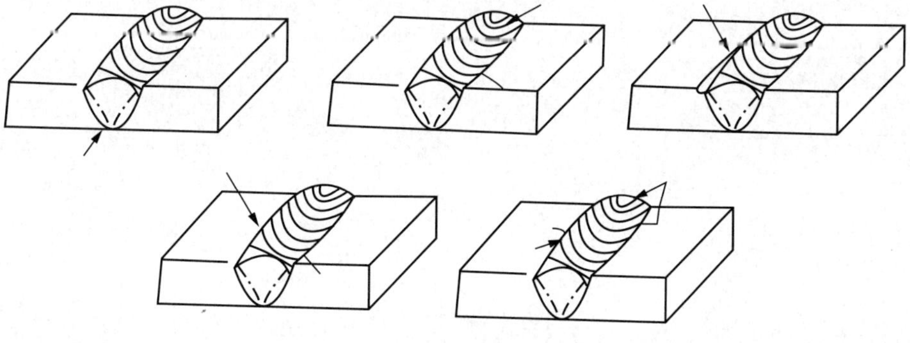

图 8-23 常见的焊接缺陷

2. 焊接变形

焊接时，工件局部受热，温度分布不均匀，焊缝及其附近的金属被加热到高温时，受周围温度较低部分的金属所限制，不能自由膨胀，而冷却以后就要发生纵向（沿焊缝长度方向）和横向（垂直焊缝方向）的收缩，引起整个工件的变形。焊接变形的主要形式有纵向变形、横向变形、角变形、弯曲变形和翘曲变形等，如图 8-24 所示。

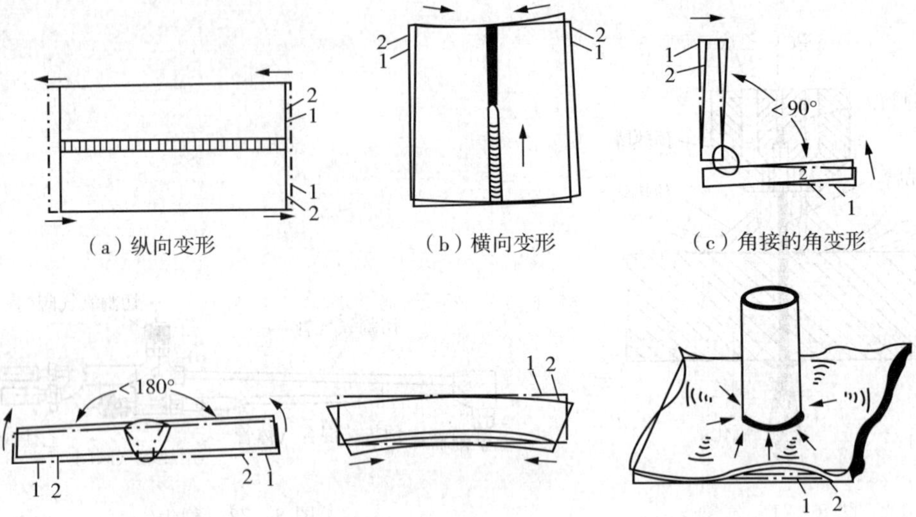

（a）纵向变形 （b）横向变形 （c）角接的角变形

（d）对接的角变形 （e）弯曲变形 （f）翘曲变形

图 8-24 焊接变形的一般形式

1—焊接前；2—焊接后

【实训操作与思考】

1. 在教师指导下，做气焊设备的管路连接及气体压力调节练习。
2. 进行气焊点火、火焰调节和灭火练习。
3. 在 1～2mm 厚的钢板上，焊一条 100mm 长的直焊缝。
4. 在 5～30mm 厚的钢板上，做 50～100mm 长的直线切割。
5. 对自己焊工实训的工件进行分析，找出其焊接缺陷和焊接变形产生的原因。

模块9　热处理加工

通过热处理加工的实训，可以让学生们了解热处理的特点及其应用、热处理炉的分类、常用热处理炉的名称和结构，初步掌握钢的处理工艺（退火、正火、淬火、回火和表面淬火）及其应用。

在本工种实训过程中，一定要注意以下的安全措施：操作前应熟悉零件的工艺要求及热处理设备使用方法；操作时，实训人员应严格按工艺规程操作，穿戴好防护用品；若用电阻炉加热时，工件进炉、出炉应先切断电源，然后送取工件，以防止触电；经热处理出炉的工件，不要立即用手摸，以防烫伤；需热处理的工件在放入盐浴炉之前一定要对其进行烘干。

任务9.1　热处理加工基础认知

知识目标

了解热处理的特点及应用；

熟悉常见热处理炉种类及工作原理。

技能目标

掌握常见热处理炉的基本操作方法。

任务内容

分组进行箱式电阻炉基本操作练习。

9.1.1　热处理基本知识

1. 热处理的特点及应用

热处理一般是指钢的热处理，就是把钢件按预定的工艺规范加热、保温和冷却，以改变钢中的组织结构，从而得到所需要性能的一种工艺。制造机器零件要经过冷、热加工等许多工序，其间往往要穿插一些热处理工序。

在机械制造中，热处理具有很重要的地位，如钻头、锯条、铣刀、冲模等必须有高的硬度和耐磨性才能保持锋利。为达到加工金属的目的，除了选用合适的材料外，还必须进行热处理。如车床上的齿轮、主轴和花键轴等，局部表面要求有较高的硬度及耐磨性，其他部分则要求有强度、韧性相匹配的综合力学性能，这只有通过热处理才能达到。此外，热处理还可以改善材料的工艺性能，如可以改善材料的切削加工性能，使切削时省力，刀具磨损小，且工件表面质量高。

热处理和铸造、锻压、焊接、切削加工等方法不同，它只改变材料的性能，而不能改变工件的尺寸和形状。

9.1.2 热处理设备

热处理加热炉是热处理车间的主要设备，通常按下列方法分类：按工作温度分为高温炉（>1000℃）、中温炉（650～1000℃）和低温炉（<600℃）；按热能来源分为电阻炉、燃料炉；按工艺用途分为正火炉、退火炉、淬火炉、回火炉、渗碳炉等；按加热介质分为空气炉、浴炉、真空炉等；按炉膛形状分为箱式炉、井式炉等。

常见的热处理炉主要要有电阻炉和浴炉。

1. 箱式电阻炉

炉膛由耐火砖砌成，侧面和底面都布置有电热元件（铁铬铝电阻丝或镍铬电阻丝）。通电后电能转换为热能，通过辐射和对流对工件进行加热。

图 9-1 所示为中温箱式电阻炉，其最高使用温度为 950℃，有 60kW，45kW，30kW 等几种规格，通常根据工件的大小和装炉量来选用。中温箱式电阻炉应用最为广泛，可用于碳钢、合金钢件的退火、正火、淬火以及固体渗碳等。

2. 井式电阻炉

这类电阻炉因炉口向上，形如井状而得名，如图 9-2 所示。它适用于长轴工件的垂直悬挂加热，以减少弯曲变形。同时，因炉口向上，可用吊车起吊工件，故能大大减轻劳动强度，应用较为广泛。当前我国生产的中温井式电阻炉最高工作温度为 950℃，主要有 70kW，55kW，35kW，30kW 四种规格。

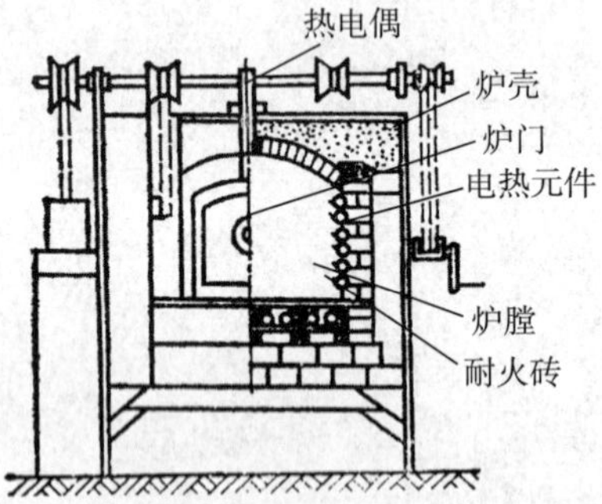

图 9-1 中温箱式电阻炉

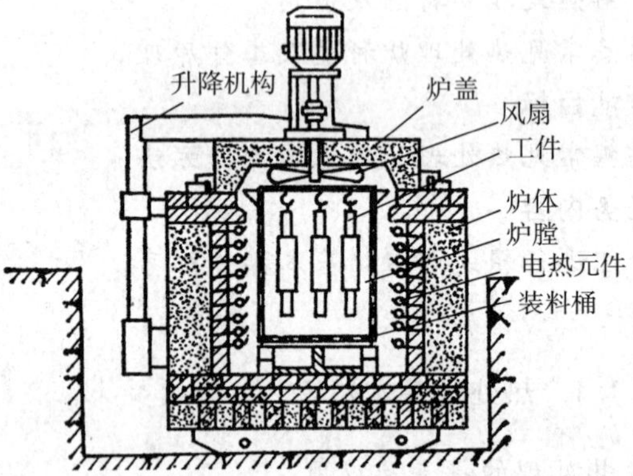

图 9-2 井式电阻炉

3. 盐浴炉

热处理浴炉是采用液态的熔盐或油类作为加热介质的热处理设备，按其液体介质的不同，浴炉可分为盐浴炉及油浴炉。现仅介绍盐浴炉。

盐浴炉加热速度快而均匀，工件氧化脱碳少，便于细长工件悬挂加热或局部加热，可以减少变形；并且其结构简单，制造容易。其结构如图 9-3 所示。利用盐浴炉可进行正火、淬火、化学热处理、局部加热淬火和回火处理等。

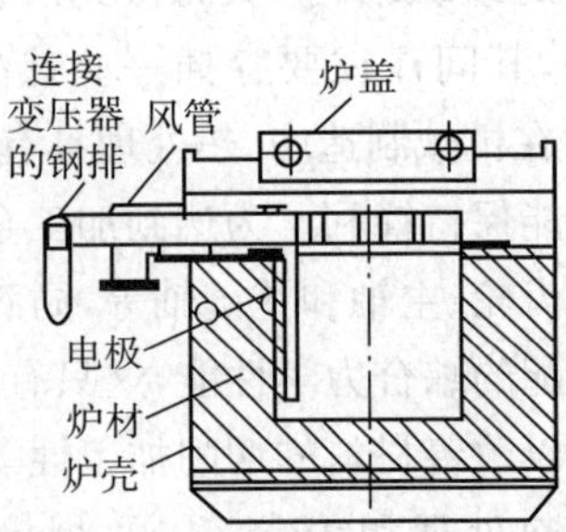

图 9-3 插入式电极盐浴炉

【实训操作与思考】

参观热处理加热炉，了解所见到的加热炉的名称、型号和主要性能参数（如最高加热温度、炉膛尺寸和功率等）。

任务 9.2　钢的一般热处理

知识目标

了解钢的一般热处理方法；

熟悉钢热处理的目的。

技能目标

掌握钢的一般热处理操作方法。

任务内容

分组进行钢的退火、正火、淬火、回火操作练习。

在钢的热处理过程中，由于加热温度、保温时间和冷却速度的不同，因而就有不同的热处理加工工艺。钢的热处理有多种工艺，常用的有退火、正火、淬火、回火及表面淬火等。

9.2.1　钢的退火和正火

1. 退火

退火是把钢件加热到一定温度，对碳钢来说，一般加热到 750～900℃（视钢中含碳量而定），保温一段时间，然后随炉缓慢冷却的热处理工艺。

退火主要用于铸、锻、焊件。退火的目的，通常有三点：

一是均匀组织，细化晶粒。因为铸钢件晶粒粗大，锻钢件晶粒和组织不均匀，致使力学性能不够好，尤其是塑性和韧性较低。经退火后，钢件组织变均匀，晶粒变细，从而提高了钢件的力学性能。

二是消除工件的内应力。钢件经铸、锻、焊后，由于加工过程中冷却不均匀，变形不均匀，因而产生内应力。内应力的存在，会使工件变形甚至开裂。通过淬火处理，内应力可以消除。

三是降低工件硬度，便于切削加工。工具钢件有时硬度较高，切削加工困难，经退火后可使硬度降低，易于切削加工。

工件退火，并不是要同时达到上述三个目的，退火的工艺规范要根据工件的具体要求来确定。如仅是为了消除内应力的退火，一般是将工件加热到 500～600℃，保温一段时间后，随炉缓慢冷却到 300～200℃以下出炉，称为去应力退火。为了消除冷变形所造成的强度和硬度升高、塑性和韧性下降的现象，把工件加热到 600～700℃保温后再缓慢冷却，以恢复塑性和韧性，称为再结晶退火。

2. 正火

正火是把钢件加热到 780～920℃，保温后在空气中冷却的热处理工艺。

正火的作用与退火相似，所不同的是正火冷却速度较快，得到的组织结构较细，力学性能（强度、硬度）相对退火而言也有所提高。

正火是一种方便而又经济的热处理方法。对于低碳钢工件，一般用正火而不用退火，这不仅可获得较满意的力学性能和切削加工性，而且生产率高，又不占用设备。对于一般结构零件，可采用正火作为最终的热处理。对于高碳钢，正火是为后续的淬火做准备，以防淬火时工件开裂。

9.2.2 钢的淬火和回火

1. 淬火

淬火是将钢件加热至780～860℃，保温后快速冷却的热处理工艺。淬火的目的是提高钢件的硬度和耐磨性。各种工具，如刃具、量具和凹凸模具，以及许多机器零件都件需要进行淬火处理。碳钢工件淬火，一般用水冷却，因为水便宜，而且冷却能力较强。水中溶有少量的食盐后，冷却能力会显著增加。合金钢淬火，则用油冷却，油的冷却能力较低。淬火时，除了正确选择加热温度和时间、冷却介质外，还必须注意工件淬入淬火冷却剂的方式。如果淬入方式不当，会使工件各部分冷却不一致，造成较大的内应力，引起严重变形甚至开裂，也可能产生局部淬火硬度不够等缺陷。工件淬入方式如图9-4所示。

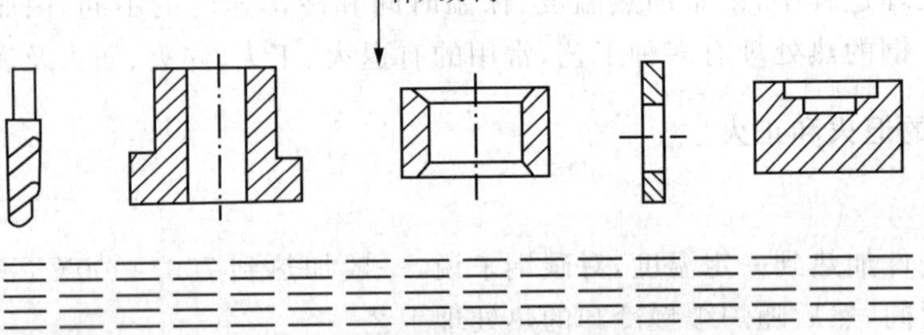

图9-4 工件淬入方式示意图

一般而言，工件浸入淬火冷却剂的方式可根据以下原则选择：

① 细长工件(如丝锥、钻头和轴类等)应垂直放入冷却剂中，上下移动，以减小变形；

② 厚壁不均的工件，厚的部分应先浸入淬火冷却剂；

③ 薄壁环状工件(如套筒等)应沿轴向垂直放入冷却剂中；

④ 扁平工件应侧向放入，大型薄片工件放入速度要快，以减小变形；

⑤ 具有凹面的工件应将凹面朝上浸入，以利于蒸汽膜的排除，改善其冷却条件。

2. 回火

回火是把淬火后的工件，重新加热到一定的温度，保温后在空气中冷却的热处理工艺。

生产中，工件的淬火和回火是紧密联系的工序。回火是淬火后紧接着进行的一种操作，通常也是工件进行热处理的最后一道工序。因此，把淬火和回火的联合工艺称为最终热处理。正确进行回火，对提高产品质量有很大意义。

淬火钢回火的主要目的有以下两点：一是减小内应力和降低脆性。由于淬火时冷却速度快，因此，淬火工件存在着很大的内应力，如不及时回火往往会产生变形，甚至开裂。二是调整工件的力学性能。工件淬火后硬度高、脆性大，为了满足各种工件不同性能的要求，可通过回火来调整硬度、强度、塑性和韧性。

回火操作主要是控制回火温度。回火温度愈高，工件的韧性愈好，内应力愈小，但硬度和强度下降得愈多。根据回火温度不同,回火可分为以下三种:一是低温回火,回火温度为150～250℃。其目的是减少工件淬火后的内应力和脆性,而保持其高的硬度和耐磨性。主要用于刃具、量具及冲模等。二是中温回火,回火温度为350～500℃。中温回火后可以大大减小工件的内应力,使工件获得较高的弹性极限,同时又具有一定的韧性和硬度。弹簧、锻模等常采用中温回火,其目的是获得强度和韧性的适当配合。三是高温回火,回火温度为500～650℃。习惯上把淬火加高温回火称为调质处理。其主要目的是获得既有一定的强度和硬度,又有良好的塑性和韧性相配合的综合力学性能。它广泛应用于中碳钢、合金钢制造的重要结构零件(如轴、齿轮、连杆等)的热处理。

3. 钢的表面淬火

表面淬火是将工件快速加热,使表层迅速到达到淬火温度,而不等心部升温就快速冷却的热处理工艺。工件经表面淬火后,表面层硬度高、耐磨性好。

常用的表面淬火方法有火焰加热表面淬火和感应加热表面淬火。前者是用氧-乙炔火焰喷向工件表面,使其迅速加热到淬火温度,随后喷水(或浸入水中)冷却的淬火方法。后者是将工件放在通有一定频率电流的线圈内加热,然后喷水冷却的淬火方法。

【实训操作与思考】

对钳工实习时制作的手锤进行热处理。把手锤放在电阻炉中加热至800～840℃,保温20分钟。从炉中取出后在冷水中连续调头淬火,浸入水中深度约为5mm。待工件呈暗黑色后,全部浸入水中。从水中起出后,再加热至250～300℃回火。手锤热处理完后,可以用锉刀检查自制手锤敲击部分的硬度。

参考文献

[1] 冀秀焕．金工实习教程[M]．北京:机械工业出版社,2009.

[2] 蔡继红．车工技能训练与考级[M]．北京:机械工业出版社,2009.

[3] 骆莉,陈仪先．金工实训[M]．北京:机械工业出版社,2010.

[4] 黄丽丽,朱征,郑连义．金工实训[M]．北京:国防工业出版社,2013.

[5] 王飞．金工实训[M]．北京:北京邮电大学出版社,2015.

[6] 李兵,吴国兴,曾亮华．金工实训[M]．武汉:华中科技大学出版社,2015.